生产经营单位安全培训教材

生产经营单位安全管理培训教材

《生产经营单位安全培训教材》编委会　组编

主　编：刘　博

气象出版社
China Meteorological Press

图书在版编目(CIP)数据

生产经营单位安全管理培训教材/刘博主编. —北京:气象出版社,2012.4

生产经营单位安全培训教材

ISBN 978-7-5029-5456-7

Ⅰ.①生…　Ⅱ.①刘…　Ⅲ.①安全生产-生产管理-技术培训-教材　Ⅳ.①X92

中国版本图书馆 CIP 数据核字(2012)第 045227 号

Shengchan Jingying Danwei Anquan Guanli Peixun Jiaocai

生产经营单位安全管理培训教材

刘　博　主编

出版发行: 气象出版社

地　　址: 北京市海淀区中关村南大街 46 号　　**邮政编码:** 100081

总 编 室: 010-68407112　　**发 行 部:** 010-68407948,68406961

网　　址: http://www.cmp.cma.gov.cn　　**E-mail:** qxcbs@cma.gov.cn

策　　划: 徐秋彤

责任编辑: 郭健华　　**终　　审:** 上官夫旺

封面设计: 博雅思企划　　**责任技编:** 吴庭芳

印　　刷: 北京奥鑫印刷厂

开　　本: 787 mm×1092 mm　1/16　　**印　　张:** 13.5

字　　数: 354 千字

版　　次: 2012 年 4 月第 1 版　　**印　　次:** 2013 年 7 月第 3 次印刷

定　　价: 24.00 元

前　言

党中央、国务院高度重视安全生产，确立了安全发展理念和“安全第一、预防为主、综合治理”的方针，采取一系列重大举措加强安全生产工作。全国安全生产继续保持了总体稳定、持续好转的发展态势，但安全生产形势依然严峻、安全生产基础依然薄弱、各类生产安全事故依然多发。

要改变目前依然严峻的安全生产形势，深入贯彻落实科学发展观，实现安全发展，促进全国安全生产形势持续稳定好转，除了各级安全生产监管机构严格监管、健全完善安全生产法制体系建设、加大安全生产投入、发展安全生产科技等措施外，很重要的一项措施就是强化企业安全生产主体责任落实和责任追究。强化企业安全生产主体责任落实和责任追究，最关键在于生产经营单位主要负责人和安全生产管理人员。生产经营单位的主要负责人对本单位的安全生产工作全面负责；生产经营单位的安全生产管理人员协助主要负责人进行安全生产管理工作，具体负责安全生产工作的实施。

《安全生产法》第二十条规定：生产经营单位的主要负责人和安全生产管理人员必须具备与本单位所从事的生产经营活动相应的安全生产知识和管理能力。《国务院关于坚持科学发展安全发展促进安全生产形势持续稳定好转的意见》（国发〔2011〕40号）和《国务院关于进一步加强企业安全生产工作的通知》（国发〔2010〕23号）都做出规定：企业主要负责人、安全管理人员、特种作业人员一律经严格考核、持证上岗。国家安全生产监督管理总局等安全生产监管机构出台了一系列法规标准，对生产经营单位主要负责人和安全生产管理人员的资质和培训工作做出了细致的规定。为了落实党和国家关于安全生产的方针、政策、法律、法规，便于各级安全生产培训机构对生产经营单位主要负责人和安全生产管理人员的培训考核，有必要有针对性的编制一本符合党和国家法律法规、符合安全生产管理需求的培训教材。

为此，编委会组织了国内安全生产领域的专家、学者、安全监管机构监管人员以及部分生产经营单位安全管理人员，在深入调研的基础上，以“科学发展、安全发展”为指导，以安全生产法律法规标准为依据，吸收了国内外生产经营单位安全生产管理的先进经验，针对生产经营单位目前普遍存在的安全生产问题，编制了本教程。

由于安全生产知识内容广泛，体系庞杂，涉及到方方面面，故编委会在编写过程中严格按照科学、系统、实用的原则，对生产经营单位主要负责人和安全生产管理人员的必备知识进行了阐述，力求做到内容深入浅出、准确严谨、通俗易懂、易于操作，从而为生产经营单位安全生产管理工作的持续好转和改进尽微薄之力。本书包括安全生产基本知识、安全生产法律法规、安全生产管理、安全生产技术基础知识、职业预防与管理、应急管理、事故调查与分析、典型事故案例分析等内容，并在附录里列出了最新颁布的法规。

本教程在编写过程中，查阅了大量的文献资料，参考了很多生产经营单位安全管理先进经验，再次对为安全生产培训工作做出巨大贡献的专家学者表示衷心感谢。同时由于时间仓促，编者水平有限，本教程中难免有不妥之处，望广大读者和安全专业人士给予指正，以便再版时予以修订。

编　者

2012年3月

目　录

第一章　安全生产基本知识

安全生产事关人民群众生命财产安全，事关改革发展稳定大局，事关党和政府形象和声誉。生产经营单位主要负责人和安全管理人员是各项安全生产方针政策的执行者，是生产经营单位安全生产工作的决策者和管理者，所以这两类人员必须了解我国安全生产基本形势和方针政策，学习掌握安全生产管理知识，提高安全生产管理水平，扎实做好安全生产管理工作，及时消除各类事故隐患，规范各项安全生产行为。这不仅是生产经营单位安全发展的需要，也是实现经济社会可持续发展的必然要求。

第一节　我国安全生产总体状况

一、安全生产形势

1.“十一五”期间安全生产工作

党中央、国务院高度重视安全生产，确立了安全发展理念和“安全第一、预防为主、综合治理”的方针，采取一系列重大举措加强安全生产工作。各地区、各部门把安全生产与经济社会发展各项工作同步规划、同步部署、同步推进，深入落实安全生产责任和措施，持续强化安全管理和监督，严厉打击非法违法生产经营和建设行为，积极推动重点行业领域安全专项整治，集中开展“隐患治理年”、“安全生产年”活动，大力推进安全生产执法、治理和宣传教育行动（以下称“三项行动”），切实加强安全生产法制体制机制、安全保障能力和安全监管监察队伍建设（以下称“三项建设”），全国安全生产工作取得积极进展，以提高安全保障能力为核心的基础建设不断加强，以强化监督管理为关键的协作联动机制进一步健全，以安全生产法为基础的安全生产法律法规体系不断完善，以“关爱生命、关注安全”为主旨的安全文化建设不断深入。五年来，全国煤矿瓦斯治理和整顿关闭攻坚战取得明显成效，瓦斯抽采量、利用量分别增长3倍和5倍，小煤矿由18 145处降至9 042处，实现了小煤矿数量压减至1万处以内的目标；安全执法行动深入开展，共关闭取缔不具备安全生产条件的金属、非金属矿山2.1万处、烟花爆竹厂点1.6万处，以及非法建设项目1.1万处，有效规范了安全生产秩序；稳步推进事故隐患排查治理，各级安全监管监察部门查处生产经营单位一般隐患1 277.4万项、重大隐患11.6万项，对27.6万处重大危险源采取了安全监控措施；非煤矿山、交通运输、消防(火灾)、建筑施工、危险化学品、烟花爆竹、特种设备、民用爆炸物品、冶金等重点行业领域安全状况明显改善，全国安全生产形势保持了总体稳定、持续好转的发展态势。与“十五”末期的2005年相比，2010年全国各类事故起数、死亡人数分别下降49.4%和37.4%，重特大事故起数、死亡人数分别下降36.6%和52.8%。全国事故死亡人数由2005年的12.7万人，降至2008年的10万人以下、2009年的9万人以下，2010年又进一步降至8万人以下。“十一五”规划任务全面完成，目标如期实现。

2.2011年全国安全生产形势

2011年全国安全生产继续保持了总体稳定、持续好转的发展态势，总体上实现了“十二五”时期安全生产工作的良好开局。

(1) 事故总量和死亡人数持续下降。据安监总局调度统计：2011年全国发生各类事故

347 728起，死亡 75 572 人，同比减少 15 655 起、3 980 人，分别下降 4.3%和 5%。工矿商贸领域事故死亡人数首次降到 1 万人以下，其中煤矿事故死亡人数首次降到 2 000 人以下。

(2) 防范遏制重特大事故取得明显成效。全国一次死亡 3～9 人的较大事故同比减少 98 起、403 人，分别下降 5.7%和 5.9%。一次死亡 10 人以上的重特大事故同比减少 13 起、325 人，分别下降 15.3%和 22.6%；其中一次死亡 30 人以上的特别重大事故同比减少 7 起、251 人，分别下降 63.6%和 61.2%。通过有效防范和全力救援，全国没有发生一次死亡 50 人以上的事故。

(3) 反映安全发展水平的各项主要指标进一步趋好。同比降幅均在 10%以上，其中亿元 GDP 生产安全事故死亡率由 0.201 降到 0.173，降幅 13.9%；工矿商贸十万就业人员事故死亡率由 2.13 降到 1.88，降幅 11.7%；道路交通万车死亡率由 3.2 降到 2.8，降幅 12.5%；煤矿百万吨死亡率由 0.749 降到 0.564，降幅 24.7%。

(4) 重点行业领域安全生产状况普遍改善。工矿商贸事故起数和死亡人数同比分别下降 7.3%和 8.6%，其中煤矿分别下降 14.4%和 18.9%，金属与非金属矿山分别下降 13.7%和 16.6%，危险化学品事故死亡人数下降 5.2%，烟花爆竹分别下降 12.9%和 22.6%，建筑施工分别下降 4.5%和 4.9%，冶金机械建材等工商贸其他分别下降 4.8%和 1.3%；道路交通分别下降 4%和 4.4%，水上交通分别下降 10%和 11.6%，铁路交通分别下降 5.7%和 4.2%，消防火灾分别下降 5.4%和 8.2%；农业机械事故死亡人数下降 20.1%，渔业船舶事故死亡人数下降 10.7%；民航没有发生运输飞行事故。

(5) 大部分地区安全生产形势比较稳定。全国 32 个省级统计单位中，有 24 个单位事故起数和死亡人数双下降，21 个单位重特大事故起数下降或持平，其中内蒙古、安徽、青海、新疆兵团 4 个单位没有发生重特大事故，北京、天津、河北、上海、浙江、福建、江西、湖北、广东、海南、西藏、宁夏 12 个单位的工矿商贸领域没有发生重特大事故。

(6) 安全生产控制指标实施情况良好。年度指标实施进度低于控制目标 4 个百分点。工矿商贸领域的煤矿、金属与非金属矿山、危险化学品、烟花爆竹、建筑施工，以及生产经营性道路交通和水上交通、消防火灾、铁路交通、农业机械、渔业船舶等行业领域事故死亡人数，均在控制目标以内。全国 32 个省级统计单位事故死亡人数均在控制考核指标之内。

二、安全生产面临的新情况、新挑战

“十二五”时期，是全面建设小康社会的重要战略机遇期，是深化改革、扩大开放、加快转变经济发展方式的攻坚阶段，也是实现安全生产状况根本好转的关键时期。安全生产工作既要解决长期积累的深层次、结构性和区域性问题，又要积极应对新情况、新挑战，任务十分艰巨。

一是安全生产形势依然严峻。我国仍处于生产安全事故易发多发的特殊时期，事故总量仍然较大，2010 年发生各类事故 36.3 万起、死亡 7.9 万人。重特大事故尚未得到有效遏制，“十一五”期间年均发生重特大事故 86 起，且呈波动起伏态势。非法违法生产经营建设行为仍然屡禁不止。尘肺病等职业病、职业中毒事件仍时有发生。

二是安全生产基础依然薄弱。部分高危行业产业布局和结构不尽合理，经济增长方式相对粗放。经济社会发展对交通、能源、原材料等需求居高不下，安全保障面临严峻考验。轨道交通、隧道、超高层建筑、城市地下管网施工、运行、管理等方面的安全问题凸显。一些地方、部门和单位安全责任和措施落实不到位，安全投入不足，制度和管理还存在不少漏洞。部分企业工艺技术落后，设备老化陈旧，安全管理水平低下。

三是安全生产监管监察及应急救援能力亟待提升。各级安全生产监管部门和煤矿安全监察机构基础设施建设滞后，技术支撑能力不足，部分执法人员专业化水平不高，传统监管监察方式和手段难以适应工作需要。现有应急救援基地布局不尽合理，救援力量仍较薄弱，应对重特大事故灾难的大型及特种装备较为缺乏。部分重大事故致灾机理和安全生产共性、关键性技术研究有待进一步突破。

四是保障广大人民群众安全健康权益面临繁重任务。一方面，部分社会公众安全素质不够高，自觉遵守安全生产法律法规意识和自我安全防护能力还有待进一步强化。另一方面，随着经济发展和社会进步，全社会对安全生产的期望不断提高，广大从业人员“体面劳动”观念不断增强，对加强安全监管、改善作业环境、保障职业安全健康权益等方面的要求越来越高。

三、安全生产未来目标与思路措施

1. 指导思想

以邓小平理论和“三个代表”重要思想为指导，深入贯彻落实科学发展观，围绕科学发展的主题和加快转变经济发展方式的主线，牢固树立以人为本、安全发展的理念，坚持“安全第一、预防为主、综合治理”的方针，深化安全生产“三项行动”、“三项建设”，以强化企业安全生产主体责任为重点，以事故预防为主攻方向，以规范生产为重要保障，以科技进步为重要支撑，加强基础建设，加强责任落实，加强依法监管，全面推进安全生产各项工作，继续降低事故总量和伤亡人数，减少职业危害，有效防范和遏制重特大事故，促进安全生产状况持续稳定好转，为经济社会全面、协调、可持续发展提供重要保障。

2. 基本原则

统筹兼顾，协调发展。正确处理安全生产与经济发展、安全生产与速度质量效益的关系，坚持把安全生产放在首要位置，纳入社会管理创新的重要内容，实现区域、行业（领域）的科学、安全、可持续发展。

强化法治，综合治理。完善安全生产法律法规和标准规范体系，严格安全生产执法，强化制度约束，把安全生产工作纳入依法、规范、有序、高效开展的轨道，真正做到依法准入、依法生产、依法监管。

突出预防，落实责任。坚持关口前移、重心下移，夯实筑牢安全生产基层基础防线，从源头上防范和遏制事故。全面落实企业主体责任，强化政府及部门监管责任和属地管理责任，加强全员、全方位、全过程的精细化管理，坚决守住安全生产这条红线。

依靠科技，创新机制。坚持科技兴安，充分发挥科技支撑和引领作用，加快安全科技研发与成果应用，建立企业、政府、社会多元投入机制，加强安全监管监察能力建设，创新监管监察方式，提升安全保障能力。

3. 规划目标

到2015年，企业安全保障能力和政府安全监管能力明显提升，各行业（领域）安全生产状况全面改善，安全监管监察体系更加完善，各类事故死亡总人数下降10%以上，工矿商贸企业事故死亡人数下降12.5%以上，较大和重大事故起数下降15%以上，特别重大事故起数下降50%以上，职业危害申报率达80%以上，《国家职业病防治规划（2009—2015年）》设定的职业安全健康目标全面实现，全国安全生产保持持续稳定好转态势，为到2020年实现安全生产状况根本好转奠定坚实基础（见表1）。

表 1　部分安全生产规划目标

序号	部分安全生产规划目标
1	亿元国内生产总值生产安全事故死亡率下降 36%以上
2	工矿商贸就业人员十万人生产安全事故死亡率下降 26%以上
3	煤矿百万吨死亡率下降 28%以上
4	道路交通万车死亡率下降 32%以上
5	特种设备万台死亡率下降 35%以上
6	火灾十万人口死亡率控制在 0.17 以内
7	水上交通百万吨吞吐量死亡率下降 23%以上
8	铁路交通 10 亿吨千米死亡率下降 25%以上
9	民航运输亿客千米死亡率控制在 0.009 以内

4. 主要任务

(1) 完善安全保障体系，提高企业本质安全水平和事故防范能力

煤矿：开展全面、系统、彻底的安全隐患排查治理，防范瓦斯、水害、火灾等重特大事故。完善煤矿安全生产责任体系，强化生产过程管理领导责任。深化煤矿瓦斯综合治理，推进先抽后采、抽采达标，严格落实综合防突措施，完善瓦斯综合治理工作体系。健全灾害监控、预测预警与防治技术体系，狠抓矿井水害、火灾、冲击地压等事故防控技术措施落实。对资源整合矿区实施水文、工程地质补充勘探。治理煤矿火灾隐患。提高矿用产品、设备安全性能。

将煤矿技术人员配备列入安全准入基本条件，严格煤炭建设、生产领域的企业准入标准。推进煤矿企业安全质量标准化和本质安全型矿井建设，推广应用煤矿井下监测监控系统、人员定位系统、紧急避险系统、压风自救系统、供水施救系统和通信联络系统（以下称安全避险“六大系统”），强化安全班组建设等安全基础管理。推动煤矿企业兼并重组和小煤矿整顿关闭，构建安全、高效的煤炭产业体系。完善煤矿采气权与采矿权协调、小煤矿严格准入与有序退出等机制。小型煤矿采煤、掘进装载机械化程度到 2015 年底分别达到 55%和 80%以上。加强煤矿地质勘探报告审查。严格控制新（改、扩）建煤与瓦斯突出矿井建设，“十二五”期间停止核准新建 30 万吨/年以下的高瓦斯矿井、45 万吨/年以下的煤与瓦斯突出矿井项目。

道路交通：制定道路交通安全战略规划。深入推进客运车辆特别是长途客运车辆安全隐患专项整治，从严整治超载、超限、超速、非法载客和酒后、疲劳驾驶等违法违规行为。严格客运线路安全审批和监管，完善道路运输从业人员资格培训和管理制度。开展运输企业交通安全评估。完善客货运输车辆安全配置标准。建立、完善车辆生产管理信用体系，加强车辆产品准入、生产一致性管理和监督，提高车辆产品质量和安全性能。改善道路交通通行条件，加强事故多发路段和公路危险路段综合治理。推进高速公路全程监控系统等智能交通管理系统建设。建立农村客运服务和安全管理体系。在公路省际交界处、市际主要交界处建立固定式交通安全服务站。

非煤矿山：制定非煤矿山主要矿种最小开采规模和最低服务年限标准。合理布局非煤矿山采矿权，严格落实非煤矿山建设项目安全核准制度。落实矿产资源开发整合常态化管理措施，到 2015 年，非煤矿山数量比 2010 年下降 10%以上。实施地下矿山、露天矿山、高陡边坡、尾矿库、排土场等专项整治，重点防范透水、中毒窒息、坍塌和尾矿库溃坝等事故。建设金属非金属矿山井下安全避险“六大系统”。完善石油天然气开采防井喷、防硫化氢中毒、防爆炸着火及海洋石油生产设施防台风、防风暴潮等防范措施。推动露天矿山采用机械铲装、机械二

次破碎等技术装备，“三高”（高压、高含硫、高危）油气田采用硫化氢气体防护监测技术装备，三等及以上尾矿库和部分位于敏感地区尾矿库安装在线监测系统。

危险化学品：推动制定与实施化工行业安全发展规划。开展城市化工产业布局调查，加强城市危险化学品生产、储存企业和化学品输运管线等易燃易爆设施隐患排查治理。推动新建危险化学品生产企业进入化工园区，规范化工园区安全监管，实行化工园区区域定量风险评价制度。推动城区内安全防护距离不达标的危险化学品生产及储存企业搬迁。强化危险化学品生产过程安全管理，对涉及危险化工工艺的生产装置建立自动控制系统及独立的紧急停车系统。强化重点监管的危险工艺、危险产品和重大危险源的监管和监控，严格危险化学品安全使用许可。健全区域危险化学品道路运输安全联控机制。加快建设集仓储、配送、物流、销售和商品展示为一体的危险化学品交易市场，推动大中型城市内的危险化学品经营企业进场交易。

烟花爆竹：推进烟花爆竹生产工厂化、标准化、机械化、科技化和集约化建设。严格安全生产准入条件，到2015年，烟花爆竹生产企业数量比2010年减少20%以上。加强烟花爆竹生产、经营、运输、燃放等各环节安全管理和监督，深化“三超一改”（超范围、超定员、超药量和擅自改变工房用途）等违规生产经营行为专项治理，推进礼花弹等高危产品专项整治，建立烟花爆竹流向管理信息系统。

建筑施工：加强工程招投标、资质审批、施工许可、现场作业等环节安全监管，淘汰不符合安全生产条件的建筑企业和施工工艺、技术及装备。落实建设工程参建各方安全生产主体责任。重点排查治理起重机、吊罐、脚手架和桥梁等设施设备存在的安全隐患。建立建筑工程安全生产信息动态数据库，健全建筑施工企业和从业人员安全生产信用体系，完善失信惩戒制度。以铁路、公路、水利、核电等重点工程及桥梁、隧道等危险性较大项目为重点，建立完善设计、施工阶段安全风险评估制度。

民用爆炸物品：优化民用爆炸物品产品结构和生产布局，规范生产和流通领域爆炸危险源的管理，合理控制企业及生产点数量，减少危险作业场所操作人员。推广应用先进适用工艺技术，淘汰落后生产设备和工艺，主要产品的主要工序实现连续化、自动化和信息化。

特种设备：严格市场准入，落实使用单位安全责任，保证安全投入和安全管理制度、机构、人员到位。实施起重机械、危险化学品承压设备等特种设备事故隐患整治，建立重大隐患治理与重点设备动态监控机制。推动应用物联网技术，实现对电梯、起重机械、客运索道、大型游乐设施故障的实时监测，推广应用大型起重机械安全监控系统。

工贸行业：实施冶金、有色、建材、机械、轻工、纺织、烟草和商贸等工贸行业事故隐患专项治理，重点开展工业煤气系统使用、高温液态金属生产和工贸行业交叉作业、检修作业、受限空间作业等隐患排查整治。实施自动报警与安全联锁专项改造，提高自动化程度。加强对企业煤气输送、储存、使用等危险区域连续监测监控。

电力：完善处置电网大面积停电应急体系，提高电力系统应对突发事件能力。加强电力调度监督与管理，加强厂网之间协调配合。扎实开展电力安全生产风险管理和标准化建设，加强新能源发电监督管理，确保电力系统安全稳定运行和电力可靠供应。加强核电运营安全监管，落实安全防范措施。对已投入运行20年以上的水电站全面开展隐患排查，加强水电站大坝补强加固和设备更新改造。

消防（火灾）：推进构筑社会消防安全“防火墙”工程。推动消防规划纳入当地城乡规划，加强消防站、消防供水、消防通信、消防车通道等公共消防设施建设。落实新（改、扩）建工程消防安全设计审核、消防验收或备案抽查制度。实施消防安全专项治理行动，整治易燃易爆单位、人员密集和“三合一”场所（企业员工宿舍与生产作业、物资存放的场所相通连）、高层建筑、地下空间火灾隐患。完善相关消防技术标准，严禁违规使用易燃、可燃建筑外墙保温材料。根据国家标准配备应急救援车辆、器材和消防员个人防护装备。

铁路交通：加强高速铁路运营安全监管和设备质量控制，强化高速铁路安全防护设施和防灾监测系统建设。深入开展高速铁路运输安全隐患治理，重点对线路、车辆、信号、供电设备以及制度和管理等进行全方位排查。强化高新技术条件下铁路运输安全风险管控。严厉打击危害高速铁路运输安全的非法违法行为。到 2015 年，危险性较大的铁路与公路平交道口全部得到改造。开展路外安全宣传教育入户活动。严格铁路施工安全管理，整治铁路行车设备事故隐患，强化现场作业控制，深化铁路货运安全专项整治。

水上交通：加强水路交通安全监管基础设施和港口保安设施建设。开展重点水域、船舶和时段以及重要基础设施安全综合治理。推进现有港口、码头的安全现状评价。强化运输船舶和码头、桥梁建设及通航水域采砂等水上水下施工作业的安全监管。推进内河主要干线航道、重要航运枢纽、主要港口及地区性重要港口监测系统建设。完善船舶自动识别、船舶远程跟踪与识别、长江干线水上 110 指挥联动等系统，加快内河船岸通信、监控系统建设。实施渡改桥工程。加强内河海事与搜救一体化建设。严厉查处农用船、自用船、渔船非法载客等行为。

民航运输：实施民航航空安全方案，推进航空安全绩效管理。建立空勤人员、空中交通管制员体检鉴定体系和健康风险管理体系。建立航空安保威胁评估机制。研究实行航空货运管制代理人制度。整体规划适航审定能力建设方案。建立航空安保岗位资格认证机制与培训体系。加强飞行、机务、空管、签派等人员的专业技能教育培训。建设航空安全实验基地，提高航空运行、适航维修、航空保安和事故调查分析等实验验证能力。

农业机械：完善农业机械安全监督管理体系，加强安全监理设施和装备建设，加大安全投入，保障安全监理工作需要。强化拖拉机、联合收割机注册登记、牌证核发和年度检验。推广应用移动式农机安全技术检测和农机驾驶人考试装备。加快建立农机市场准入、强制淘汰报废和回收管理制度，推进对危及人身财产安全的农业机械进行免费实地安全检验。创建 500 个以上“平安农机示范县”。探索开展农机政策性保险，鼓励支持农机安全互助组织有序发展。

渔业船舶：推进重点水域渔船和渔港监控系统建设。强化渔船、渔港安全基础设施管理，加强渔业航标、渔港监控设备等建设。推进渔船自动识别系统建设，加强渔船通信终端设备配备。推进渔船标准化建设，鼓励渔民更新改造老旧渔船，实行渔业船舶、船用产品、专用设备报废制度。加强渔业船员培训基地建设。实施渔船安全救生设备补助项目，推广应用气胀式救生筏等装备，实现沿海中型以上渔船救生设备应配尽配。

职业健康：开展作业场所职业危害普查。加强职业危害因素监测检测。建立完善职业健康特殊工种准入、许可、培训等制度。建立重点行业（领域）职业健康检测基础数据库。开展粉尘、高毒物质危害严重行业（领域）专项治理。到 2015 年，新（改、扩）建项目职业卫生“三同时”（同时设计、同时施工、同时投产和使用）审查率达到 65%以上，用人单位职业危害申报率达到 80%以上，工作场所职业危害因素监测率达到 70%以上，粉尘、高毒物品等主要危害因素监测合格率达到 80%以上，工作场所职业危害告知率和警示标识设置率达到 90%以上，重大急性职业危害事件基本得到控制，接触职业危害作业人员职业健康体检率达到 60%以上。强化职业危害防护用品监管和劳动者职业健康监护，严肃查处职业危害案件。

同时，全面加强旅游、水利工程等各行业（领域）安全生产工作，及时排查整治安全隐患，全面加强人员密集场所、大型群众性活动的安全管理，严防各类事故发生。

(2) 完善政府安全监管和社会监督体系，提高监察执法和群防群治能力

健全安全生产监管监察体制；建设专业化安全监管监察队伍；改善安全监管监察执法工作条件；推进安全生产监管监察信息化建设；创新安全监管监察方式；依法加强社会舆论监督。

(3) 完善安全科技支撑体系，提高技术装备的安全保障能力

加强安全生产科学技术研究；强化安全专业人才队伍建设；完善安全生产技术支撑体系；推广应用先进适用工艺技术与装备；促进安全产业发展；推动安全生产专业服务机构规范发展。

(4) 完善法律法规和政策标准体系，提高依法依规安全生产能力

健全安全生产法律制度；完善安全生产技术标准；规范企业生产经营行为；提高安全生产执法效力。

规范企业生产经营行为具体要求：全面推动企业安全生产标准化工作，实现岗位达标、专业达标和企业达标。加强企业班组安全建设。强化对境外中资企业的安全生产工作指导与管理，严格落实境内投资主体和派出企业安全生产监督责任。建立完善企业安全生产累进奖励制度。严格执行企业主要负责人和领导班子成员轮流现场带班制度。

(5) 完善应急救援体系，提高事故救援和应急处置能力

推进应急管理体制机制建设；加快应急救援队伍建设。加快矿山、公路交通、铁路运输、水上搜救、紧急医学救援、船舶溢油及油气田、危险化学品、特种设备等行业（领域）国家、区域救援基地和队伍建设；完善应急救援基础条件。

(6) 完善宣传教育培训体系，提高从业人员安全素质和社会公众自救互救能力

提高从业人员安全素质。建立国家安全生产教育培训考试中心，以及中央企业安全教育培训考试站。推行安全生产“教考分离”和安全技术人员继续教育制度。强化高危行业和中小企业一线操作人员安全培训。完善农民工向产业工人转化过程的安全教育培训机制。高危行业企业主要负责人、安全生产管理人员和特种作业人员持证上岗率达到100%。将安全生产纳入领导干部素质教育范畴。实施地方政府安全生产分管领导干部安全培训工程。

提升全民安全防范意识。将安全防范知识纳入国民教育范畴。创建安全文化示范企业。开展安全生产、应急避险和职业健康知识进企业、进学校、进乡村、进家庭活动，实施“安全生产月”、“安全生产万里行”、“文明交通行动计划”、“消防119”、“安康杯”知识竞赛等安全生产宣传教育活动。培育发展安全文化产业，打造安全文艺精品工程，促进安全文化市场繁荣。

构建安全发展社会环境。开展安全促进活动，建设安全文化主题公园和主题街道。加强安全社区建设，提升社区安全保障能力和服务水平。推进“平安畅通县市”、“平安农机示范县”、“平安渔业示范县”、“文明渔港”、“平安村镇”、“平安校园”等建设，创建若干安全发展示范城市，倡导以人为本、关注安全、关爱生命的安全文化。

第二节 我国安全生产管理

一、安全生产的基本概念

1. 安全

安全与危险是相对概念，是指生产、生活系统中，能将人员能伤亡或财产损失的概率和严重度控制在可接受的水平之下。安全是一个相对的概念，危险性是对安全性的隶属度，当危险性低于某种程度时，人们就认为是安全的。

2. 本质安全

本质安全是指通过设计等手段使生产设备或生产系统本身具有安全性，即使在误操作或发生故障的情况下也不会造成事故的功能。具体包括失误—安全（误操作不会导致事故发生或自动阻止误操作）、故障—安全功能（设备、工艺发生故障时还能暂时正常工作或自动转变安全状态）。

3. 安全生产

安全生产是指在生产经营活动中，为避免造成人员伤害和财产损失的事故而采取相应的事故预防和控制措施，以保证从业人员的人身安全，保证生产经营活动得以顺利进行的相关活动。根据现代系统安全工程的观点，一般意义上讲，是指在社会生产活动中，通过人、机、物料、环境、方法的和谐运作，使生产过程中潜在的各种事故风险和伤害因素始终处于有效控制状态，切实保护劳动者的生命安全和身体健康。

4. 安全生产管理

安全生产管理是针对人们在安全生产过程中的安全问题，运用有效的资源，发挥人们的智慧，通过人们的努力，进行有关决策、计划、组织和控制等活动，实现生产过程中人与机器设备、物料环境的和谐，达到安全生产的目标。

安全生产管理的目标是，减少和控制危害，减少和控制事故，尽量避免生产过程中由于事故造成的人身伤害、财产损失、环境污染以及其他损失。

安全生产管理包括安全生产法制管理、行政管理、监督检查、工艺技术管理、设备设施管理、作业环境和条件管理等。

安全生产管理的基本对象是企业的员工，涉及企业中的所有人员、设备设施、物料、环境、财务、信息等各个方面。

安全生产管理的内容包括：安全生产管理机构和安全生产管理人员、安全生产责任制、安全生产管理规章制度、安全生产策划、安全培训教育、安全生产档案等。

5. 事故

事故一般是指造成死亡、疾病、伤害、损坏或者其他损失的意外情况。

国际劳工组织将职业事故定义为："由工作引发或者在工作过程中引发的事件，并导致致命或非致命的职业伤害。"

《生产安全事故报告和调查处理条例》（国务院令第 493 号）将"生产安全事故"理解为：生产经营活动中发生的造成人身伤亡或者直接经济损失的事件。

6. 危险

危险是安全的对立状态。危险是指在生产、生活系统中一种潜在的，致使人员伤亡或财产损失的不幸事件（即事故）发生的概率及其严重度超出了人们的承受程度。

危险的特征在于其危险可能性的大小与安全条件和概率有关。危险概率则是指危险发生（转变）事故的可能性，即频度或单位时间危险发生的次数。危险的严重度或伤害、损失或危害的程度则是指每次危险发生导致的伤害程度或损失大小。一般用风险度表示危险的程度。

7. 危险源

危险源是指可能造成人员伤害和疾病、财产损失、作业环境破坏或其他损失的根源或状态。根据危险源在事故发生、发展中的作用，危险源可分为第一类危险源和第二类危险源。

第一类危险源是指生产过程中存在的，可能发生意外释放的能量，包括生产过程中各种能量源、能量载体或危险物质。第一类危险源决定了事故后果的严重程度，具有的能量越多发生事故后果越严重。

第二类危险源是指导致能量或危险物质约束或限制措施破坏或失效的各种因素。广义上包括物的故障、人的失误、环境不良以及管理缺陷等因素。第二类危险源决定了事故发生的可能性，出现越频繁则发生事故的可能性越大。

第一类危险源客观上已经存在，并且在设计、建设时已经采取了必要的控制措施。因此，企业安全管理工作重点是第二类危险源的控制问题。

二、安全生产方针

《安全生产法》在总结了我国安全生产管理经验的基础上，将“安全第一、预防为主”规定为我国安全生产工作的基本方针。党和国家坚持以科学发展观为指导，从经济和社会发展的全局出发，不断深化对安全生产规律的认识。在十六届五中全会上，提出了“安全第一，预防为主，综合治理”的安全生产方针。同时在《国务院关于进一步加强企业安全生产工作的通知》（国发〔2010〕23号）中强调，坚持“安全第一，预防为主，综合治理”的方针，全面加强生产经营单位安全生产管理，健全生产经营单位安全管理，健全规章制度，完善安全标准，提高生产经营单位技术水平，夯实安全生产基础。

“安全第一”，就是在生产经营活动中，在处理保证安全与生产经营活动的关系上，要始终把安全放在首要位置，有限考虑从业人员和其他人员的人身安全，实行“安全优先”的原则。在确保安全的前提下，努力实现生产的其他目标。

“预防为主”，就是按照系统化、科学化的管理思想，按照事故发生的规律和特点，千方百计预防事故的发生，做到防患于未然，将事故隐患消灭在萌芽状态。虽然人类在生产活动中还不可能完全杜绝事故的发生，但只要思想重视，预防得当，事故是可以减少的。

“综合治理”，就是标本兼治，重在治本，在采取断然措施遏制重特大事故，实现治标的同时，积极探索和实施治本之策，综合运用科技手段、法律手段、经济手段和必要的行政手段，从发展规划、行业管理、安全投人、科技进步、经济决策、教育培训、安全立法、激励约束、企业管理、监管体制、社会监督以及追究事故责任、查处违法违纪等方面着手，解决影响制约我国安全生产的历史性、深层次问题，做到思想认识上警钟长鸣，制度保证上严密有效，技术支撑上坚强有力，监督检查上严格细致，事故处理上严肃认真。

三、以人为本、安全发展理念

2005年12月15日，胡锦涛总书记在青海考察工作时指出，“实现安全生产，是事关人民群众生命财产安全的大事，也是坚持以人为本的必然要求”。2006年在中共中央第三十次集体学习时胡锦涛总书记再次强调，“人的生命是最宝贵的，我国是社会主义国家，我们的发展不能以牺牲精神文明为代价，不能以牺牲生态环境为代价，更不能以牺牲人的生命为代价”。这表明，“以人为本”是我们党的根本宗旨和执政理念，安全发展正是这一理念的集中体现。

十六届五中全会确定了安全发展的指导原则，把“安全发展”作为一个重要理念纳入了我国社会主义现代化建设的总体战略。《国务院关于进一步加强企业安全生产工作的通知》（国发〔2010〕23号）（以下简称《规定》）指出，深入贯彻落实科学发展观，坚持“以人为本”，牢固树立安全发展的观念，切实转变经济发展方式，调整产业结构，提高经济发展的质量和效益，把经济发展建立在安全生产有可靠保障的基础上。《关于坚持科学发展安全发展促进安全生产形势持续稳定好转的意见》（国发〔2011〕40号）在“指导思想”中进一步明确提出“大力实施安全发展战略”。安全发展作为一个科学理念进而明确为一个重大战略，是党和政府对经济社会发展客观规律的总结，是对加强安全生产工作的重要指导纲领。

"以人为本，安全发展"重点包含三层意思："以人为本"必须以人的生命为本；社会发展必须以安全为基础、前提和保障；构建社会主义和谐社会必须解决安全生产问题。

对于生产经营单位来讲，安全发展是本单位落实科学发展观，实现科学、持续、有效、较快和协调发展的必要要求和重要保证，是生产经营单位履行经济、政治和社会责任的重要体现，是生产经营单位增强市场竞争力的重要基础。坚持走安全发展道路应当成为生产经营单位的郑重选择和庄严承诺。

四、安全生产管理体制

我国安全生产管理体制经历了一个复杂的发展变化过程，完成了从计划经济的管理体制到有计划的市场商品经济体制再到社会主义市场经济体制的过渡。安全生产管理体制不断发展，现行的安全生产管理新格局是"政府统一领导，部门依法监管，企业全面负责，社会监督支持"。几个层面互相关联、互相作用，共同构成市场经济条件下安全生产工作的监督体系，对安全生产的监督管理更加规范。

"政府统一领导"是指安全生产工作必须在国务院和地方各级人民政府的领导下，依据国家关于安全生产的法律法规做统一要求。无论何种所有制形式或经营方式的生产经营单位，政府对安全生产的要求都是相同的，都必须保障安全生产的技术和物质条件，保证安全生产的要求，无一例外。

"部门依法监管"是指安全生产监管部门和相关部门，要依法履行综合监督管理和相关方面的监督管理职责。目前在安全生产的监督管理中处于核心地位的是各级负有安全生产监督管理职能的部门。

"企业全面负责"是指企业主要负责人对企业安全生产全面负责，全面落实安全生产责任制，这是国家经济体制改革的需要，是政府简政放权、企业经营管理自主权扩大的必然结果。

"社会监督支持"是指要发挥全社会各方面的作用，在全社会形成关爱生命、关注安全的舆论氛围。它包括各个层次、各种方式的监督，既有行政手段，又有法律手段、社会舆论、新闻媒体等方面的监督。

五、国家安全生产监督监察

我国目前实行的是国家监察、地方监管、企业负责的安全工作机制。在国家与行政管理部门之间，实行的是综合监管和行业监管；在中央政府与地方政府之间，实行的是国家监管与地方监管；在政府与企业之间，实行的是政府监管与企业管理。

在国务院领导下，国务院安全生产委员会负责全面统筹协调安全生产工作；国家安全生产监督管理总局对全国安全生产实施综合监管，并负责煤矿安全监察和非煤矿山、危险化学品、烟花爆竹等行业领域的安全生产监督管理工作；工业和信息化部、公安部、住房和城乡建设部、农业部、交通运输部、铁道部、民航总局、电监会和国资委等部门，分别负责本系统、本领域的安全生产工作；国家质检总局负责特种设备的安全监督检查工作；卫生部负责职业病诊治工作；人力资源和社会保障部负责工伤保险管理、未成年工以及女工的劳动保护。

强化安全生产监管部门对安全生产的综合监管，对重大安全隐患治理实行逐级挂牌督办、公告制度，对拒不执行监管监察指令的企业，要依法依规从重处罚加强对企业安全生产的现场监管和技术指导；强化企业安全生产属地管理，安全生产监管部门和行业管理部门要按职责分工，对当地企业包括中央、省属企业实行严格的安全生产监督检查和管理；加强建设项目安全管理，加强建设项目的日常安全监管，严格落实审批、监管的责任，严格落实建设、设计、施工、监理、监管等各方安全责任；加强社会监督和舆论监督，要充分发挥工会、共青团、妇联组织的作用，依法维护和落实企业职工对安全生产的参与权与监督权，鼓励职工监督举报各类安全隐患，有关部门和地方要进一步畅通安全生产的社会监督渠道（如设立举报箱，公布举报电话），同时发挥新闻媒体的舆论监督。

六、企业安全生产主体责任

1. 规范企业生产经营行为

企业要健全完善严格的安全生产规章制度，坚持不安全不生产。加强对生产现场监督检查，严格查处违章指挥、违规作业、违反劳动纪律的“三违”行为。凡超能力、超强度、超定员组织生产的，要责令停产停工整顿，并对企业和企业主要负责人依法给予规定上限的经济处罚。对以整合、技改名义违规组织生产，以及规定期限内未实施改造或故意拖延工期的矿井，由地方政府依法予以关闭。要加强对境外中资企业安全生产工作的指导和管理，严格落实境内投资主体和派出企业的安全生产监督责任。

2. 及时排查治理安全隐患

企业要经常性开展安全隐患排查，并切实做到整改措施、责任、资金、时限和预案“五到位”。建立以安全生产专业人员为主导的隐患整改效果评价制度，确保整改到位。对隐患整改不力造成事故的，要依法追究企业和企业相关负责人的责任。对停产整改逾期未完成的不得复产。

3. 强化生产过程管理的领导责任

企业主要负责人和领导班子成员要轮流现场带班。煤矿、非煤矿山要有矿领导带班并与工人同时下井、同时升井，对无企业负责人带班下井或该带班而未带班的，对有关责任人按擅离职守处理，同时给予规定上限的经济处罚。发生事故而没有领导现场带班的，对企业给予规定上限的经济处罚，并依法从重追究企业主要负责人的责任。

4. 强化职工安全培训

企业主要负责人和安全生产管理人员、特殊工种人员一律严格考核，按国家有关规定持职业资格证书上岗，职工必须全部经过培训合格后上岗。企业用工要严格依照劳动合同法与职工签订劳动合同。凡存在不经培训上岗、无证上岗的企业，依法停产整顿。没有对井下作业人员进行安全培训教育，或存在特种作业人员无证上岗的企业，情节严重的要依法予以关闭。

5. 全面开展安全达标

凡在规定时间内未实现达标的企业，相关部门会依法暂扣其生产许可证、安全生产许可证，责令停产整顿；对整改逾期未达标的，地方政府会依法予以关闭。

第三节 安全生产理论

一、安全生产管理基本原理

安全生产管理要遵循管理的普遍规律，既服从管理的基本原理与原则，也要服从安全特殊性的原理与原则。原理与原则的本质与内涵是一致的。一般来说，原理更基本，更具普遍意义；原则更具体，对行为更有指导性。

1. 系统原理

系统原理是现代管理学的最基本原理之一。它是指人们在从事管理工作时，运用系统观点、理论和方法，对管理活动进行充分的系统分析，以达到管理的优化目标，即用系统论的观点、理论和方法来认识和处理管理中出现的问题。

所谓系统是由相互作用和相互依赖的若干部分组成的有机整体。任何管理对象都可以作为一个系统，系统可以分为若干个子系统，子系统可以分为若干个要素，即系统是由要素组成的。按照系统的观点，管理系统具有六个特征，即集合性、相关性、目的性、整体性、层次性和适应性。

安全生产管理系统是生产管理的一个子系统，它包括各级安全管理人员、安全防护设备与设施、安全管理规章制度、安全生产操作规范和规程以及安全生产管理信息等。安全贯穿生产活动的方方面面，安全生产管理是全方位、全天候和涉及全体人员的管理。

系统原理中包含以下四大原则。

(1) 动态相关性原则。动态相关性原则告诉我们，构成管理系统的各要素是运动和发展的，它们相互联系又相互制约。显然，如果管理系统的各要素都处于静止状态，就不会发生事故。

(2) 整分合原则。高效的现代安全生产管理必须在整体规划下明确分工，在分工基础上有效综合，这就是整分合原则。运用该原则，要求企业管理者在制定整体目标和宏观决策时，必须将安全生产纳入其中，资金、人员和体系都必须将安全生产作为一项重要内容考虑。

(3) 反馈原则。反馈是控制过程中对控制机构的反作用。反馈原则是指成功的高效管理，离不开灵活、准确、快速的反馈。企业生产的条件和外部环境在不断变化，所以必须及时采集、反馈各种安全生产信息，及时采取行动。

(4) 封闭原则。在任何一个管理系统内部，管理手段、管理过程等必须构成一个连续封闭的回路，才能形成有效的管理活动，这就是封闭原则。封闭原则告诉我们，在企业安全生产中，各管理机构之间、各种管理制度和方面之间，必须具有紧密的联系，形成相互制约的回路，才能有效。

2. 人本原理

在管理中必须把人的因素放在首位，体现以人为本的指导思想，这就是人本原理。

以人为本有两层含义，其一是一切管理活动都是以人为本展开的，人既是管理的主体，又是管理的客体，每个人都处在一定的管理层面上，离开人就无所谓管理；其二是管理活动中，作为管理对象的要素和管理系统各环节，都是需要人掌管、运作、推动和实施的。

人本原理包含三大原则：动力原则、能级原则、激励原则。

(1) 动力原则。推动管理活动的基本力量是人，管理必须有能够激发人的工作能力的动力，这就是动力原则。对于管理系统，有三种动力，即物质动力、精神动力和信息动力。

(2) 能级原则。现代管理认为，单位和个人都具有一定的能量，并且可按照能力的大小顺序排列，形成管理的能级，就像原子中电子的能级一样。在管理系统中，建立一套合理能级，根据单位和个人能级的大小安排其工作，才能发挥不同能级的能量，保证结构的稳定性和规律的有效性。

(3) 激励原则。管理中的激励就是利用某种外部诱因的刺激调动人的积极性和创造性，以科学的手段，激发人的内在潜力，使其充分发挥积极性、主动性和创造性，这就是激励原则。人的工作动力来源于内在动力、外部压力和工作吸引力。

3. 预防原理

安全生产管理工作应该做到预防为主，通过有效的管理和技术手段，减少和防止人的不安全行为和物的不安全状态，这就是预防原理。在可能发生人身伤害、设备或设施损坏和环境破坏的场合，事先采取措施，防止事故发生。

预防原理包含四大原则：偶然损失原则、因果关系原则、3E 原则、本质安全化原则。

(1) 偶然损失原则。事故后果以及后果的严重程度，都是随机的、难以预测的。反复发生的同类事故，并不一定产生完全相同的后果，这就是事故损失的偶然性。偶然损失原则告诉我们，无论事故损失大小，都必须做好预防工作。

(2) 因果关系原则。事故的发生是许多因素互为因果连续发生的最终结果，只要发生事故的因素存在，发生事故是必然的，只是时间或迟或早而已，这就是因果关系原则。

(3) 3E 原则。造成人的不安全行为和物的不安全状态的原因可归结为四个方面，即技术原因、教育原因、身体和态度原因以及管理原因。针对这四方面的原因，可以采取三种防止对策，即工程技术 (Engineering) 对策、教育 (Education) 对策和法制 (Enforcement) 对策，即所谓 3E 原则。

(4) 本质安全化原则。本质安全化原则是指一开始就从本质上实现安全化，从根本上消除事故发生的可能性，从而达到预防事故发生的目的。本质安全化原则不仅可以应用于设备、设施，还可以应用于建设项目。

4. 强制原理

采取强制管理的手段控制人的意愿和行为，使个人的活动、行为等受到安全生产管理要求的约束，从而实现有效的安全生产管理，这就是强制原理。所谓强制就是绝对服从，不必经管理者同意便可采取控制行为。

强制原理包含两大原则：安全第一原则、监督原则。

(1) 安全第一原则。安全第一就是要求在生产和其他活动时把安全工作放在一切工作的首要位置。当生产和其他工作与安全发生矛盾时，要以安全为主，生产和其他工作要服从安全，这就是安全第一原则。

(2) 监督原则。监督原则是指在安全工作中，为了使安全生产法律法规得到落实，必须设立安全生产监督管理部门，对企业生产中的守法和执法情况进行监督。

二、事故成因模式

事故发生原因不尽相同，通过大量事故案例剖析，运用系统工程观点方法分析可知，每一种事故的发生都取决于人、物、环境、管理四个基本要素。导致事故发生的原因分为直接原因和间接原因，还有主要原因和次要原因。由于事故发生原因排列组合的复杂性、多样性，很难找到一种能解释各种事故的普遍模式，比较成熟的事故模式有如下几种。

1. 事故成因连锁模式

该模式认为，事故发生实际上是事故成因（起因）、事故爆发、事故补救、事故后果等一系列事故的连锁反应结果。事故一旦发生后，就会出现能量的无序释放和物质的无序运动，这种释放和运动是按自然规律自动进行的，一直到系统达到平衡状态才会停止。人们所采取的补救措施就是尽快使系统达到平衡状态，以减少事故损失。事故的爆发是由一系列的因素（原因）造成的，没有事故的成因（起因），就不会爆发事故。因此，要预防事故的发生，就必须研究事故的成因。

2. 轨迹交叉事故模式

该模式认为，事故是由于人的不安全行为和物的不安全状态，在一定的空间和时间里相互交叉的结果。该模式揭示，事故的发生由三方面因素造成：人的不安全行为，物的不安全状态，管理因素（即空间和时间的调度）。

环境条件和物的状态不良以及管理上的缺陷可能形成生产中的事故隐患，由于人为原因的触发，就可能导致事故发生。简而言之，事故的发生不外乎是物的不安全状态（或称故障）和人的不安全行为（失误）两大因素共同作用的结果。在能量失控的情况下，人、物两大系统各自运动轨迹的交叉点就构成事故的“时空”。事故的发生往往不是简单的人、物两个系列轨迹交叉，而是非常复杂的情况。

3. 多米诺骨牌效应事故模式

该模式认为，伤亡事故是一系列因素连续发生的结果。这些因素包括：社会环境和管理、人为过失、不安全行为和不安全状态、意外事件、伤亡。这五个因素形成连锁反应，以因果关系依次发生。

用多米诺骨牌原理来阐述就是，一种可以防止的伤亡事故的发生，是一系列事故按照一定顺序发生的结果。按因果顺序，伤亡事故的五因素是：社会环境和管理欠缺，促成人的过失；人为的过失又造成了不安全行为或机械、物质危害；后者促进了意外事件（包括未遂事故）和由此产生的人身伤亡事件。五因素连锁反应构成了事故。伤害之所以产生，是由于前面因素的作用。在意外事件和伤害发生之前，一切工作应以环境内机械的危害及人为不安全行为为中心。防止伤亡事故发生的着眼点，应集中于中心，即设法消除事件，使系列中断，伤害便不会发生。

4. 能量不正常转移模式

该模式认为，任何造成伤害或损失的事故都是由能量传递失控而引起的。人的生产活动，是通过人体本身进行的作业活动，以能量传递与转换来完成的；机器设备等在生产过程中，也是通过能量传递的形式来达到其作业目的。当人的活动行为处于非正常状态的时候，人体作业活动的能量转换失去控制，人体就会与具有能量的设备发生接触或碰撞，以致遭到打击而被伤害。当机器、设备非正常运行时，会使其能量传递产生能量逸散，这种能量逸散失去一定的控制时，就会释放出非正常能量传递，致使设备遭到破坏或人身受到伤害。

5. 综合事故模式

该模式认为，事故的直接原因是指人的不安全行为、物的不安全状态和环境的不安全条件，这些人、物、环境因素构成了生产中的危险因素（事故隐患）；间接原因是指管理缺陷，即管理失误和管理责任；基础原因包括经济、文化、学校教育、民族习惯、社会历史和法律等因素。偶然事件触发是指由于起因物和肇事人的作用，而造成一定类型的事故和伤害的过程。

事故的发生过程是由社会因素引起管理因素，管理因素引起危险因素造成的，通过偶然事件（起因物和肇事人）触发而发生事故与伤害。

综合事故模式考虑了各种事故现象和因素，因而能比较准确地、全面地描述事故的成因过程，有利于事故的分析、预防和处理。

三、事故预防对策

采取综合、系统的对策是搞好安全生产及有效预防事故的基本原则。随着现代安全科学技术的发展，安全系统工程、安全科学管理、事故致因理论、安全法制建设等学科和方法技术的发展，在安全生产和减灾方面总结出了一系列的对策。安全法制对策、安全管理对策、安全教育对策、安全工程技术对策、安全经济手段等都是目前在安全生产和事故预防及控制中发展起来的方法和对策。

1. 安全法制对策

安全法制对策就是利用法制的手段，对生产的建设、实施、组织，以及目标、过程、结果等进行安全的监督与监察，使之符合安全生产的要求。安全生产的法制对策是通过如下几方面的工作来实现的。

（1）落实生产经营单位的安全生产责任制度，明确生产经营单位的主要负责人是安全生产的第一责任人，对安全生产实施全面综合管理；明确各级领导、各职能部门和各类人员的安全生产责任，并通过检查考核等工作的开展使其得到落实，使安全生产时时、处处、事事有人管。

（2）实行强制性的国家安全生产监督管理。国家安全生产监督管理就是指国家授权相关行政部门设立监督管理机构，以国家名义并运用行政权力，对企业、事业单位和有关机关履行安全生产职责、执行安全生产法律法规的情况，依法进行的监督、管理、纠正和惩戒工作，是以国家名义依法进行的具有高度权威性、公正性的监督执法活动。

（3）完善国家的安全法律法规、技术标准和生产经营单位的安全生产规章制度及操作规程，并保证其贯彻实施。

（4）实施有效的群众监督。群众监督是指从业人员在工会的统一领导下，监督生产经营单位全面执行国家有关安全生产方面的法律、法规、规章和标准；参与制订安全生产规章制度和劳动保护措施；监督安全技术和劳动保护经费的落实和正确使用；对安全生产提出建议。

2. 工程技术对策

工程技术对策是指通过工程项目和技术措施，实现生产的本质安全化，或改善劳动条件，提高生产的安全性。例如，对于火灾的防范，可以采用防火工程、消防技术等技术对策；对于尘毒危害，可以采用通风工程、防毒技术、个体防护等技术对策；对于电气事故，可以采取能量限制、绝缘、释放等技术方法；对于爆炸事故，可以采取改良爆炸器材、改进炸药等技术对策。在具体的工程技术对策中，可采用如下技术原则。

（1）消除潜在危险的原则。即从本质上消除事故隐患，是理想、积极、进步的事故预防措施。其基本的做法是以新的系统、新的技术和工艺代替旧的不安全系统和工艺，从根本上消除事故发生的条件。例如，用不可燃材料代替可燃材料；以导爆管技术代替导爆索起爆方法；改进机器设备，消除人体操作对象和作业环境的危险因素，排除噪声、尘毒对人体的影响等，从本质上实现安全生产。

（2）降低潜在危险程度的原则。即在系统危险不能根除的情况下，尽量地降低系统的危险程度，使系统一旦发生事故，所造成的后果严重程度最小。如手电钻工具采用双层绝缘措施；利用变压器降低回路电压；在高压容器中安装安全阀、泄压阀抑制危险发生等。

（3）冗余性原则。就是通过多重保险、后援系统等措施，提高系统的安全系数，增加安全裕量。如在工业生产中降低额定功率；增加钢丝绳强度；飞机系统采用双引擎；系统中增加备用装置或设备等措施。

（4）闭锁原则。在系统中通过一些原器件的机器连锁或电气互锁，作为保证安全的条件。如冲压机械的安全互锁器，金属剪切机室安装出入门互锁装置，电路中的自动保安器等。

（5）能量屏障原则。在人、物与危险之间设置屏障，防止意外能量作用到人体和物体上，以保证人和设备的安全。如建筑高空作业的安全网、反应堆的安全壳等，都起到了屏障作用。

（6）距离防护原则。当危险和有害因素的伤害作用随距离的增加而减弱时，应尽量使人与危险源距离远一些。噪声源、辐射源等危险因素可采用这一原则减小其危害。化工厂建在远离居民区、爆破作业时的危险距离控制，均是这方面的例子。

(7) 时间防护原则。即使人暴露于危险、有害因素的时间缩短到安全程度之内。如开采放射性矿物或进行有放射性物质的工作时，缩短工作时间；粉尘、毒气、噪声的安全指标，随工作接触时间的增长而减少。

(8) 薄弱环节原则。即在系统中设置薄弱环节，以最小的、局部的损失换取系统的总体安全。如电路中的保险丝、锅炉的熔栓、煤气发生炉的防爆膜、压力容器的泄压阀等。它们在危险情况出现之前就发生破坏，从而释放或阻断能量，以保证整个系统的安全性。

(9) 坚固性原则。这是与薄弱环节原则相反的一种对策。即通过增加系统强度来保证其安全性。如加大安全系数、提高结构强度等措施。

(10) 个体防护原则。根据不同作业性质和条件配备相应的保护用品及用具。采取被动的措施，以减轻事故和灾害造成的伤害或损失。

(11) 代替作业人员的原则。在不可能消除和控制危险及有害因素的条件下，以机器、机械手、自动控制器或机器人代替人或人体的某些操作，摆脱危险和有害因素对人体的危害。

(12) 警告和禁止信息原则。采用光、声、色或其他标志等作为传递组织和技术信息的目标，以保证安全。如宣传画、安全标志、板报、警告等。

显然，工程技术对策是治本的重要对策。但是，工程技术对策需要安全技术及资金作为基本前提，因此，在实际工作中，特别是在目前我国安全科学技术和社会经济基础较为薄弱的条件下，这种对策的采用受到一定的限制。

3. 安全管理对策

管理就是创造一种环境和条件，使置身于其中的人们能协调地进行工作，从而完成预定的使命和目标。安全管理是通过制定和监督实施有关安全生产法律、法规、规章、标准和规章制度等，规范人们在生产活动中的行为。安全管理对策是实现安全生产的基本的、重要的、日常的对策。安全管理包括人的安全管理和设备设施的安全管理。安全管理对策具体由管理的模式、组织管理的原则、安全信息流技术等方面来实现。

4. 安全教育对策

安全教育指对企业各级领导、管理人员以及操作工人进行安全思想教育和安全技术知识教育。安全思想教育的内容包括国家有关安全生产的方针政策、法律法规和企业的安全生产规章制度。通过教育提高各级领导和广大职工的安全意识、政策水平和法制观念，牢固树立安全第一的思想，并自觉贯彻执行。安全技术知识教育包括一般生产技术知识、一般安全技术知识和专业安全技术知识的教育，安全技术知识寓于生产技术知识之中，在对职工进行安全教育时必须把二者结合起来。

四、安全科学知识体系

1. 安全科学

安全科学即安全学，这是安全学科的基础科学，包括安全系统学、安全人机学、安全管理学、安全设备学、安全法学等。其知识结构主要是较高水平的基础理论知识和专业知识，特点在于提高研究、设计和分析安全问题的能力。

2. 安全工程学

安全工程学是技术科学，包括安全设备工程学、卫生设备工程学、安全管理工程学、安全信息论、安全运筹学、安全控制论、安全人机工程学、安全生理学、安全心理学等。其知识结构主要是系统的基础理论知识和理论，特点在于提高认识和分析安全问题的能力。

3. 安全工程

安全工程是工程技术，包括安全设备工程、卫生设备工程、安全管理工程、安全系统工程、安全人机工程等。其知识结构主要是一定基本理论知识和较好的专业基础知识，特点在于实际分析和解决安全问题的能力。

4. 专业安全知识

各行业不同，具体的专业要求也不一样。总体来讲，包括各专门行业的安全知识和相关的安全技术，如矿山安全、机电安全、防火防爆等。

第二章 安全生产法律法规

在我国，以《安全生产法》为龙头，以相关法律、行政法规、部门规章、地方性行政法规和其他规范性文件以及安全生产国家标准、行业标准为主体的安全生产法律法规体系已经初步形成，而且还在不断完善和健全中，促进了安全生产管理工作的规范化、制度化和科学化。

加强安全生产法制建设，依法加强安全管理，是安全生产领域贯彻落实“依法治国”基本方略，建立依法、科学、长效的安全生产管理体制机制，推动实现安全生产长治久安的必然要求和根本举措。

第一节 安全生产法律体系

安全生产法律体系是指我国全部现行的、不同的安全生产法律规范形成的有机联系的统一整体。

一、安全生产法律体系的特征

具有中国特色的安全生产法律体系正在构建之中。这个体系具有三个特点。

1. 法律规范的调整对象和阶级意志具有统一性

加强安全生产监督管理，保障人民生命财产安全，预防和减少生产安全事故，促进经济发展，是党和国家各级人民政府的根本宗旨。国家所有的安全生产立法，都是围绕着“三个代表”重要思想，围绕着“执政为民”这一根本宗旨，围绕着“基本人权的保护”这个基本点而制定的，体现了工人阶级领导下的最广大的人民群众的最根本利益。安全生产法律规范是为巩固社会主义经济基础和上层建筑服务的，是工人阶级乃至国家意志的反映，是由人民民主专政的政权性质所决定的。生产经营活动中所发生的各种社会关系，需要通过一系列的法律规范加以调整。

2. 法律规范的内容和形式具有多样性

安全生产贯穿于生产经营活动的各个行业、领域，各种社会关系非常复杂。这就需要针对不同生产经营单位的不同特点，针对各种突出的安全生产问题，制定各种内容不同、形式不同的安全生产法律规范，调整各级人民政府、各类生产经营单位、公民之间在安全生产领域中产生的社会关系。这个特点就决定了安全生产立法的内容和形式又是各不相同的，它们所反映和解决的问题是不同的。

3. 法律规范的相互关系具有系统性

安全生产法律体系是由母系统与若干个子系统共同组成的。从具体法律规范上看，它是单个的；从法律体系上看，各个法律规范又是母体系不可分割的组成部分。安全生产法律规范的层级、内容和形式虽然有所不同，但是它们之间存在着相互依存、相互联系、相互衔接、相互协调的辩证统一关系。

二、安全生产法律体系的作用

安全生产法律体系对于促进我国生产力的发展和社会主义现代化建设事业的顺利进行有着重要作用。其作用主要表现为以下几个方面。

1. 确保广大劳动者的生命安全与健康的合法权益

我国的安全生产法规是以搞好安全生产、工业卫生，保障职工在生产中的安全与健康为目的，是党和国家代表最广大人民群众的根本利益在立法上的具体体现。它不仅从管理上规定了人们的安全行为规范，也从生产技术、设备上规定了实现安全生产和保障职工安全与健康所需的物质条件。制定出各种保证安全生产的措施，强调人人都必须遵守规章，尊重自然规律、经济规律和生产规律，才能保证劳动者得到符合安全与健康要求的劳动条件，切实维护劳动者安全与健康的合法权益。

2. 加强安全生产法制化管理

安全生产法规是加强安全生产法制化管理的章程，很多安全生产法规都明确规定了各个方面加强安全生产、安全生产管理的职责，推动了各级领导对安全生产工作的重视，把这项工作摆在领导的重要议事日程。

3. 指导用人单位安全生产工作，推动经济发展

安全生产法规反映了保护劳动者在生产过程中的安全与健康所必须遵循的客观规律，对用人单位搞好安全生产经营工作提出了明确的要求，保障企业生产经营活动正常进行。同时，由于它是一种法律规范，具有法律约束力，要求人人遵守。因此，它对指导经济建设工作具有强制性推行的作用。

4. 保证用人单位经济效益的实现和国家经济建设的顺利发展

安全生产是关系到用人单位自身利益的大事，通过安全生产立法，使劳动者的安全与健康得以保障，员工能够在安全与健康的环境下从事劳动生产，这必然会激发其劳动积极性和创造性，从而提高劳动生产率。安全生产法规和标准的遵守与执行，必然提高生产过程的安全性，从而提高用人单位的生产效率和效益，对促进国民经济建设的顺利发展具有重要作用。

5. 对保持社会稳定起到促进作用

保持社会稳定是推进我国政治、经济体制改革以及各项工作顺利进行的重要条件。在我国的经济建设过程中，协调用人单位与员工之间、人与人之间、人与自然之间的关系，对维护经济发展的正常秩序，为劳动者提供安全、健康的劳动条件和工作环境，为生产经营者提供可行、安全可靠的生产技术和条件，避免和减少伤亡事故和职业病的发生，保持我国社会稳定起到促进作用。

安全生产法规对安全生产条件提出与现代化建设相适应的强制性要求，这就迫切要求用人单位的主要负责人在生产经营决策以及技术、装备方面采取相应措施，以改善劳动条件、加强安全生产管理为出发点，加速实施技术改造的步伐，推动社会生产力的发展，提高生产力的水平，促进国家现代化建设的顺利进行。

三、安全生产法律体系的基本框架

从法的不同层级上，可分为上位法与下位法。法的层级不同，其法律地位和效力不同。上位法是指法律地位、法律效力高于其他相关法的立法。下位法相对于上位法而言，是指法律地位、法律效力低于相关上位法的立法。不同的安全生产立法对同一类或同一个安全生产行为做出不同法律规定的，以上位法的规定为准，适用上位法的法律规定；上位法没有规定的，可以适用下位法。下位法的数量一般多于上位法。

1. 法律

法律是安全生产法律体系中的上位法，属于整个体系的最高层，其法律地位和效力高于行政法规、地方性法规、部门规章、地方政府规章等下位法。国家现行的有关安全生产的专门法

律有《安全生产法》、《劳动法》、《职业病防治法》、《煤炭法》、《矿山安全法》、《突发事件应对法》、《海上交通安全法》、《道路交通安全法》、《消防法》、《铁路法》、《民航法》、《电力法》、《建筑法》等。

2. 法规

安全生产法规分行政性法规和地方性法规。

（1）行政性法规。安全生产行政性法规的法律地位和法律效力低于有关安全生产的法律，高于地方性安全生产法规、地方政府安全生产规章等下位法。国家现行的安全生产行政法规有《安全生产许可证条例》、《煤矿安全监察条例》、《工伤保险条例》、《危险化学品安全条例》、《烟花爆竹安全管理条例》、《电力安全事故应急处置和调查处理条例》、《特种设备安全监察条例》、《铁路交通事故应急救援和调查处理条例》、《生产安全事故报告和调查处理条例》、《道路交通安全法实施条例》、《建设工程安全生产管理条例》、《民用爆炸物品安全管理条例》等。

（2）地方性法规。地方性安全生产法规的法律地位和法律效力低于有关安全生产的法律、行政性法规，高于地方政府安全生产规章。经济特区安全生产法规和民族自治地方安全生产法规的法律地位和法律效力与地方性安全生产法规相同。地方性法规有《北京市安全生产条例》、《天津市安全生产条例》、《江苏省安全生产条例》、《深圳经济特区安全管理条例》等。

3. 规章

安全生产行政规章分为部门规章和地方政府规章。

（1）部门规章。国务院有关部门依照安全生产法律、行政性法规的规定或者国务院的授权制定发布的安全生产规章的法律地位和法律效力低于法律、行政性法规，高于地方政府规章。如国家安全生产监督管理总局（国家煤矿安全监察局）、交通运输部等部门和机构制定的《安全生产培训管理办法》、《尾矿库安全监督管理规定》、《建设项目安全设施“三同时”监督管理暂行办法》、《特种作业人员安全技术培训考核管理规定》、《作业场所职业危害申报管理办法》、《作业场所职业健康监督管理暂行规定》、《生产安全事故应急预案管理办法》、《安全生产事故隐患排查治理暂行规定》、《安全生产违法行为行政处罚办法》、《安全生产行政复议规定》、《劳动防护用品监督管理规定》、《生产经营单位安全培训规定》等。

（2）地方政府规章。地方政府安全生产规章是最低层级的安全生产立法，其法律地位和法律效力低于其他上位法，不得与上位法相抵触。如《北京市生产安全事故现场勘验工作暂行规则》、《江苏省安全生产重大事故隐患排查治理监督管理实施办法》等。

4. 法定安全标准

虽然目前我国没有技术法规的正式用语且未将其纳入法律体系的范畴，但是国家制定的许多安全生产立法却将安全生产标准作为生产经营单位必须执行的技术规范而载入法律，安全生产标准法律化是我国安全生产立法的重要趋势。

安全生产标准一旦成为法律规定必须执行的技术规范，就具有了法律上的地位和效力。执行安全生产标准是生产经营单位的法定义务，违反安全生产标准的要求，同样要承担法律责任。法定安全生产标准分为国家标准和行业标准，两者对生产经营单位的安全生产具有同样的约束力；法定安全生产标准主要是指强制性安全生产标准。

（1）国家标准。安全生产国家标准是指国家标准化行政主管部门依照《标准化法》制定的在全国范围内使用的安全技术规范。

（2）行业标准。安全生产行业标准是指国务院有关部门和直属机构依照《标准化法》制定的在安全生产领域内使用的安全技术规范。行业安全生产标准对同一安全生产事项的要求，可以高于国家安全生产标准，但不得与之相抵触。

四、安全生产法在安全生产法律体系中的意义、地位和基本制度

1.《安全生产法》的立法意义

《安全生产法》的公布实施，是我国安全生产领域影响深远的一件大事，是安全生产法制建设的里程碑，它标志着我国的安全生产工作进入了一个新的阶段。

2.《安全生产法》的法律地位

《安全生产法》是我国第一部全面规范安全生产的专门法律，是我国安全生产法律体系的主体法，是各类生产经营单位及其从业人员实现安全生产所必须遵循的行为准则，是各级人民政府及其有关部门进行监督管理和行政执法的法律依据，是制裁各种安全生产违法犯罪行为的有力武器。《安全生产法》的出台，是我国安全生产法制建设的重要里程碑。《安全生产法》确立的基本法律制度，不仅对有关安全生产的单行法律、行政法规普遍适用，同时也对其做出了重要的、必要的补充完善，从而形成了普通法与特别法、专门法与相关法有机结合的中国安全生产法律法规体系的框架，为加强安全生产监督管理奠定了法律基础。

3.《安全生产法》的基本法律制度

作为一部安全生产大法，《安全生产法》确立了对各行业和各类生产经营单位普遍适用的七项基本法律制度。

(1) 安全生产监督管理制度。这项制度主要包括安全生产监督管理体制、各级人民政府和安全生产监督管理部门以及其他有关部门各自的安全监督管理职责、安全监督管理人员职责、社区基层组织和新闻媒体进行安全生产监督的权利和义务等。

(2) 生产经营单位安全保障制度。这项制度主要包括生产经营单位的安全生产条件、安全管理机构及其人员配置、安全投入、从业人员安全资质、安全条件论证和安全评价、建设工程“三同时”、安全设施的设计审查和竣工验收、安全技术装备管理、生产经营场所安全管理、社会工伤保险等。

(3) 生产经营单位负责人安全责任制度。这项制度主要包括生产经营单位主要负责人和其他负责人、安全生产管理人员的资质及其在安全生产工作中的主要职责。

(4) 从业人员安全生产权利义务制度。这项制度主要包括生产经营单位的从业人员在生产经营活动中的基本权利和义务，以及应当承担的法律责任。

(5) 安全中介服务制度。这项制度主要包括从事安全评价、评估、检测、检验、咨询服务等工作的安全中介机构和安全专业技术人员的法律地位、任务和责任。

(6) 安全生产责任追究制度。这项制度主要包括安全生产的责任主体，安全生产责任的确定和责任形式，追究安全责任的机关、依据、程序和安全生产法律责任。

(7) 事故应急救援和处理制度。这项制度主要包括事故应急预案的制定、事故应急体系的建立、事故报告、调查处理的原则和程序、事故责任的追究、事故信息发布等。

第二节 安全生产立法的必要性及其重要意义

一、安全生产立法的必要性

近年来，安全生产事故频繁，死伤众多，不仅影响了经济发展和社会稳定，而且损害了党、政府和我国改革开放的形象。导致我国安全生产水平较低的原因是多方面的，安全生产法制不健全是主要原因之一，具体表现在：

一是安全生产法律意识淡薄。改革开放特别是近十年来，安全生产已经不是一般的工作要求，而是一种法定的权利和义务。能否保证生产经营活动的安全，同时又是关系到人民群众生命和财产的安全，关系到经济发展和社会稳定大局，关系到党和政府是否贯彻“三个代表”重要思想、科学发展观的重大政治问题、经济问题和社会问题。从总体上看，公民在生产经营活动中的自我保护和安全生产的意识比较淡薄，一些生产经营单位，特别是非公有制企业负责人依法安全生产经营的意识也很淡薄，这些单位的负责人或者不懂法律，或者明知故犯，没有依法为从业人员提供必要的安全生产条件和劳动安全保护，使从业人员在十分恶劣和危险的条件下作业，以至发生事故，造成大量人员伤亡。有些地方政府领导人和私营企业老板只顾经济效益，片面地追求利益最大化，忽视甚至不要安全生产，没有意识到这是一种严重侵犯人权的违法行为，没有意识到它所产生的法律后果。所以，安全生产没有成为所有地方政府和生产经营单位的自觉行动，没有从安全生产是法定的义务和责任的高度引起足够的认识和重视。

二是安全生产出现了新情况、新问题，亟待依法规范。随着我国社会主义市场经济体制的建立，大量非国有生产经营单位不断增加。在我国社会生产力总体水平比较低的条件下，这些非国有生产经营单位存在着生产安全条件差、安全技术装备陈旧落后、安全投入少、企业负责人和从业人员安全素质低、安全管理混乱、不安全因素和事故隐患多的严重问题。而国家现行的有关安全生产的法律、法规基本是针对国有大型生产经营单位制定的，对大量非公有制生产经营的安全生产几乎没有法律规定，这就必然造成法律调整的“空白”和监督管理的“缺位”，以致非公有制生产经营单位事故多发，死伤惨重。因此，必须与时俱进地制定规范非公有制生产经营单位安全生产工作的法律规范，将其纳入法制轨道。

三是综合性的安全生产立法滞后。虽然国家制定了几十部安全生产方面的单行法律、行政法规，但是这些现行立法多数是在计划经济体制及其向社会主义市场经济体制转轨时期出台的，已经不能完全适应当前的形势和需要。在《安全生产法》出台之前，国家关于安全生产的基本方针、基本制度没有依法确立，涉及国家安全生产监管体制、各级政府和有关部门的监督管理职责、生产经营单位的安全保障、生产经营单位负责人的安全职责、从业人员的安全生产权利义务、事故应急救援和调查处理、安全生产违法行为的法律责任等重大问题，缺乏基本的法律规范。

四是政府机构改革和职能转变后，没有依法确立综合监管与专项监管相结合的安全生产监管体制。为适应社会主义市场经济体制关于实行政企分开的要求，自 1998 年以来，国家先后撤销了原有的十几个工业主管部门，同时也保留了铁道、交通、民航、建筑等有关主管部门。政府部门已经不直接管理或者基本不管理企业的生产经营活动。与此同时，我国安全生产监管体制几经改革，目前建立了由安全生产综合监督管理部门与其他有关部门相结合的、综合监督管理与专项监督管理相结合的安全生产监督管理体制。安全生产的监督管理工作主要是运用法律手段，辅以必要的经济手段和行政手段，加大依法监管力度，查处安全生产违法行为。因此必须通过制定综合性的安全生产法律，将各级人民政府和各有关部门的安全生产职权、责任和监督管理措施法律化、制度化。但由于相关立法滞后，有的地方人民政府没有建立健全安全生产综合监督管理机构；已经设立的地方，又存在着综合监管部门与专项监管部门的法定职责和相互关系不明确的问题，在工作中产生了职责交叉、互相扯皮的矛盾，影响了安全生产监督管理工作的整体性、协调性，出现了安全生产监督管理工作的脱节和漏洞。

五是缺乏强有力的安全生产执法手段。现行有关安全生产的法律、行政法规对安全生产违法行为及其法律责任的规定不够完整，有的对安全生产违法行为界定不清楚或者不准确，有的只有要求没有责任，有的虽有罚则但力度不够。对近年来突出的安全生产违法行为特别是非公有制企业的安全生产违法行为，没有设定明确的法律责任。由于没有综合性的《安全生产法》，各级安全生产综合监管部门的法律地位、主要职责和执法手段无法可依，不能依法履行职责和实施行政执法。

目前我国正处于一个新的历史发展时期。在新形势下安全生产工作面临许多新情况、新问题、新特点，对安全生产监督管理工作也提出了新要求。加强安全生产法制建设，充分运用法律手段加强监督管理，是从根本上改变我国安全生产状况的主要措施之一。这是贯彻依法治国基本方略的客观要求，也是建设社会主义法制国家的必然选择。加强安全生产法制建设的首要问题是有法可依，急需修订一部综合性的《安全生产法》。

《安全生产法》之所以必要和急需，主要体现在四个方面。

1. 是依法加强监督管理，是各级安全生产监督管理部门依法行政的需要

自 2000 年以来，为了适应安全生产形势和管理的需要，国家对安全生产监督管理体制进行了两次重大改革。1999 年 12 月国务院批准了煤矿安全监督管理体制改革方案，设立国家煤矿安全监察局，及 20 个正厅级煤矿安全监察局、68 个煤矿安全监察分局，建立了由国家垂直管理的煤矿安全监察执法体系；2001 年初国务院设立了国家安全生产监督管理局，对全国的安全生产工作实施综合监督管理，重点对工矿商贸企业安全生产进行监督管理指导、协调和监督其他有关部门负责的专项安全生产监督管理工作；2005 年 2 月，国务院将国家安全生产监督管理局升格为总局。目前各省（自治区、直辖市）、市、县都设立了安全生产监督管理机构，全国安全生产综合监管体系基本形成。

要履行综合安全监管和执法职能，各级安全生产综合监管部门的法律地位、监管职责和行政执法手段必须有法可依。否则，各级安全监督管理机构就难以依法行政，缺少必要的法律手段。因此，要建立健全具有权威性的、高效率的安全生产管理体系，必须尽快制定《安全生产法》，使安全生产监督管理真正纳入法制轨道，依法监管。

2. 是规范安全生产的需要

随着社会经济活动日趋活跃和复杂，特别是经济成分、组织形式日益多样化，生产经营单位已由公有制企业、集体企业为主，变为公有制企业、股份企业、私营企业、外商投资企业、个体工商户并存。这些企业的生产经营条件千差万别，安全生产工作出现了许多复杂的情况。目前我国的安全生产存在以下五个问题：

一是非公有制经济成分增多，对其安全生产条件和安全违法行为没有明确的法律规范和严厉的处罚依据。相当多的私营企业、集体企业、合伙企业和股份制企业不具备基本的安全生产条件，安全管理松弛，大多数老板“要自己的钱，不要别人的命”，违法生产经营或者知法犯法，导致事故不断，死伤众多。

二是企业安全生产管理缺乏法律规范，企业安全生产责任制不健全或者不落实，企业负责人的安全责任不明确，不能做到预防为主，严格管理，事故隐患大量存在，一触即发。

三是安全投入严重不足，企业安全技术装备老化、落后，带病运转，安全性能下降，抗灾能力差，不能及时有效地预防和抗御事故灾害。

四是地方政府监管不到位，地方保护主义严重。一些地方政府和部门对安全生产不重视，工作不到位，熟视无睹，疏于监管。有的官员甚至与企业相互勾结，搞权钱交易，徇私枉法，为不具备安全生产条件的企业和民营企业老板违法生产经营“开绿灯”。

五是国家关于安全生产的基本方针、原则、监督管理制度和措施未能完全法律化、规范

化，许多领域的安全生产监管无法可依。

要解决这些问题，必须依法对生产经营单位的安全生产条件、主要负责人和从业人员的安全责任、作业现场和安全设备的安全管理、事故防范和应急措施以及政府和安全生产监管部门的监督管理措施等做出全面的法律规范，才能保证生产经营单位明确应当怎样确保安全生产以及安全生产违法的后果。

3. 是依法制裁安全生产违法犯罪的需要

社会主义法律的功能之一，是通过制裁违法犯罪来保护人民的根本利益。对各类严重的安全生产违法犯罪行为的纵容和姑息，就是对人民的极大犯罪。对各种安全生产违法犯罪行为没有明确的法律界定和法律责任，是当前安全生产违法行为屡禁不止的症结之所在。所以，必须针对那些严重安全生产违法行为设定明确、具体、严厉的法律责任，充分运用刑事、行政和民事责任的综合功能，最大限度地填补法律责任追究的空白，有法必依，违法必究，执法必严，绝不让安全生产违法犯罪分子逍遥法外。

4. 是建立和完善我国安全生产法律体系的需要

改革开放以来，党和国家十分重视安全生产立法工作。国家制定颁布的有关安全生产方面的法律、行政法规将近几十部，加上各种安全生产规章和安全标准等立法数以千计。这些现行的安全生产立法数量众多，形成了庞大的“法群”，对安全生产管理发挥了重要作用。

但是，科学的社会主义安全生产法律体系必须由不同层级、不同内容的法律规范组成。《安全生产法》颁布之前的安全生产立法虽然很多，但都是解决某个行业和某些方面的特殊安全生产问题，不能设定基本法律制度，受其调整对象和调整范围的限制，不能全面、完整地反映国家关于安全生产监督管理的基本方针、基本原则和基本制度，难以体现中央关于安全生产工作的方针原则。这些立法再多，也只能是安全生产法律体系中的“子法”。安全生产法律体系中最重要的基本法律即“母法”却长期空缺。因此，只有制定综合性的《安全生产法》，才能逐步健全整个安全生产法律体系，更好地解决规范生产经营单位安全生产和强化监督管理的有法可依问题。

二、安全生产立法的意义

《安全生产法》对于全面加强我国安全生产法制建设，强化安全生产监督管理，规范生产经营单位的安全生产，遏制重大、特大事故，促进经济发展和保持社会稳定，具有重大而深远的意义。其意义如下。

1. 有利于全面加强安全生产法律体系建设

《安全生产法》是我国第一部全面规范安全生产的专门法律，是我国安全生产法律体系的主体法，是各类生产经营单位及其从业人员实现安全生产所必须遵循的行为准则，是各级人民政府及其有关部门进行监督管理和行政执法的法律依据，是制裁各种安全生产违法犯罪行为的有力武器。《安全生产法》的出台，是我国安全生产法制建设的重要里程碑。《安全生产法》确立的基本法律制度，不仅对有关安全生产的单行法律、行政法规普遍适用，同时也对其做出了重要的、必要的补充完善，从而形成了普通法与特别法、专门法与相关法有机结合的中国安全生产法律法规体系的框架，为加强安全生产监督管理奠定了法律基础。

2. 有利于保障人民群众生命和财产安全

重视和保护人的生命权，是制定《安全生产法》的根本出发点和落脚点。各种不安全因素和事故，是威胁从业人员和公众生命的大敌。人的因素第一。人既是各类生产经营活动的主体，又是安全生产事故的受害者或责任者。只有充分重视和发挥人在生产经营活动中的主观能动性，最大限度地提高从业人员的安全素质，才能把不安全因素和事故隐患降到最低限度，预防和减少人身伤亡。这是社会进步与法制进步的客观要求。《安全生产法》正是贯彻了以人为本的原则，在赋予各种法律主体必要权利的同时设定其应尽的义务。这就要求各级政府特别是各类生产经营单位的领导人和负责人，必须以对人民群众高度负责的精神和强烈的责任感，重视人的价值，关注安全，关爱生命。要通过法律的贯彻实施，把生产安全事故和人身伤亡降到最低限度，不断改变我国的人权纪录。

3. 有利于依法规范生产经营单位的安全生产工作

针对近年发生的重大、特大事故，法律把生产经营单位的安全生产列为重中之重，对其生产经营所必须具备的安全生产条件、主要负责人的安全生产职责、特种作业人员的资质、安全投入、安全建设工程和安全设施、安全管理机构和管理人员配置、生产经营现场的安全管理、从业人员的人身保障等安全生产保障措施和安全生产违法行为应负的法律责任，做出了严格、明确的规定。这对促进生产经营单位尤其是非公有制生产经营单位提高人员安全素质、严格规章制度和明确安全岗位责任、改善安全技术装备、加强现场管理、消除事故隐患和减少事故、提高企业管理水平，都有重要意义。

4. 有利于各级人民政府加强对安全生产工作的领导

《安全生产法》明确规定了各级人民政府在安全生产工作中的地位、任务和责任。只要各级人民政府特别是地方人民政府真正把安全生产当作重要工作来抓，处理好安全生产与稳定、安全生产与发展的关系，加强领导，采取有力措施，就能够遏制重大、特大事故，促进经济发展。

5. 有利于安全生产监管部门和有关部门加强监督管理，依法行政

《安全生产法》规定了各级安全生产监督管理部门是执法主体，依照本法对安全生产进行综合监督管理；同时规定了有关部门依照有关法律、行政法规规定的职责范围，对有关专项安全生产工作实施监督管理。这就把安全生产综合监督管理与专项监督管理的关系界定清楚了，有利于综合监管部门与专项监管部门依法各司其职、相互协同、齐抓共管，做好安全生产监督管理工作。

6. 有利于依法规范生产经营单位的安全生产工作

生产经营单位是安全生产的主体。《安全生产法》对其生产经营所必须具备的安全生产条件、主要负责人的安全生产职责、安全生产管理机构和管理人员配置、生产经营现场的安全管理和安全生产违法行为的法律责任，都做出了严格、明确的规定。这对促进生产经营单位提高安全管理水平，具有重要意义。

7. 有利于提高从业人员的安全素质

从业人员安全素质的高低，直接关系到能否实现安全生产。《安全生产法》在赋予从业人员安全生产权利的同时，还明确规定了他们必须履行的法定义务及其法律责任。如果从业人员能够切实履行这些义务，逐步提高自身的安全素质，将会加强安全生产基础工作，及时有效地避免和消除大量的事故隐患，从而掌握安全生产的主动权。

8. 有利于增强全体公民的安全法律意识

关注安全，人人有责。实现安全生产，必须通过宣传、教育、培训、监管和执法等活动，增强全体公民的安全法律意识。《安全生产法》赋予公民在安全生产方面的参与权、知情权、避险权、检控权、求偿权和诉讼权，其目的不仅在于维护他们的合法权益，还在于促使他们在各项生产经营活动中重视安全、保证安全，自觉遵守安全生产法律、法规，养成自我保护、关

心他人和保障安全的意识，协助政府和有关部门查堵不安全漏洞，同安全生产违法行为作斗争，使关心、支持、参与安全生产工作成为每个公民的自觉行动。

9. 有利于制裁各种安全违法行为

对安全生产违法行为打击不力，是导致生产安全事故多发的原因之一。《安全生产法》针对近年来主要的安全生产违法行为，设定了严厉的法律责任，其范围之广、力度之大是空前的。各级安全生产监督管理部门只有坚持有法必依、执法必严、违法必究的法制原则，秉公执法，严惩那些敢于以身试法的违法犯罪分子，才能形成一个强大的法制氛围，震慑违法犯罪分子，实现文明生产、安全生产。

三、安全生产立法的基本原则

1. 人身“安全第一”的原则

在社会的一切活动中，人是第一位的，没有人的社会一切都无从谈起。人是生产力中最活跃的因素，人具有高于一切的地位和作用。我们约定俗成的安全生产一词，实际上就是要保障人身安全，即人的生命权和健康权。《安全生产法》第一条就将保障人民群众生命财产安全作为立法宗旨，并且在第三章专门对从业人员在生产经营活动中的人身安全方面所享有的权利做出了明确规定，还有很多其条款都是围绕从业人员的人身安全规定的。

2. 预防为主的原则

过去我们抓安全生产管理，往往忙于处理事故。安全生产监督管理应当包括事前管理、事中管理和事后管理。调查处理事故是事后管理，是对事前、事中管理不善的补救管理。我们重视与加强安全生产事前管理和事中管理，将监督管理的重心置于有关人员的安全生产资格、安全设施和设备的安全条件、安全标准的管理与规范上，放在生产、经营企业和从业人员的安全管理上，强化安全生产的事前管理和事中管理，防患于未然，就可以消除大量的不安全和事故隐患，大大降低事故的发生率。为此，法律明确规定负有安全生产监管职责的部门要对生产经营单位的安全生产条件、安全设施的设计、验收和使用，生产经营单位主要负责人和特种作业人员的资质，安全机构及其人员，安全培训，安全规章制度，特种设备、重大危险源监控，危险物品和危险作业，作业现场安全管理等进行监督，由被动监管转向主动预防，将事故隐患消灭在萌芽状体，防止和减少重大、特大事故的发生。

3. 权责一致的原则

当前重大事故不断发生的一个重要原因，是一些拥有安全事项行政审批许可及安全监管权利的有关政府部门及其工作人员只要权力，不要责任，不负责任，出了事故推卸责任。这种有权无责、权责分离现象的蔓延，必然导致某些政府部门及其工作人员玩忽职守、徇私枉法，对该批审的安全事项不依法批审，对不该批准的安全事项违法批准，应当监管的不负责任，一旦发生事故，负责行政审批发证和监督管理的部门级人员想方设法置身法外，不承担相应的责任。

要从根本上解决这个问题，必须按照权责一致的原则依法建立权责追究制度，明确和加重地方各级人民政府的安全生产责任，使其在拥有职权的同时承担相应的职责，权力越大，责任越大。

4. 社会监督、综合治理的原则

安全生产涉及到社会各个方面和千家万户，仅仅依靠安全生产监督管理部门是远远不够的，要调动和发挥各有关部门的作用以及社会各方面的力量。要依靠群众、企业职工、公会等社会组织、新闻舆论的大力协助和监督，实行群防群治。提高全社会的安全意识，形成全社会重视安全、关注安全、人人参与安全的氛围。建立社区基层组织和公民对安全生产的举报制度，强化安全生产舆论监督，将安全生产的触角和视角深入到社会的各个领域、各个方面和各个地方，以促进各级地方政府和主管部门加强监管。各级安全生产监督管理部门在依法履行职责的同时，还应当在政府的统一领导下，依靠公安、监察、质检、交通等有关部门，加强沟通，密切合作，联合执法。

5. 依法从重处罚的原则

安全生产形势严峻、重特大事故时有发生的另一原因，是现行相关立法的处罚力度过轻，不足以震慑和惩处各种安全生产和造成重大事故的违法犯罪分子。

因此，对那些严重违反生产法律、法规的违法者，必须追究其法律责任，依法从重处罚。《安全生产法》设定了安全生产违法应当承担的行政责任和刑事责任，还破例地设立了民事责任，其法律责任形式之全、处罚种类之多、处罚之严厉都是前所未有的。这充分体现了国家对严重的安全生产违法者和造成重大、特大生产安全事故的责任者依法课以重典的指导思想。

第三节　安全生产法律责任

法律责任是国家管理社会事务所采用的强制当事人依法办事的法律措施。依照《安全生产法》的有关规定，各类安全生产法律关系的主体必须履行各自的安全生产法律义务，保障安全生产。《安全生产法》的执法机关将依照有关法律规定，追究安全生产违法犯罪分子的法律责任，对有关生产经营单位给予法律制裁。

一、安全生产法律责任的形式

追究安全生产违法行为法律责任的形式有3种，即行政责任、民事责任和刑事责任。在现行有关安全生产的法律法规中，《安全生产法》采用的法律责任形式最全、设定的处罚种类最多、实施处罚的力度最大（罚款幅度除外）。

1. 行政责任

行政责任是指责任主体违反安全生产法律规定，由有关人民政府和安全生产监督管理部门、公安机关依法对其实施行政处罚的一种法律责任。《安全生产法》第九十四条规定："本法规定的行政处罚，由负责安全生产监督管理的部门决定；予以关闭的行政处罚由负责安全生产监督管理的部门报请县级以上人民政府按照国务院规定的权限决定；给予拘留的行政处罚由公安机关依照治安管理处罚条例的规定决定。有关法律、行政法规对行政处罚的决定机关另有规定的，依照其规定。"《安全生产法》针对安全生产违法行为设定的行政处罚共有11种。

《安全生产违法行为行政处罚办法》（国家安监总局第15号令）将行政处罚做了进一步明确，处罚种类如下：警告；罚款；责令改正、责令限期改正、责令停止违法行为；没收违法所得，没收非法开采的煤炭产品、采掘设备；责令停产停业整顿、责令停产停业、责令停止建设、责令停止施工；暂扣或者吊销有关许可证，暂停或者撤销有关执业资格、岗位证书；关闭；拘留；安全生产法律、行政法规规定的其他行政处罚。法律、行政法规将前款的责令改正、责令限期改正、责令停止违法行为规定为现场处理措施的除外。

2. 民事责任

民事责任是指责任主体违反安全生产法律规定造成民事损害，由人民法院依照民事法律强制其进行民事赔偿的一种法律责任。民事责任是保障民事权利和民事义务实现的重要措施，是民事主体因违反民事义务所应承担的民事法律后果，它主要是一种民事救济手段，旨在使受害人被侵犯的权益得以恢复。

《安全生产法》第四十八条规定："因生产安全事故受到损害的从业人员，除依法享有工伤社会保险外，依照有关民事法律尚有获得赔偿的权利的，有权向本单位提出赔偿要求。"第八十六条规定："生产经营单位将生产经营项目、场所、设备发包或者出租给不具备安全生产条件或者相应资质的单位或者个人的……导致发生生产安全事故给他人造成损害的，与承包方、承租方承担连带赔偿责任。"第九十五条规定："生产经营单位发生生产安全事故造成人员伤亡、他人财产损失的，应当依法承担赔偿责任。"

3. 刑事责任

刑事责任是指责任主体违反安全生产法律规定构成犯罪，由司法机关依照刑事法律给予刑罚的一种法律制裁。依法处以剥夺犯罪分子人身自由的刑罚，是三种法律责任中最严厉的。为了制裁那些严重的安全生产违法犯罪分子，《安全生产法》设定了刑事责任。《刑法》中有关安全生产违法行为的罪名，主要是重大责任事故罪、重大劳动安全事故罪、危险物品肇事罪和提供虚假证明文件罪以及国家工作人员职务犯罪等。

二、安全生产违法行为的责任主体

安全生产违法行为的责任主体，是指依照《安全生产法》及相关法律法规的规定享有安全生产权利、负有安全生产义务和承担法律责任的社会组织和公民，责任主体包括四种：有关人民政府和负有安全生产监督管理职责的部门及其领导人、负责人，生产经营单位及其负责人、有关主管人员，生产经营单位从业人员，安全生产中介服务机构和安全生产中介服务人员。

《安全生产法》及相关法律法规对生产经营单位的安全生产行为做出了规定，生产经营单位必须依法从事生产经营活动，否则将承担法律责任。《安全生产法》第十六条规定了生产经营单位的主要负责人应负的六种安全生产责任。第十九条对生产经营单位安全生产管理机构的设置和安全生产管理人员的配备做出了明确规定。第二十条对生产经营单位的主要负责人和安全生产管理人员的安全资质做出了明确规定。生产经营单位的主要负责人、分管安全生产的其他负责人和安全生产管理人员是安全生产工作的直接管理者，保障安全生产是他们义不容辞的责任。

三、安全生产违法行为行政处罚的决定机关

安全生产违法行为行政处罚的决定机关也称为行政执法主体，是指法律、法规授权履行法律实施职权和负责追究有关法律责任的国家行政机关。目前我国处于特殊的安全生产监督管理体制下，因此执法主体不是一个而是多个。依法实施行政处罚是有关行政机关的法定职权。行政责任是采用最多的法律责任形式，是国家机关依法行政的主要手段。

安全生产法第九十四条规定：本法规定的行政处罚，由负责安全生产监督管理的部门决定；予以关闭的行政处罚由负责安全生产监督管理的部门报请县级以上人民政府按照国务院规定的权限决定；给予拘留的行政处罚由公安机关依照治安管理处罚条例的规定决定。有关法律、行政法规对行政处罚的决定机关另有规定的，依照其规定。由此可以看出《安全生产法》规定的行政执法主体有以下四类：

1. 《安全生产法》规定的行政处罚，由县级以上人民政府负有安全生产监督管理职责的部门决定。行政处罚，是行政执法机关为了维护公共利益和社会秩序，保护公民、法人和其他组织的合法权益，对违反行政管理秩序，依法应当给予行政相对人的法律制裁。行政处罚的种类，按照行政处罚法的规定，包括警告、罚款、责令停产停业、暂扣或者吊销许可证、暂扣或者吊销执照、没收违法所得、没收非法财物、行政拘留以及法律规定的其他行政处罚。本法规

定的行政处罚包括责令停产停业整顿、没收违法所得、罚款等。这些行政处罚将由县级以上人民政府负有安全生产监督管理职责的部门决定。也就说，县级以上人民政府负有安全生产监管管理职责的部门就是主要的行政执法主体，除了法律特别规定之外的行政处罚，安全生产监管部门均有权决定。

2. 予以关闭的行政处罚由负责安全生产监督管理的部门报请县级以上人民政府按照国务院规定的权限决定。关闭是指行政机关对违反行政管理秩序的企业、事业单位或者其他组织，依法剥夺其从事某项生产经营活动的权利的一种行政处罚。

由于关闭处罚对于生产经营单位来说，是一种比较严厉的行政处罚，对其影响很大，在实施时应当很慎重。因此该条规定要由负责安全生产监督管理的部门报请县级以上人民政府按照国务院规定的权限来决定。《安全生产法》针对不具备有关安全生产法律、法规、标准规定的安全生产条件，经整顿仍不达标的生产经营单位，规定由负责安全生产监督管理的部门报请县级以上人民政府按照国务院规定的权限决定予以关闭。也就是说关闭的行政处罚的执法主体只能是县级以上人民政府，其他部门无权做出此项行政处罚。

3. 给予拘留的行政处罚由公安机关依照治安管理处罚条例规定的程序决定。拘留，是一种行政处罚，是法定行政机关依法对违反行政法律规范的人，在短期内限制其人身自由的一种处罚。行政拘留是行政处罚中最为严厉的一种处罚。实施行政拘留的机关，一般仅限于公安机关。按照治安管理处罚条例的规定，只有县级以上的公安机关才享有行政拘留的裁决权，其他任何行政机关都没有决定行政拘留的权力。对于违反《安全生产法》及相关法律法规有关规定需要予以拘留的，除公安机关以外的其他部门、单位和公民，均无权擅自实施。

4. 有关法律、行政法规对行政处罚的决定机关另有规定的，依照其规定。因历史原因，在《安全生产法》公布实施之前，国家已经制定实施了一些有关安全生产的法律法规，其中对有关行政处罚的机关已经明确。为保持法律的联系性，界定安全生产综合监管部门与安全生产专项监管部门的行政执法权力，《安全生产法》第九十四条规定："有关法律、行政法规对行政处罚的决定机关另有规定的，依照其规定。"依照有关法律法规履行某些专项行政处罚权力的，主要有公安、工商、铁路、交通、民航、消防、建筑、质监和煤矿安全监察等专项安全生产监管部门和机构。这些部门和机构在有关法律法规授权的范围内，有权决定相应的行政处罚。《安全生产法》明确规定而其他专项法律法规没有规定的安全生产违法行为，应由负责安全生产监督管理的部门作为行政执法主体，并依照本法实施处罚。

四、生产经营单位的安全生产违法行为

安全生产违法行为是指安全生产法律关系主体违反安全生产法律规定所从事的非法生产经营活动。安全生产违法行为是危害社会和公民人身安全的行为，是导致生产事故多发和人员伤亡的直接原因。安全生产违法行为分为作为和不作为两种行为，作为是指责任主体从事了法律禁止的活动而触犯法律，不作为是指责任主体不履行法定义务而触犯法律。

《安全生产法》规定追究法律责任的生产经营单位的安全生产违法行为有以下情形：

1. 生产经营单位的决策机构、主要负责人、个人经营的投资人不依照《安全生产法》规定保证安全生产所必需的资金投入，致使生产经营单位不具备安全生产条件的；

2. 生产经营单位的主要负责人未履行《安全生产法》规定的安全生产管理职责的；

3. 生产经营单位未按照规定设立安全生产管理机构或者配备安全生产管理人员的；

4. 危险物品的生产、经营、储存单位以及矿山建筑施工单位的主要负责人和安全生产管理人员未按照规定经考核合格的；

5. 生产经营单位未按照规定对从业人员进行安全生产教育和培训，或者未按照规定如实告知从业人员有关的安全生产事项的；

6. 特种作业人员未按照规定经专门的安全作业培训并取得特种作业操作资格证书上岗作业的；

7. 生产经营单位的矿山建设项目或者用于生产、储存危险物品的建设项目没有安全设施设计或者安全设施设计未按照规定报经有关部门审查同意的；

8. 矿山建设项目或者用于生产、储存危险物品的建设项目的施工单位未按照批准的安全设施设计施工的；

9. 矿山建设项目或者用于生产、储存危险物品的建设项目竣工投入生产或者使用前，安全设施未经验收合格的；

10. 生产经营单位未在有较大危险因素的生产经营场所和有关设施、设备上设置明显的安全警示标志的；

11. 安全设备的安装、使用、检测、改造和报废不符合国家标准或者行业标准的；

12. 未对安全设备进行经常性维护、保养和定期检测的；

13. 未为从业人员提供符合国家标准或者行业标准的劳动防护用品的；

14. 特种设备以及危险物品的容器、运输工具未经取得专业资质的机构检测、检验合格，取得安全使用证或者安全标志，投入使用的；

15. 使用国家明令淘汰、禁止使用的危及生产安全的工艺、设备的；

16. 未经依法批准，擅自生产、经营、储存危险物品的；

17. 生产经营单位生产、经营、储存、使用危险物品未建立专门安全管理制度，未采取可靠的安全措施或者不接受有关主管部门依法实施的监督管理的；

18. 对重大危险源未登记建档，或者未进行评估、监控，或者未制定应急预案的；

19. 进行爆破、吊装等危险作业，未安排专门管理人员进行现场安全管理的；

20. 生产经营单位将生产经营项目、场所、设备发包或者出租给不具备安全生产条件或者相应资质的单位或者个人的；

21. 生产经营单位未与承包单位、承租单位签订专门的安全生产管理协议或者未在承包合同、租赁合同中明确各自的安全生产管理职责，或者未对承包单位、承租单位的安全生产工作统一协调、管理的；

22. 两个以上生产经营单位在同一作业区域内进行可能危及对方安全生产的生产经营活动，未签订安全生产管理协议或者未指定专职安全生产管理人员进行安全检查与协调的；

23. 生产经营单位生产、经营、储存、使用危险物品的车间、商店、仓库与员工宿舍在同一座建筑内，或者与员工宿舍的距离不符合安全要求的；

24. 生产经营场所和员工宿舍未设有符合紧急疏散需要、标志明显、保持畅通的出口，或者封闭、堵塞生产经营场所或者员工宿舍出口的；

25. 生产经营单位与从业人员订立协议，免除或者减轻其对从业人员因生产安全事故伤亡依法应承担的责任的；

26. 生产经营单位不具备《安全生产法》和其他法律、行政法规和国家标准或者行业标准规定的安全生产条件，经停产停业整顿仍不具备安全生产条件的；

27. 生产经营单位发生生产安全事故造成人员伤亡、他人财产损失的。

《安全生产法》对上述安全生产违法行为设定的法律责任分别是：处以罚款、没收违法所得、责令限期改正、停产停业整顿、责令停止建设、责令停止违法行为、吊销证照、关闭的行政处罚；导致发生生产安全事故给他人造成损害或者其他违法行为造成他人损害的，承担赔偿责任或连带赔偿责任；构成犯罪的，依法追究刑事责任。

五、生产经营单位有关人员的安全生产违法行为

《安全生产法》规定追究法律责任的生产经营单位有关人员的安全生产违法行为，有以下七种：

1. 生产经营单位的决策机构、主要负责人、个人经营的投资人不依照本法规定保障安全生产所必需的资金投入，致使生产经营单位不具备安全生产条件的；

2. 生产经营单位的主要负责人未履行本法规定的安全生产管理职责的；

3. 生产经营单位与从业人员订立协议，免除或者减轻其对从业人员因生产安全事故伤亡依法应承担的责任的；

4. 生产经营单位主要负责人在本单位发生重大生产安全事故时，不立即组织抢救或者在事故调查处理期间擅离职守或者逃匿的；

5. 生产经营单位主要负责人对生产安全事故隐瞒不报、谎报或者拖延不报的；

6. 生产经营单位的从业人员不服从管理，违反安全生产规章制度或者操作规程的；

7. 生产安全事故的责任人未依法承担赔偿责任，经人民法院依法采取执行措施后，仍不能对受害人给予足够赔偿的。

《安全生产法》对上述安全生产违法行为设定的法律责任分别是：处以降职、撤职、罚款、拘留的行政处罚；构成犯罪的，依法追究刑事责任。

第四节　安全生产标准体系

标准是法律的延伸。安全标准就是关于安全生产的技术规范。安全生产标准的涵义是为规范生产作业行为，改善生产工作场所或领域的劳动条件，保护劳动者免受各种伤害，保障劳动者人身安全和健康，实现安全生产，所制定并实施的相关准则和依据。

我国的安全生产技术标准化工作，是在 20 世纪 80 年代初期的改革开放时期起步的，现行安全生产国家标准，涉及设计、管理、方法、技术、检测检验、职业健康和个体防护用品等多个方面，有近 1 500 项，已经成为安全生产的重要技术支撑。

一、设计、管理类标准

这类标准主要是指一些为提高安全生产设计、监察和综合管理需要的标准。经常使用、比较重要的有如下标准。

1. 作业环境危害方面

《工业企业设计卫生标准》规定了 111 种毒物和 9 种粉尘的车间空气中最高容许浓度，为车间的设计提供了重要的劳动卫生学依据。职业危害程度分级标准有：《体力劳动强度分级》、《冷水作业分级》、《低温作业分级》、《高温作业分级》、《高处作业分级》、《毒作业分级》、《职业性接触毒物危害程度分级》、《生产性粉尘危害程度分级》等。另外，还有车间空气中有毒、有害气体或毒物含量方面的数十种标准。

2. 事故管理方面

为便于事故的管理和统计分析，在总结我国安全生产工作经验的基础上，吸收国外的先进标准，制定了我国的《企业职工伤亡事故分类》、《企业职工伤亡事故调查规则》、《企业职工伤

亡事故经济损失统计标准》、《火灾事故分类》、《职工工伤与职业病致残程度鉴定标准》和《事故伤害损失工作日标准》等。

二、生产设备、工具类标准

这类标准主要是为了保证生产设备、工具的设计、制造、使用符合安全卫生要求的标准，大致可分为如下三方面。

1. 生产设备、工具设计原则及安全卫生标准

《生产设备安全卫生设计总则》国家标准主要规定了设备设计中有关安全卫生的基本设计原则、一般要求、常见事故和职业危害的防护要求等。对生产设备上的一些通用安全防护装置也制定了一些标准，如《固定式钢直梯安全技术条件》、《固定式钢斜梯安全技术条件》、《固定式工业防护栏杆安全技术条件》、《固定式钢平台》等。

2. 压力机械类安全卫生标准

压力机械是发生重伤事故最多的一种机械，工人在操作时经常发生手指轧伤或冲断事故，这种机械使用的面也比较广。为了减少这类事故，国家连续发布了《冲压车间安全生产通则》、《压力机械安全装置技术要求》、《压力机用感应式安全装置技术条件》、《压力机用光电式安全装置技术条件》、《压力机用手持电磁吸盘技术条件》、《磨削机械安全规程》、《冷冲压安全规程》等标准。

3. 易发生事故的机械类安全卫生标准

对一些容易发生事故的机器设备，还制定了专业的安全卫生标准。在机器设备中，死亡事故最多的是起重机械事故，《起重机械安全规程》、《起重吊运指挥信号》、《塔式起重机安全规程》、《起重机械危险部位与标志》等标准，加强了超重吊运作业的安全科学管理。

三、生产工艺安全卫生标准

这类标准主要是对一些经常发生工伤事故和容易产生职业病的生产工艺，规定了最基本的安全卫生要求。

1. 预防工伤事故的生产工艺安全标准

在由于工艺缺陷而造成的工伤事故中，厂内机动车辆的运输事故数量最多。《工业企业厂内铁路、道路运输安全规程》对厂内的铁路运输、公路运输、装卸作业等方面的安全要求，都做了具体规定。此外，为了预防爆炸火灾事故，国家还发布了《粉尘防爆安全规程》、《爆破作业安全规程》、《氢气使用安全技术规程》、《氯气安全规程》和《橡胶工业静电安全规程》等标准。

2. 预防职业病的生产工艺劳动卫生工程标准

这类标准有《生产过程安全卫生要求总则》、《玻璃生产配件防尘技术规程》、《立窑水泥防尘规程》、《橡胶生产配炼车间防尘规程》等，主要是针对生产中各种危害严重的工艺，从厂房布局、通风净化、工艺设备、安全设施、组织管理等方面提出了防尘和防毒要求。为了预防有机溶剂的危害，国家还发布了一系列涂装作业安全技术规程，规程对涂料的选用、涂装工艺、涂装设备、通风净化以及安全管理等提出要求。

四、防护用品类标准

这类标准是为了控制生产劳动防护用品质量，使其达到工作中职工的安全与健康要求。劳动防护用品分为七大类。

1. 头部防护类

头部防护类有《安全帽一般技术条件》及冲击吸收性能、耐穿透性能、耐燃烧性能、侧面

刚性、耐水性能、防寒耐压性能等试验方法标准。

2. 呼吸器官防护类

防尘防毒呼吸器官防护类，有《自吸过滤式防尘口罩通用技术条件》和《过滤式防毒面具通用技术条件》标准，还有过滤式防毒面具的 6 种试验方法标准及 12 种滤毒罐的检验标准。

3. 眼、面防护类

在眼、面防护类中，有《焊接防目镜和面罩》、《炉窑护目镜和面罩》及一些试验方法标准。

4. 听觉器官防护类

听觉器官防护类有防噪声耳塞、防噪声耳罩等相关标准。

5. 防护服装类

防护服装类有浮体救生衣等相关标准。

6. 手、足防护类

手、足防护类有《皮安全鞋》、《防静电鞋、导电鞋技术要求》等相关标准。

7. 防坠落类

防坠落类有《安全带》、《安全网》等标准。

第五节　安全生产法律法规简介

我国安全生产法律体系内容十分丰富，在《宪法》这一根本大法的指导下，全国人大、国务院相继审议通过并颁布了一系列安全生产法律法规以及含有安全生产相关内容的法律法规，本节主要对与生产经营单位密切相关的部分法律法规做简要介绍。

一、安全生产单行法律

1.《中华人民共和国消防法》（简称《消防法》）

《消防法》由中华人民共和国第十一届全国人民代表大会常务委员会第五次会议于 2008 年 10 月 28 日修订通过，修订后的《消防法》自 2009 年 5 月 1 日起施行。《消防法》立法目的是：预防火灾和减少火灾危害，加强应急救援工作，保护人身、财产安全，维护公共安全。《消防法》立法原则是：消防工作贯彻“预防为主、防消结合”的方针，按照“政府统一领导、部门依法监管、单位全面负责、公民积极参与”的原则，实行消防安全责任制，建立健全社会化的消防工作网络。

《消防法》第十六条规定：机关、团体、企业、事业等单位应当履行下列消防安全职责：（一）落实消防安全责任制，制定本单位的消防安全制度、消防安全操作规程，制定灭火和应急疏散预案；（二）按照国家标准、行业标准配置消防设施、器材，设置消防安全标志，并定期组织检验、维修，确保完好有效；（三）对建筑消防设施每年至少进行一次全面检测，确保完好有效，检测记录应当完整准确，存档备查；（四）保障疏散通道、安全出口、消防车通道畅通，保证防火防烟分区、防火间距符合消防技术标准；（五）组织防火检查，及时消除火灾隐患；（六）组织进行有针对性的消防演练；（七）法律、法规规定的其他消防安全职责。单位的主要负责人是本单位的消防安全责任人。

《消防法》第六十条规定：单位违反本法规定，有下列行为之一的，责令改正，处五千元以上五万元以下罚款：（一）消防设施、器材或者消防安全标志的配置、设置不符合国家标准、行业标准，或者未保持完好有效的；（二）损坏、挪用或者擅自拆除、停用消防设施、器材的；（三）占用、堵塞、封闭疏散通道、安全出口或者有其他妨碍安全疏散行为的；（四）埋压、圈占、遮挡消火栓或者占用防火间距的；（五）占用、堵塞、封闭消防车通道，妨碍消防车通行的；（六）人员密集场所在门窗上设置影响逃生和灭火救援的障碍物的；（七）对火灾隐患经公安机关消防机构通知后不及时采取措施消除的。个人有前款第二项、第三项、第四项、第五项行为之一的，处警告或者五百元以下罚款。有本条第一款第三项、第四项、第五项、第六项行为，经责令改正拒不改正的，强制执行，所需费用由违法行为人承担。

2.《中华人民共和国道路交通安全法》（简称《道路交通安全法》）

《全国人民代表大会常务委员会关于修改〈中华人民共和国道路交通安全法〉的决定》由中华人民共和国第十届全国人民代表大会常务委员会第三十一次会议于 2007 年 12 月 29 日通过，修改后的《道路交通安全法》自 2008 年 5 月 1 日起施行。《道路交通安全法》立法目的是：维护道路交通秩序，预防和减少交通事故，保护人身安全，保护公民、法人和其他组织的财产安全及其他合法权益，提高通行效率。《道路交通安全法》的立法原则是：道路交通安全工作，应当遵循“依法管理、方便群众”的原则，保障道路交通有序、安全、畅通。

《道路交通安全法》第六条规定：机关、部队、企业事业单位、社会团体以及其他组织，应当对本单位的人员进行道路交通安全教育。

《道路交通安全法》第十六条规定：任何单位或者个人不得有下列行为：（一）拼装机动车或者擅自改变机动车已登记的结构、构造或者特征；（二）改变机动车型号、发动机号、车架号或者车辆识别代号；（三）伪造、变造或者使用伪造、变造的机动车登记证书、号牌、行驶证、检验合格标志、保险标志；（四）使用其他机动车的登记证书、号牌、行驶证、检验合格标志、保险标志。

《道路交通安全法》第三十一条规定：未经许可，任何单位和个人不得占用道路从事非交通活动。

《道路交通安全法》第三十二条规定：因工程建设需要占用、挖掘道路，或者跨越、穿越道路架设、增设管线设施，应当事先征得道路主管部门的同意；影响交通安全的，还应当征得公安机关交通管理部门的同意。施工作业单位应当在经批准的路段和时间内施工作业，并在距离施工作业地点来车方向安全距离处设置明显的安全警示标志，采取防护措施；施工作业完毕，应当迅速清除道路上的障碍物，消除安全隐患，经道路主管部门和公安机关交通管理部门验收合格，符合通行要求后，方可恢复通行。

《道路交通安全法》第五十四条规定：道路养护车辆、工程作业车进行作业时，在不影响过往车辆通行的前提下，其行驶路线和方向不受交通标志、标线限制，过往车辆和人员应当注意避让。洒水车、清扫车等机动车应当按照安全作业标准作业；在不影响其他车辆通行的情况下，可以不受车辆分道行驶的限制，但是不得逆向行驶。

3.《中华人民共和国突发事件应对法》（简称《突发事件应对法》）

《突发事件应对法》由中华人民共和国第十届全国人民代表大会常务委员会第二十九次会议于 2007 年 8 月 30 日通过，自 2007 年 11 月 1 日起施行。《突发事件应对法》的立法目的是：预防和减少突发事件的发生，控制、减轻和消除突发事件引起的严重社会危害，规范突发事件应对活动，保护人民生命财产安全，维护国家安全、公共安全、环境安全和社会秩序。《突发事件应对法》的管理体制：国家建立统一领导、综合协调、分类管理、分级负责、属地管理为主的应急管理体制。突发事件应对工作实行预防为主、预防与应急相结合的原则。

《突发事件应对法》第十一条规定：公民、法人和其他组织有义务参与突发事件应对工作。

《突发事件应对法》第十二条规定：有关人民政府及其部门为应对突发事件，可以征用单位和个人的财产。被征用的财产在使用完毕或者突发事件应急处置工作结束后，应当及时返还。财产被征用或者征用后毁损、灭失的，应当给予补偿。

《突发事件应对法》第二十二条规定：所有单位应当建立健全安全管理制度，定期检查本单位各项安全防范措施的落实情况，及时消除事故隐患；掌握并及时处理本单位存在的可能引发社会安全事件的问题，防止矛盾激化和事态扩大；对本单位可能发生的突发事件和采取安全防范措施的情况，应当按照规定及时向所在地人民政府或者人民政府有关部门报告。

《突发事件应对法》第二十三条规定：矿山、建筑施工单位和易燃易爆物品、危险化学品、放射性物品等危险物品的生产、经营、储运、使用单位，应当制定具体应急预案，并对生产经营场所、有危险物品的建筑物、构筑物及周边环境开展隐患排查，及时采取措施消除隐患，防止发生突发事件。

《突发事件应对法》第二十四条规定：公共交通工具、公共场所和其他人员密集场所的经营单位或者管理单位应当制定具体应急预案，为交通工具和有关场所配备报警装置和必要的应急救援设备、设施，注明其使用方法，并显著标明安全撤离的通道、路线，保证安全通道、出口的畅通。有关单位应当定期检测、维护其报警装置和应急救援设备、设施，使其处于良好状态，确保正常使用。

《突发事件应对法》第二十九条规定：居民委员会、村民委员会、企业事业单位应当根据所在地人民政府的要求，结合各自的实际情况，开展有关突发事件应急知识的宣传普及活动和必要的应急演练。

《突发事件应对法》第五十四条规定：任何单位和个人不得编造、传播有关突发事件事态发展或者应急处置工作的虚假信息。

《突发事件应对法》第五十五条规定：突发事件发生地的居民委员会、村民委员会和其他组织应当按照当地人民政府的决定、命令，进行宣传动员，组织群众开展自救和互救，协助维护社会秩序。

《突发事件应对法》第五十六条规定：受到自然灾害危害或者发生事故灾难、公共卫生事件的单位，应当立即组织本单位应急救援队伍和工作人员营救受害人员，疏散、撤离、安置受到威胁的人员，控制危险源，标明危险区域，封锁危险场所，并采取其他防止危害扩大的必要措施，同时向所在地县级人民政府报告；对因本单位的问题引发的或者主体是本单位人员的社会安全事件，有关单位应当按照规定上报情况，并迅速派出负责人赶赴现场开展劝解、疏导工作。突发事件发生地的其他单位应当服从人民政府发布的决定、命令，配合人民政府采取的应急处置措施，做好本单位的应急救援工作，并积极组织人员参加所在地的应急救援和处置工作。

《突发事件应对法》第五十七条规定：突发事件发生地的公民应当服从人民政府、居民委员会、村民委员会或者所属单位的指挥和安排，配合人民政府采取的应急处置措施，积极参加应急救援工作，协助维护社会秩序。

二、安全生产相关法律

1.《中华人民共和国刑法》(简称《刑法》)

《中华人民共和国刑法修正案（六）》由中华人民共和国第十届全国人民代表大会常务委员会第二十二次会议于 2006 年 6 月 29 日通过，并于即日起施行。《刑法修正案（六）》对于《刑法》原有的两条规定做出了修改，同时增加了两条新的规定。全国人大常委会修改《刑法》关于安全生产犯罪的规定，充分体现了党和国家加强安全生产法制建设，严惩安全生产犯罪的决心。

生产经营单位及其有关人员犯罪及其刑事责任如下：

（1）重大责任事故罪

《刑法》第一百三十四条第一款规定："在生产、作业中违反有关安全管理的规定，因而发生重大伤亡事故或者造成其他严重后果的，处三年以下有期徒刑或者拘役；情节特别恶劣的，处三年以上七年以下有期徒刑。"

重大责任事故罪，是指在生产、作业中违反有关安全管理的规定，因而发生重大伤亡事故或者造成其他严重后果的行为。

重大责任事故罪的犯罪客体是人的生命、健康和重大公私财产安全；犯罪主体是从事生产、作业的各类社会组织及其从业人员；客观要件是实施了违反国家有关安全管理规定的行为，因而发生重大伤亡事故或者造成其他严重后果；主观要件表现为过失或者故意，过失即行为人本应遇见自己的行为将导致发生危害后果，但由于疏忽大意未能预见，或者侥幸认为能够避免，以致发生严重后果；故意即行为人明知自己的行为违反国家有关安全管理规定，轻信可以避免或者放任事故的发生或者造成其他严重后果。

（2）强令违章冒险作业罪

《刑法》第一百三十四条第二款规定："强令他人违章冒险作业，因而发生重大伤亡事故或者造成其他严重后果的，处五年以下有期徒刑或者拘役；情节特别恶劣的，处五年以上有期徒刑。"

强令违章冒险作业罪，是指强令他人冒险作业，因而发生重大伤亡事故或者造成其他严重后果的行为。本罪是《刑法修正案（六）》第一条第二款新增设的罪名。

本罪犯罪客体是作业的安全，即危害了不特定多数人的生命、健康和公司财产的安全；本罪犯罪主体为一般主体，包括对生产、作业负有组织、指挥或者管理职责的负责人、管理人员、实际控制人员、投资人员等；客观方面表现为强令他人违章冒险作业，因而发生重大伤亡事故或者造成其他严重后果的行为；主观方面表现为过失，本条第二款是一个独立罪名，同本罪是结果犯，即如果行为人虽然实施了强令他人违章冒险作业的行为，但没有发生重大伤亡事故或者造成其他严重后果，只属于一般责任事故，不构成犯罪。

（3）重大劳动安全事故罪

《刑法》第一百三十五条之一规定："安全生产设施或者安全生产条件不符合国家规定，因而发生重大伤亡事故或者造成其他严重后果的，对直接负责的主管人员和其他直接责任人员，处三年以下有期徒刑或者拘役；情节特别恶劣的，处三年以上七年以下有期徒刑。"

重大劳动安全事故罪的犯罪客体是人的生命、健康和重大公私财产安全；犯罪主体是对发生伤亡事故或者造成其他严重后果负有责任的事故发生单位直接负责的主管人员和其他直接责任人员；客观要件是事故发生单位的相关责任人员实施了违反国家关于安全生产设施或者安全生产条件的规定的行为，因而发生重大事故或者造成其他严重后果；主观要件是过失或故意，明知安全生产设施或者安全生产条件不符合国家规定，主观上具有对事故隐患不采取有效整改治理措施的过失或者故意。

（4）大型群众性活动重大事故罪

《刑法》第一百三十五条之一规定："举办大型群众性活动违反安全管理规定，因而发生重大伤亡事故或者造成其他严重后果的，对直接负责的主管人员和其他直接责任人员，处三年以下有期徒刑或者拘役；情节特别恶劣的，处三年以上七年以下有期徒刑。"

大型群众性活动重大事故罪的犯罪客体是人的生命、健康和重大公私财产安全；犯罪主体是对发生重大伤亡事故或者造成其他严重后果负有责任的事故发生单位直接负责的主管人员和其他直接责任人员；客观要件是实施了违反安全管理规定的行为，因而发生重大事故或者造成其他严重后果；主观要件是过失，明知举办的大型群众性活动不符合国家关于安全管理的规定，主观上具有对事故隐患麻痹侥幸、不采取有效的安全管理措施的过失。

(5) 瞒报或者谎报事故罪

《刑法》第一百三十九条之一规定："在安全事故发生后，负有报告职责的人员不报或者谎报事故情况，贻误事故抢救，情节严重的，处三年以下有期徒刑或者拘役；情节特别严重的，处三年以上七年以下有期徒刑。"

瞒报或者谎报事故罪的犯罪客体是人的生命、健康和重大公私财产安全；犯罪主体是对安全事故负有报告职责的人员，既包括事故发生单位负有报告职责的人员，又包括有关人民政府及其有关部门和负有报告职责的人员；客观要件是实施了违反国家关于事故报告的规定，不报告或者不如实报告事故情况，因而贻误事故抢救，情节严重的行为；主观要件是故意，即安全事故发生后明知应当报告，主观上具有隐瞒、谎报事故真相的故意。

2.《关于进一步加强危害生产安全刑事案件审判工作的意见》

最高人民法院 2012 年 1 月 10 日发布了《关于进一步加强危害生产安全刑事案件审判工作的意见》(以下简称《意见》)，首次明确审判危害生产安全犯罪案件的三项原则，即严格依法、从严惩处；区分责任、均衡量刑；主体平等、确保公正三项审判工作应当坚持的原则。

《意见》规定：以行贿方式逃避安全生产监督管理，或者非法、违法生产、作业，导致发生重大生产安全事故，构成数罪的，依照数罪并罚的规定处罚。违反安全生产管理规定，非法采矿、破坏性采矿或排放、倾倒、处置有害物质严重污染环境，造成重大伤亡事故或者其他严重后果，同时构成危害生产安全犯罪和破坏环境资源保护犯罪的，依照数罪并罚的规定处罚。

《意见》中规定了具有如下情形的，原则上不得适用缓刑，其中包括：

①非法、违法生产的；

②无基本劳动安全设施或未向生产、作业人员提供必要的劳动防护用品，生产、作业人员劳动安全无保障的；

③曾因安全生产设施或者安全生产条件不符合国家规定，被监督管理部门处罚或责令改正，一年内再次违规生产致使发生重大生产安全事故的；

④关闭、故意破坏必要安全警示设备的；

⑤已发现事故隐患，未采取有效措施，导致发生重大事故的；

⑥事故发生后不积极抢救人员，或者毁灭、伪造、隐藏影响事故调查的证据，或者转移财产逃避责任的；

⑦国家工作人员违反规定投资入股生产经营企业，构成危害生产安全犯罪的；

⑧贪污贿赂行为与事故发生存在关联性的；

⑨国家工作人员的职务犯罪与事故存在直接因果关系的；

⑩以行贿方式逃避安全生产监督管理，或者非法、违法生产、作业的；

⑪生产安全事故发生后，负有报告职责的国家工作人员不报或者谎报事故情况，贻误事故抢救，尚未构成不报、谎报安全事故罪的；

⑫事故发生后，采取转移、藏匿、毁灭遇难人员尸体，或者毁灭、伪造、隐藏影响事故调查的证据，或者转移财产，逃避责任的；

⑬数罪并罚的。

《意见》还规定刑罚执行过程中适用减刑、假释时，不仅要看其服刑期间的悔改表现，还要充分考虑原判认定的犯罪事实、性质、情节、社会危害程度等，从严掌握。另一方面，对于事故发生后，积极施救，努力挽回事故损失，有效避免损失扩大；积极配合调查，赔偿受害人损失的，可以依法从宽处罚，确保宽严并用、罚当其罪。

3.《中华人民共和国行政处罚法》(简称《行政处罚法》)

《行政处罚法》于 1996 年 3 月 17 日由第八届全国人民代表大会第四次会议通过，于自 1996 年 10 月 1 日起施行。《行政处罚法》的立法目的是：规范行政处罚的设定和实施，保障和监督行政机关有效实施行政管理，维护公共利益和社会秩序，保护公民、法人或者其他组织的合法权益。

《行政处罚法》第三十条规定：公民、法人或者其他组织违反行政管理秩序的行为，依法应当给予行政处罚的，行政机关必须查明事实；违法事实不清的，不得给予行政处罚。

《行政处罚法》第三十二条规定：当事人有权进行陈述和申辩。行政机关必须充分听取当事人的意见，对当事人提出的事实、理由和证据，应当进行复核；当事人提出的事实、理由或者证据成立的，行政机关应当采纳。政机关不得因当事人申辩而加重处罚。

《行政处罚法》第四十一条规定：行政机关及其执法人员在作出行政处罚决定之前，不依照本法第三十一条、第三十二条的规定向当事人告知给予行政处罚的事实、理由和依据，或者拒绝听取当事人的陈述、申辩，行政处罚决定不能成立；当事人放弃陈述或者申辩权利的除外。

4.《中华人民共和国行政许可法》(简称《行政许可法》)

《行政许可法》已由中华人民共和国第十届全国人民代表大会常务委员会第四次会议于 2003 年 8 月 27 日通过，现予公布，自 2004 年 7 月 1 日起施行。《行政许可法》立法目的是：规范行政许可的设定和实施，保护公民、法人和其他组织的合法权益，维护公共利益和社会秩序，保障和监督行政机关有效实施行政管理。

行政许可申请人可以是公民、法人，也可以是其他组织，一般来说行政许可申请人的法律责任如下：①行政许可申请人隐瞒有关情况或者提供虚假材料申请行政许可的违法犯罪行为；②被许可人以欺骗、贿赂等不正当手段取得行政许可的违法犯罪行为；③涂改、倒卖、出租、出借行政许可证件，或者以其他形式非法转让行政许可的违法犯罪行为；④被许可人超越行政许可范围进行活动的违法犯罪行为；⑤被许可人向负责监督检查的行政机关隐瞒有关情况、提供虚假材料或者拒绝提供反映其活动情况的真实材料的违法犯罪行为；⑥公民、法人或者其他组织未经行政许可，擅自从事依法应当取得行政许可的活动的违法犯罪行为；⑦法律、法规、规章规定的其他违法行为。

5.《中华人民共和国劳动法》(简称《劳动法》)

《劳动法》由中华人民共和国第八届全国人民代表大会常务委员会第八次会议于 1994 年 7 月 5 日通过，自 1995 年 1 月 1 日起施行。《劳动法》立法目的：保护劳动者的合法权益，调整劳动关系，建立和维护适应社会主义市场经济的劳动制度，促进经济发展和社会进步。

《劳动法》中用人单位有关劳动安全、女职工和未成年职工的法律责任如下：

《劳动法》第八十九条规定：用人单位制定的劳动规章制度违反法律、法规规定的，由劳动行政部门给予警告，责令改正；对劳动者造成损害的，应当承担赔偿责任。

《劳动法》第九十条规定：用人单位违反本法律规定，延长劳动者工作时间的，由劳动行政部门给予警告，责令改正，并可以处以罚款。

《劳动法》第九十四条规定：用人单位非法招用未满16周岁的未成年人的，由劳动行政部门责令改正，处以罚款；情节严重的，由工商行政管理部门吊销营业执照。

《劳动法》第九十五条规定：用人单位违反本法对女职工和未成年工的保护规定，侵害其合法权益的，由劳动行政部门责令改正，处以罚款；对女职工或者未成年工造成损害的，应当承担赔偿责任。

劳动安全卫生违法行为实施行政处罚的决定机关：依照《安全生产法》和国务院的规定，现由县级以上人民政府负责安全生产综合监督管理的部门负责履行《劳动法》赋予劳动行政部门负责的劳动安全卫生监督管理的职责，行使《劳动法》中有关劳动安全卫生监督管理和行政执法的职权。县级以上人民政府劳动行政部门依照法律和本级人民政府的规定，行使劳动卫生以外的其他劳动活动的监督管理和行政执法的职权。

6.《中华人民共和国职业病防治法》(简称《职业病防治法》)

《全国人民代表大会常务委员会关于修改〈中华人民共和国职业病防治法〉的决定》已由中华人民共和国第十一届全国人民代表大会常务委员会第二十四次会议于2011年12月31日通过，自即日起施行。《职业病防治法》立法目的是：预防、控制和消除职业病危害，防治职业病，保护劳动者健康及其相关权益，促进经济社会发展。

《职业病防治法》(修正)对职业病重新定义为：职业病是指企业、事业单位和个体经济组织等用人单位的劳动者在职业活动中，因接触粉尘、放射性物质和其他有毒、有害因素而引起的疾病。职业病的分类和目录由国务院卫生行政部门会同国务院安全生产监督管理部门、劳动保障行政部门制定、调整并公布。

《职业病防治法》规定：职业病防治工作坚持预防为主、防治结合的方针，建立用人单位负责、行政机关监管、行业自律、职工参与和社会监督的机制，实行分类管理、综合治理。

用人单位在治病防治方面的职责：①用人单位应当为劳动者创造符合国家职业卫生标准和卫生要求的工作环境和条件，并采取措施保障劳动者获得职业卫生保护。②用人单位应当建立、健全职业病防治责任制，加强对职业病防治的管理，提高职业病防治水平，对本单位产生的职业病危害承担责任。③用人单位的主要负责人对本单位的职业病防治工作全面负责。④用人单位必须依法参加工伤保险。

职业病防治违法行为应负的法律责任：

①建设单位的法律责任

《职业病防治法》第七十条规定，建设单位违反本法规定，由安全生产监督管理部门给予警告，责令限期改正；逾期不改正的，处十万元以上五十万元以下的罚款；情节严重的，责令停止产生职业病危害的作业，或者提请有关人民政府按照国务院规定的权限责令停建、关闭。

②用人单位的法律责任

《职业病防治法》第七十一条、第七十二条、第七十三条、第七十五条、第七十六条、第七十八条、第七十九条、第八十六条规定，用人单位有违反本法规定的行为，分别给予警告、责令限期改正、1～20万元以下罚款、责令停止产生职业病危害的作业或者提请有关人民政府按照国务院规定的权限责令关闭的行政处罚；对直接负责的主管人员和其他直接责任人员，可以依法给予降级或者撤职的处分；构成犯罪的，对直接负责的主管人员和其他直接责任人员，依法追究刑事责任。

职业病防治违法行为行政处罚的决定机关：对于《职业病防治法》规定的职业病防治违法

行为的行政处罚，应当按照国务院关于卫生行政部门与安全生产监督管理部门的职责分工，分别由卫生行政部门和安全生产监督管理部门在各自的职权范围内决定。

7.《中华人民共和国劳动合同法》（简称《劳动合同法》）

《中华人民共和国劳动合同法》由中华人民共和国第十届全国人民代表大会常务委员会第二十八次会议于 2007 年 6 月 29 日通过，自 2008 年 1 月 1 日起施行。《劳动合同法》立法目的是：完善劳动合同制度，明确劳动合同双方当事人的权利和义务，保护劳动者的合法权益，构建和发展和谐稳定的劳动关系。《劳动合同法》适用范围：中华人民共和国境内的企业、个体经济组织、民办非企业单位等组织（以下称用人单位）与劳动者建立劳动关系，订立、履行、变更、解除或者终止劳动合同，适用本法；国家机关、事业单位、社会团体和与其建立劳动关系的劳动者，订立、履行、变更、解除或者终止劳动合同，依照本法执行。《劳动合同法》的基本原则：订立劳动合同，应当遵循合法、公平、平等自愿、协商一致、诚实信用的原则；依法订立的劳动合同具有约束力，用人单位与劳动者应当履行劳动合同约定的义务。

用人单位违法行为的法律责任（涉及安全生产方面的）如下：

《劳动合同法》第八十条规定：用人单位直接涉及劳动者切身利益的规章制度违反法律、法规规定的，由劳动行政部门责令改正，给予警告；给劳动者造成损害的，应当承担赔偿责任。

《劳动合同法》第八十八条规定：用人单位有下列情形之一的，依法给予行政处罚；构成犯罪的，依法追究刑事责任；给劳动者造成损害的，应当承担赔偿责任：（一）以暴力、威胁或者非法限制人身自由的手段强迫劳动的；（二）违章指挥或者强令冒险作业危及劳动者人身安全的；（三）侮辱、体罚、殴打、非法搜查或者拘禁劳动者的；（四）劳动条件恶劣、环境污染严重，给劳动者身心健康造成严重损害的。

《劳动合同法》第九十二条规定：因劳务派遣给被派遣劳动者造成损害的，劳务派遣单位与用工单位承担连带赔偿责任。

《劳动合同法》第九十三条规定：对不具备合法经营资格的用人单位的违法犯罪行为，依法追究法律责任；劳动者已经付出劳动的，该单位或者其出资人应当依照本法有关规定向劳动者支付劳动报酬、经济补偿、赔偿金；给劳动者造成损害的，应当承担赔偿责任。

《劳动合同法》第九十四条规定：个人承包经营违反本法规定招用劳动者，给劳动者造成损害的，发包的组织与个人承包经营者承担连带赔偿责任。

三、安全生产行政法规

1.《安全生产许可证条例》（国务院令第 397 号）

《安全生产许可证条例》已经 2004 年 1 月 7 日国务院第 34 次常务会议通过，自 2004 年 1 月 13 日起施行。《安全生产许可证条例》立法目的是：严格规范安全生产条件，进一步加强安全生产监督管理，防止和减少生产安全事故。适用范围：国家对矿山企业、建筑施工企业和危险化学品、烟花爆竹、民用爆破器材生产企业（以下统称企业）实行安全生产许可制度。企业未取得安全生产许可证的，不得从事生产活动。这部行政法规通过确立安全生产许可证制度，提高了安全生产准入门槛，加大了安全生产监管力度，填补了我国安全生产法律制度的一项空白。

生产经营单位的安全生产许可违法行为如下：

《安全生产许可证条例》第十四条规定：企业取得安全生产许可证后，不得降低安全生产条件，并应当加强日常安全生产管理，接受安全生产许可证颁发管理机关的监督检查。安全生产许可证颁发管理机关应当加强对取得安全生产许可证的企业的监督检查，发现其不再具备本条例规定的安全生产条件的，应当暂扣或者吊销安全生产许可证。

《安全生产许可证条例》第十九条规定：违反本条例规定，未取得安全生产许可证擅自进行生产的，责令停止生产，没收违法所得，并处10万元以上50万元以下的罚款；造成重大事故或者其他严重后果，构成犯罪的，依法追究刑事责任。

《安全生产许可证条例》第二十条规定：违反本条例规定，安全生产许可证有效期满未办理延期手续，继续进行生产的，责令停止生产，限期补办延期手续，没收违法所得，并处5万元以上10万元以下的罚款；逾期仍不办理延期手续，继续进行生产的，依照本条例第十九条的规定处罚。

《安全生产许可证条例》第二十一条规定：违反本条例规定，转让安全生产许可证的，没收违法所得，处10万元以上50万元以下的罚款，并吊销其安全生产许可证；构成犯罪的，依法追究刑事责任；接受转让的，依照本条例第十九条的规定处罚。冒用安全生产许可证或者使用伪造的安全生产许可证的，依照本条例第十九条的规定处罚。

安全生产许可证颁发管理的原则是“谁发证、谁管理、谁处罚”；发证权、管理权和处罚权三位一体，不可分离。有权对安全生产许可证行为实施行政处罚的行政执法主体是4个。

①国务院和省级人民政府的安全生产监督管理部门，是对非煤矿山企业和危险化学品、烟花爆竹生产企业安全生产许可违法行为实施行政处罚的决定机关。

②国家煤矿安全监察局和省级煤矿安全监察机构，是对煤矿企业安全生产许可违法行为实施行政处罚的决定机关。

③国务院和省级人民政府的建设行政主管部门，是对建筑施工企业安全生产许可违法行为实施行政处罚的决定机关。

④国务院国防科技工业主管部门，是对民用爆破器材生产企业安全生产许可违法行为实施行政处罚的决定机关。

2.《建设工程安全生产管理条例》(国务院令第393号)

《建设工程安全生产管理条例》于2003年11月12日国务院第28次常务会议通过，自2004年2月1日起施行。《建设工程安全生产管理条例》立法目的是：加强建设工程安全生产监督管理，保障人民群众生命和财产安全。

施工单位的主要负责人、项目负责人在建设工程安全生产违法行为中应负的法律责任：

《建设工程安全生产管理条例》第六十六条规定：违反本条例的规定，施工单位的主要负责人、项目负责人未履行安全生产管理职责的，责令限期改正；逾期未改正的，责令施工单位停业整顿；造成重大安全事故、重大伤亡事故或者其他严重后果，构成犯罪的，依照刑法有关规定追究刑事责任。

作业人员不服管理、违反规章制度和操作规程冒险作业造成重大伤亡事故或者其他严重后果，构成犯罪的，依照刑法有关规定追究刑事责任。

施工单位的主要负责人、项目负责人有前款违法行为，尚不够刑事处罚的，处2万元以上20万元以下的罚款或者按照管理权限给予撤职处分；自刑罚执行完毕或者受处分之日起，5年内不得担任任何施工单位的主要负责人、项目负责人。

《建设工程安全生产管理条例》行政处罚的决定机关：规定的行政处罚，由建设行政主管部门或者其他有关部门依照法定职权决定；违反消防安全管理规定的行为，由公安消防机构依法处罚；有关法律、行政法规对建设工程安全生产违法行为的行政处罚决定机关另有规定的，从其规定。

3.《危险化学品安全管理条例》(国务院令第 591 号)

《危险化学品安全管理条例》于 2011 年 2 月 16 日国务院第 144 次常务会议修订通过，修订后的《危险化学品安全管理条例》自 2011 年 12 月 1 日起施行。《危险化学品安全管理条例》立法目的是：加强危险化学品的安全管理，预防和减少危险化学品事故，保障人民群众生命财产安全，保护环境。《危险化学品安全管理条例》适用范围：危险化学品生产、储存、使用、经营和运输的安全管理，适用本条例；废弃危险化学品的处置，依照有关环境保护的法律、行政法规和国家有关规定执行。

《危险化学品安全管理条例》中有关生产经营单位及其主要负责人、安全生产管理人员的相关法律责任如下：

①第七十五条规定了对生产、经营、使用国家禁止生产、经营、使用的危险化学品的违法犯罪行为的处罚。

②第七十六条规定了对未经安全条件审查，新建、改建、扩建生产、储存危险化学品的建设项目违法犯罪行为的处罚。

③第七十七条规定了对未依法取得危险化学品安全生产许可证从事危险化学品生产，或者未依法取得工业产品生产许可证从事危险化学品及其包装物、容器生产的违法犯罪行为的处罚。

④第七十八条规定了对危险化学品单位违反安全管理规定的 12 种违法犯罪行为的处罚。

⑤第七十九条规定了对危险化学品包装物、容器违反检验规定的违法犯罪行为的处罚。

⑥第八十条规定了对生产、储存、使用危险化学品的单位违反有关安全规定的 7 种违法犯罪行为的处罚。

⑦第八十一条规定了对生产、储存、使用剧毒化学品、易制爆危险化学品的单位违反有关安全规定的 6 种违法犯罪行为的处罚。

⑧第八十二条规定了对生产、储存、使用危险化学品的单位转产、停产、停业或者解散的违法犯罪行为的处罚。

⑨第八十三条规定了对危险化学品经营企业向未经许可违法从事危险化学品生产、经营活动的企业采购危险化学品的违反有关规定的违法犯罪行为的处罚。

⑩第八十四条规定了对违反规定销售剧毒化学品、易制爆危险化学品的违法犯罪行为的处罚。

⑪第八十五条规定了对违反道路、水路运输规定的违法犯罪行为的处罚。

⑫第九十三条规定了对违反许可管理的违法犯罪行为的处罚。

4.《烟花爆竹安全管理条例》(国务院令第 455 号)

《烟花爆竹安全管理条例》于 2006 年 1 月 11 日国务院第 121 次常务会议通过，自 2006 年 1 月 21 日起施行。《烟花爆竹安全管理条例》立法目的是：加强烟花爆竹安全管理，预防爆炸事故发生，保障公共安全和人身、财产的安全。《烟花爆竹安全管理条例》适用范围是：烟花爆竹的生产、经营、运输和燃放。《烟花爆竹安全管理条例》许可规定：国家对烟花爆竹的生产、经营、运输和举办焰火晚会以及其他大型焰火燃放活动，实行许可证制度；未经许可，任何单位或者个人不得生产、经营、运输烟花爆竹，不得举办焰火晚会以及其他大型焰火燃放活动。

烟花爆竹安全违法行为应负的法律责任：

《烟花爆竹安全管理条例》第三十六条规定：对未经许可生产、经营烟花爆竹制品，或者向未取得烟花爆竹安全生产许可的单位或者个人销售黑火药、烟火药、引火线的，由安全生产监督管理部门责令停止非法生产、经营活动，处 2 万元以上 10 万元以下的罚款，并没收非法生产、经营的物品及违法所得。对未经许可经由道路运输烟花爆竹的，由公安部门责令停止非法运输活动，处 1 万元以上 5 万元以下的罚款，并没收非法运输的物品及违法所得。非法生产、经营、运输烟花爆竹，构成违反治安管理行为的，依法给予治安管理处罚；构成犯罪的，依法追究刑事责任。

《烟花爆竹安全管理条例》第四十一条规定：对携带烟花爆竹搭乘公共交通工具，或者邮寄烟花爆竹以及在托运的行李、包裹、邮件中夹带烟花爆竹的，由公安部门没收非法携带、邮寄、夹带的烟花爆竹，可以并处 200 元以上 1000 元以下的罚款。

《烟花爆竹安全管理条例》第四十二条规定：对未经许可举办焰火晚会以及其他大型焰火燃放活动，或者焰火晚会以及其他大型焰火燃放活动燃放作业单位和作业人员违反焰火燃放安全规程、燃放作业方案进行燃放作业的，由公安部门责令停止燃放，对责任单位处 1 万元以上 5 万元以下的罚款。在禁止燃放烟花爆竹的时间、地点燃放烟花爆竹，或者以危害公共安全和人身、财产安全的方式燃放烟花爆竹的，由公安部门责令停止燃放，处 100 元以上 500 元以下的罚款；构成违反治安管理行为的，依法给予治安管理处罚。

5.《民用爆炸物品安全管理条例》(国务院令第 466 号)

《民用爆炸物品安全管理条例》于 2006 年 4 月 26 日国务院第 134 次常务会议通过，自 2006 年 9 月 1 日起施行。《民用爆炸物品安全管理条例》立法目的是：加强对民用爆炸物品的安全管理，预防爆炸事故发生，保障公民生命、财产安全和公共安全。《民用爆炸物品安全管理条例》适用范围：民用爆炸物品的生产、销售、购买、进出口、运输、爆破作业和储存以及硝酸铵的销售、购买，适用本条例。本条例所称民用爆炸物品，是指用于非军事目的、列入民用爆炸物品品名表的各类火药、炸药及其制品和雷管、导火索等点火、起爆器材。民用爆炸物品品名表，由国务院国防科技工业主管部门会同国务院公安部门制订、公布。

民用爆炸物品安全违法行为应负的法律责任：

《民用爆炸物品安全管理条例》第四十四条规定：非法制造、买卖、运输、储存民用爆炸物品，构成犯罪的，依法追究刑事责任；尚不构成犯罪，有违反治安管理行为的，依法给予治安管理处罚。违反本条例规定，在生产、储存、运输、使用民用爆炸物品中发生重大事故，造成严重后果或者后果特别严重，构成犯罪的，依法追究刑事责任。

违反本条例规定，未经许可生产、销售民用爆炸物品的，由国防科技工业主管部门责令停止非法生产、销售活动，处 10 万元以上 50 万元以下的罚款，并没收非法生产、销售的民用爆炸物品及其违法所得。

违反本条例规定，未经许可购买、运输民用爆炸物品或者从事爆破作业的，由公安机关责令停止非法购买、运输、爆破作业活动，处 5 万元以上 20 万元以下的罚款，并没收非法购买、运输以及从事爆破作业使用的民用爆炸物品及其违法所得。

国防科技工业主管部门、公安机关对没收的非法民用爆炸物品，应当组织销毁。

《民用爆炸物品安全管理条例》第五十一条规定：违反本条例规定，携带民用爆炸物品搭乘公共交通工具或者进入公共场所，邮寄或者在托运的货物、行李、包裹、邮件中夹带民用爆炸物品，构成犯罪的，依法追究刑事责任；尚不构成犯罪的，由公安机关依法给予治安管理处罚，没收非法的民用爆炸物品，处 1 000 元以上 1 万元以下的罚款。

《民用爆炸物品安全管理条例》第五十二条规定：民用爆炸物品从业单位的主要负责人未履行本条例规定的安全管理责任，导致发生重大伤亡事故或者造成其他严重后果，构成犯罪的，依法追究刑事责任；尚不构成犯罪的，对主要负责人给予撤职处分，对个人经营的投资人处2万元以上20万元以下的罚款。

6.《特种设备安全监察条例》（国务院令第549号）

《国务院关于修改〈特种设备安全监察条例〉的决定》于2009年1月14日国务院第46次常务会议通过，自2009年5月1日起施行。《特种设备安全监察条例》立法目的是：加强特种设备的安全监察，防止和减少事故，保障人民群众生命和财产安全，促进经济发展。

特种设备使用单位违法行为应负的法律责任：

《特种设备安全监察条例》第八十三条规定：特种设备使用单位有下列情形之一的，由特种设备安全监督管理部门责令限期改正；逾期未改正的，处2000元以上2万元以下罚款；情节严重的，责令停止使用或者停产停业整顿：（一）特种设备投入使用前或者投入使用后30日内，未向特种设备安全监督管理部门登记，擅自将其投入使用的；（二）未依照规定建立特种设备安全技术档案的；（三）未依照本规定对在用特种设备进行经常性日常维护保养和定期自行检查的，或者对在用特种设备的安全附件、安全保护装置、测量调控装置及有关附属仪器仪表进行定期校验、检修，并作出记录的；（四）未按照安全技术规范的定期检验要求，在安全检验合格有效期届满前1个月向特种设备检验检测机构提出定期检验要求的；（五）使用未经定期检验或者检验不合格的特种设备的；（六）特种设备出现故障或者发生异常情况，未对其进行全面检查、消除事故隐患，继续投入使用的；（七）未制定特种设备事故应急专项预案的；（八）未依照规定对电梯进行清洁、润滑、调整和检查的；（九）未按照安全技术规范要求进行锅炉水（介）质处理的；（十）特种设备不符合能效指标，未及时采取相应措施进行整改的。特种设备使用单位使用未取得生产许可的单位生产的特种设备或者将非承压锅炉、非压力容器作为承压锅炉、压力容器使用的，由特种设备安全监督管理部门责令停止使用，予以没收，处2万元以上10万元以下罚款。

《特种设备安全监察条例》第八十四条规定：特种设备存在严重事故隐患，无改造、维修价值，或者超过安全技术规范规定的使用年限，特种设备使用单位未予以报废，并向原登记的特种设备安全监督管理部门办理注销的，由特种设备安全监督管理部门责令限期改正；逾期未改正的，处5万元以上20万元以下罚款。

《特种设备安全监察条例》第八十七条规定：发生特种设备事故，有下列情形之一的，对单位，由特种设备安全监督管理部门处5万元以上20万元以下罚款；对主要负责人，由特种设备安全监督管理部门处4 000元以上2万元以下罚款；属于国家工作人员的，依法给予处分；触犯刑律的，依照刑法关于重大责任事故罪或者其他罪的规定，依法追究刑事责任：（一）特种设备使用单位的主要负责人在本单位发生特种设备事故时，不立即组织抢救或者在事故调查处理期间擅离职守或者逃匿的；（二）特种设备使用单位的主要负责人对特种设备事故隐瞒不报、谎报或者拖延不报的。

7.《使用有毒物品作业场所劳动保护条例》（国务院令第352号）

《使用有毒物品作业场所劳动保护条例》于2002年4月30日国务院第57次常务会议通过，自2002年5月12日起施行。《使用有毒物品作业场所劳动保护条例》立法目的是：保证作业场所安全使用有毒物品，预防、控制和消除职业中毒危害，保护劳动者的生命安全、身体健康及其相关权益。

《使用有毒物品作业场所劳动保护条例》分别对建设项目违反“三同时”管理，用人单位违反作业场所防护管理，用人单位违反有关设备设施规定，用人单位违反有关设备设施规定，用人单位违反高度物品管理，用人单位违反规定使用了禁止使用的有毒物品，用人单位违反禁忌规定和培训考核规定，用人单位违法转产、停产、停业或解散、破产，用人单位违反有毒作业隔离措施规定，用人单位违反职业危害申报，用人单位违反健康检查，用人单位违反有关人员配备及设置劳动设施等违法犯罪行为的处罚。

8.《生产安全事故报告和调查处理条例》（国务院令第 493 号）

《生产安全事故报告和调查处理条例》于 2007 年 3 月 28 日由国务院第 172 次常务会议通过，自 2007 年 6 月 1 日起施行。《生产安全事故报告和调查处理条例》立法目的是：规范生产安全事故的报告和调查处理，落实生产安全事故责任追究制度，防止和减少生产安全事故。

具体追究法律责任的形式如下：

《生产安全事故报告和调查处理条例》第三十五条规定：事故发生单位主要负责人有下列行为之一的，处上一年年收入 40％至 80％的罚款：（一）不立即组织事故抢救的；（二）迟报或者漏报事故的；（三）在事故调查处理期间擅离职守的。

《生产安全事故报告和调查处理条例》第三十六条规定：事故发生单位及其有关人员有下列行为之一的，对事故发生单位处 100 万元以上 500 万元以下的罚款；对主要负责人、直接负责的主管人员和其他直接责任人员处上一年年收入 60％至 100％的罚款；构成违反治安管理行为的，由公安机关依法给予治安管理处罚；构成犯罪的，依法追究刑事责任：（一）谎报或者瞒报事故的；（二）伪造或者故意破坏事故现场的；（三）转移、隐匿资金、财产，或者销毁有关证据、资料的；（四）拒绝接受调查或者拒绝提供有关情况和资料的；（五）在事故调查中作伪证或者指使他人作伪证的；（六）事故发生后逃匿的。

《生产安全事故报告和调查处理条例》第三十七条规定：事故发生单位对事故发生负有责任的，依照下列规定处以罚款：（一）发生一般事故的，处 10 万元以上 20 万元以下的罚款；（二）发生较大事故的，处 20 万元以上 50 万元以下的罚款；（三）发生重大事故的，处 50 万元以上 200 万元以下的罚款；（四）发生特别重大事故的，处 200 万元以上 500 万元以下的罚款。

《生产安全事故报告和调查处理条例》第四十条规定：事故发生单位对事故发生负有责任的，由有关部门依法暂扣或者吊销其有关证照；对事故发生单位负有事故责任的有关人员，依法暂停或者撤销其与安全生产有关的执业资格、岗位证书；事故发生单位主要负责人受到刑事处罚或者撤职处分的，自刑罚执行完毕或者受处分之日起，5 年内不得担任任何生产经营单位的主要负责人。

9.《工伤保险条例》（国务院令第 586 号）

《国务院关于修改〈工伤保险条例〉的决定》已经 2010 年 12 月 8 日国务院第 136 次常务会议通过，现予公布，自 2011 年 1 月 1 日起施行。《工伤保险条例》的立法目的是：保障因工作遭受事故伤害或者患职业病的职工获得医疗救治和经济补偿，促进工伤预防和职业康复，分散用人单位的工伤风险。《工伤保险条例》适用范围：中华人民共和国境内的企业、事业单位、社会团体、民办非企业单位、基金会、律师事务所、会计师事务所等组织和有雇工的个体工商户（以下称用人单位）应当依照本条例规定参加工伤保险，为本单位全部职工或者雇工（以下称职工）缴纳工伤保险费；中华人民共和国境内的企业、事业单位、社会团体、民办非企业单位、基金会、律师事务所、会计师事务所等组织的职工和个体工商户的雇工，均有依照本条例的规定享受工伤保险待遇的权利。

工伤保险违法行为应负的法律责任如下：

《工伤保险条例》第五十六条规定：单位或者个人违反规定挪用工伤保险基金，构成犯罪的，依法追究刑事责任；尚不构成犯罪的，依法给予处分或者纪律处分。被挪用的基金由社会保险行政部门追回，并入工伤保险基金；没收的违法所得依法上缴国库。

《工伤保险条例》第六十条规定：用人单位、工伤职工或者其近亲属骗取工伤保险待遇，医疗机构、辅助器具配置机构骗取工伤保险基金支出的，由社会保险行政部门责令退还，处骗取金额2倍以上5倍以下的罚款；情节严重，构成犯罪的，依法追究刑事责任。

《工伤保险条例》第六十二条规定：用人单位依照本条例规定应当参加工伤保险而未参加的，由社会保险行政部门责令限期参加，补缴应当缴纳的工伤保险费，并自欠缴之日起，按日加收万分之五的滞纳金；逾期仍不缴纳的，处欠缴数额1倍以上3倍以下的罚款。

依照本条例规定应当参加工伤保险而未参加工伤保险的用人单位职工发生工伤的，由该用人单位按照本条例规定的工伤保险待遇项目和标准支付费用。

用人单位参加工伤保险并补缴应当缴纳的工伤保险费、滞纳金后，由工伤保险基金和用人单位依照本条例的规定支付新发生的费用。

《工伤保险条例》第六十三条规定：用人单位违反本条例的规定，拒不协助社会保险行政部门对事故进行调查核实的，由社会保险行政部门责令改正，处2000元以上2万元以下的罚款。

第三章　生产经营单位的安全生产管理

第一节　生产经营单位组织保障

生产经营单位的安全生产管理必须有组织上的保障，否则安全生产管理工作就无从谈起。所谓组织保障包括两方面的内容：一是安全生产管理机构的保障；二是安全生产管理人员的保障。

《国务院关于进一步加强企业安全生产工作的通知》（国发〔2010〕23号）特别强调：强化生产过程管理的领导责任。企业主要负责人和领导班子成员要轮流现场带班。煤矿、非煤矿山要有矿领导带班并与工人同时下井、同时升井，对无企业负责人带班下井或该带班而未带班的，对有关责任人按擅离职守处理，同时给予规定上限的经济处罚。发生事故而没有领导现场带班的，对企业给予规定上限的经济处罚，并依法从重追究企业主要负责人的责任。

一、安全生产管理机构

安全生产管理机构指的是生产经营单位专门负责安全生产监督管理的内设机构，其工作人员都是专职安全生产管理人员。安全生产管理机构的作用是落实国家有关安全生产法律法规，组织生产经营单位内部各种安全检查活动，负责日常安全检查，及时整改各种事故隐患，监督安全生产责任制落实等。它是生产经营单位安全生产的重要组织保证。从理论上讲，每个生产经营单位都应该设立安全管理机构，但在实际工作，某些生产经营单位危险性很小，如电子行业等，可以不设立专职安全生产管理机构，由专职或者兼职安全生产管理人员来负责安全生产工作就可以。因此，是否设立安全生产管理机构，以及配备多少专职安全生产管理人员，还是配备兼职安全管理人员，这要根据生产经营单位的危险性、规模大小等因素来确定。

二、安全生产管理人员配备要求

依据《安全生产法》第十九条规定，生产经营单位安全生产管理人员设置应满足以下要求：

①矿山、建筑施工单位和危险物品的生产、经营、储存单位，其他从业人员超过三百人的生产经营单位，应当配备专职的安全生产管理人员。具体是否设立安全生产管理机构应根据生产经营单位危险性的大小、从业人员的多少、生产经营规模的大小等因素综合确定。②除上述以外，从业人员在三百人以下的生产经营单位，应当配备专职或者兼职的安全生产管理人员，或者委托具有国家规定的相关专业技术资格的工程技术人员提供安全生产管理服务。③当生产经营单位依照法律法规规定和本单位实际情况委托工程技术人员提供安全生产管理服务的，保证安全生产的责任仍由本单位负责。

三、生产经营单位主要负责人的概念和职责

关于生产经营单位主要负责人的理解有很多种。有的认为是公司法定代表人，这是大多数人认为的观点。有的认为董事长比较合适，董事长是生产经营单位的主要投资人，有关生产经营单位的发展规划、重大投资项目等重大的决策都由董事长来决定。有的认为总经理更合适，虽然董事长是主要投资人，但可能一个人兼很多公司的董事长，根本顾不过来。据深圳市某区了解，就有一个人是80多家公司的董事长，公司的主要工作由总经理负责，这在沿海经济发

达地区很普遍。另外，许多外国的老板在内地开设工厂，通过雇用内地总经理来进行工厂管理，很显然把主要负责人的职责落实到董事长身上不合适。有的认为总裁合适，这主要是指大型集团公司，随着市场经济的发展，公司相互合并，大量集团公司成立。有的认为首席执行官合适，这主要是指上市公司、外资公司等。有的认为指合伙人，这主要是指合伙制公司。有的认为是指个体投资人，这主要地指个体经济而言。总之，主要负责人的形式很多，在法律上统称为主要负责人。因此，如何理解《安全生产法》中主要负责人的涵义，只能依据生产经营单位的性质，以及本单位的实际情况来具体确定主要负责人。一般而言，对生产经营单位负全面责任，有生产经营决策权的这个人，就是主要负责人。

生产经营单位的主要负责人处于领导和管理的最高层次，对本单位包括安全生产在内的全部工作具有决策、指挥、调度、安排以及督促落实的权力，单位主要负责人对安全生产工作所承担的职责明确了，对安全生产工作真正重视了，整个单位的安全生产工作在很大程度上就有了保障。

《安全生产法》第五条规定：生产经营单位的主要负责人对本单位的安全生产工作全面负责。

《安全生产法》第十条规定：生产经营单位的主要负责人对本单位安全生产工作负有下列职责：（一）建立、健全本单位安全生产责任制；（二）组织制定本单位安全生产规章制度和操作规程；（三）保证本单位安全生产投入的有效实施；（四）督促、检查本单位的安全生产工作，及时消除生产安全事故隐患；（五）组织制定并实施本单位的生产安全事故应急救援预案；（六）及时、如实报告生产安全事故。

落实生产经营单位的主要负责人职责要从以下几点入手：

1. 要树立“安全第一、预防为主，综合治理”的思想

安全生产搞的好不好，关键在领导。作为生产经营单位的主要负责人要从讲政治、讲团结、讲稳定的高度，从实践“三个代表”、实践“科学发展、安全发展”重要思想的高度，深刻认识“安全生产”的重要意义，真正树立“安全第一、预防为主，综合治理”的思想。只有这样，才能切实抓好有关工作，落实各项责任，搞好安全生产。

2. 要建立健全主要负责人安全生产责任制

生产经营单位不仅要建立健全全员安全生产责任制，重点要建立健全主要负责人安全生产责任制。通过建立安全生产责任制，落实生产经营单位主要负责人的安全生产责任。生产经营单位主要负责人的安全生产责任制要具体细化，操作性要强。要建立监督约束机制，发挥广大职工的监督作用，鼓励职工对主要负责人安全生产责任制执行情况进行监督。要建立安全生产责任制考核和奖惩制度，定期对生产经营单位主要负责人安全生产责任制落实情况进行考核。

3. 要建立主要负责人向职工代表大会报告制度

职工代表大会制度是我国生产经营单位一项重要的民主政治制度，是职工民主监督的重要形式。生产经营单位主要负责人应当定期向职工代表大会报告安全生产情况，听取职工代表大会对本单位有关安全生产工作的意见和建议，针对提出的问题，应认真研究解决。

4. 要加强政府的监督作用

政府及其安全生产监督管理部门和有关部门要经常对生产经营单位进行安全检查，重点检查主要负责人安全生产责任制落实情况。人事部门要将主要负责人安全生产责任制的落实情况列入考核内容，对不重视安全生产、责任制不落实、连续发生事故的，要根据情节轻重给予行政处分。

四、生产经营单位安全生产管理人员的概念和职责

安全生产管理人员是一个所有从事安全生产管理人员的总称，它既包括安全生产管理机构的负责人，也包括生产经营单位主管安全生产的负责人；既指专职的安全生产管理人员，也指兼职的安全生产管理人员。安全生产管理人员是生产经营单位专门负责安全生产管理的人员，是国家有关安全生产法律、法规、方针、政策在本单位的具体贯彻执行者，是本单位安全生产规章制度的具体落实者。

生产经营单位安全生产管理人员应负有如下职责：

1. 贯彻执行国家有关安全生产政策法规，加强对本单位安全管理工作的调查研究，当好主要负责人的助手和参谋。

2. 负责制订各类安全生产管理制度、安全操作规程，并检查落实情况。

3. 编制、审查安全技术措施计划，并检查执行情况。督促和检查新工人“三级”安全教育情况，工人生产工种调换时必须通知有关部门做好必要的安全技术教育。督促与检查个人防护用品的正确发放和合理使用。

4. 定期或不定期进行安全工作检查，开展专业性、季节性与节假日的安全工作检查，对检查出的事故隐患督促及时整改。做好防尘、防毒、防暑、降温、防寒、保暖等工作。督促与检查危险物品的安全管理和使用。认真做好安全台账资料记录和归档。

5. 负责事故的调查、分析、上报等工作，认真执行“四不放过”原则，会同有关部门对事故进行妥善处理。

6. 编制本单位事故应急预案和组织演练，负责事故抢救工作。

7. 组织员工安全生产培训和开展各类安全生产活动。

8. 负责各类安全装置、防护器具和消防器材的管理。

9. 参与单位新建、改建、扩建工程设计和设备改造以及工艺条件变动方案的审查工作。

10. 负责安全作业票证的审核，检查具体落实情况。

11. 其他相关安全生产管理工作。

五、生产经营单位主要负责人和安全生产管理人员任职资格

《安全生产法》第二十条规定：生产经营单位的主要负责人和安全生产管理人员必须具备与本单位所从事的生产经营活动相应的安全生产知识和管理能力。危险物品的生产、经营、储存单位以及矿山、建筑施工单位的主要负责人和安全生产管理人员，应当由有关主管部门对其安全生产知识和管理能力考核合格后方可任职。

作为本单位安全生产第一责任者的主要负责人需要知道、熟悉国家有关安全生产的法律、法规、规章、规程和国家标准、行业标准，需要建立健全安全生产责任制，需要听取有关安全生产的汇报，需要参加各种安全大检查以及其他有关安全生产的工作等，这就迫切要求主要负责人掌握与本单位生产经营活动有关的安全生产知识。只有这样，才能真正搞好安全生产工作，保障生产经营单位安全生产，防止和减少各类生产安全事故的发生。对一个生产经营单位来讲，具备必要的安全生产知识和管理能力，是主要负责人最基本的要求，也是生产经营单位安全生产的重要保证。

危险物品的生产、经营、储存的单位以及矿山、建筑施工单位，都是高危行业，危险性极大，容易发生事故。为此，国家对这类生产经营单位的主要负责人应具备的安全生产知识有特殊的要求，针对不同行业，各有关主管部门都有相应的规定。生产经营单位主要负责人必须经过有关主管部门组织的安全生产知识和管理能力的考核合格后，方可任职。考核的内容由有关

主管部门来确定，一般包括下列内容：①有关安全生产的法律、法规及有关本行业的规章、规程、规范和标准；②有关本行业的安全生产知识；③企业管理能力；④事故应急救援和调查处理的知识；⑤安全生产责任制。

作为一名安全生产管理人员，必须具备与本单位所从事的生产经营活动相应的安全知识和管理能力，只有这样，才能保障生产经营单位的安全生产。对于从事危险物品的生产、经营、储存的单位以及矿山、建筑施工单位的安全生产管理人员，其安全生产知识和管理能力的要求就更高，国家也有相应的规定。这些生产经营单位的安全生产管理人员必须经过有关主管部门的考核，考核合格后，方可上岗。总之，生产经营单位要加强对安全生产管理人员的教育和培训，提高他们的安全知识水平，提高他们的安全管理能力，加强现场安全管理，及时消除事故隐患，保障生产经营单位安全生产，保障职工人身安全和健康。

第二节　安全规章制度

安全生产管理规章制度是指生产经营单位依据国家有关法律法规、国家和行业标准，结合本单位的生产经营范围、作业危险程度、工作性质及其具体工作内容的实际情况，以生产经营单位名义颁发的有关安全生产的规范性文件，具有针对性、可操作性等特点。一般包括：规程、标准、规定、措施、办法、制度、指导意见等。

安全生产管理规章制度是生产经营单位贯彻落实国家有关安全生产法律法规、国家和行业标准，贯彻国家安全生产方针政策的行动指南，是生产经营单位有效防范安全风险，保障从业人员安全健康、财产安全、公共安全，加强安全生产管理的重要措施。

安全生产规章制度是生产经营单位搞好安全生产，保证其正常运转的重要手段。一个生产经营单位发展的如何，经济实力如何，在市场上有没有竞争力，很重要的一点取决于其各项规章制度制定的严格程度，包括安全生产规章制度。安全生产规章制度不健全，事故频繁发生，经济损失巨大，社会影响不好，生产经营单位的效益就不好，在市场上也就不能生存。因此，从某种意义上讲，安全生产规章制度关系到生产经营单位的生存和发展。安全生产规章制度也是党和国家安全生产方针、政策、法律、法规在生产经营单位的具体化。党和国家关于安全生产的方针、政策、法律、法规及政府部门有关安全生产的规定，只有通过各项安全生产规章制度才真正落实到实处，落实到基层，落实到每个职工。操作规程是生产经营单位针对某一具体工艺、工种、岗位所制定的具体规章制度。制定安全生产规章制度和操作规程本身是一项安全生产的基础工作，是搞好生产经营单位安全生产的重要保证。生产经营单位只有建立健全各项安全生产规章制度和操作规程，才能建立和规范安全管理程序，有效地搞好安全生产。

一、建立安全生产规章制度的必要性

1. 建立健全安全生产规章制度是生产经营单位的法定责任

生产经营单位是安全生产的责任主体，《安全生产法》第四条规定，“生产经营单位必须遵守本法和其他有关安全生产的法律、法规，加强安全生产管理，建立、健全安全生产责任制度，完善安全生产条件，确保安全生产”；《劳动法》第五十二条规定，“用人单位必须建立、健全劳动安全卫生制度，严格执行国家劳动安全卫生规程和标准，对劳动者进行劳动安全卫生教育，防止劳动过程中的事故，减少职业危害”；《突发事件应对法》第二十二条规定，“所有单位应当建立健全安全管理制度，定期检查本单位各项安全防范措施的落实情况，及时消除事故隐患”。所以，建立健全安全生产规章制度是国家有关安全生产法律法规明确的生产经营单

位的法定责任。

2. 建立健全安全生产规章制度是生产经营单位安全生产的重要保障

安全风险来自于生产、经营过程之中，只要生产、经营活动在进行，安全风险就客观存在。客观上需要企业对生产工艺过程、机械设备、人员操作进行系统分析、评价，制定出一系列的操作规程和安全控制措施，以保障生产经营单位生产、经营工作合法、有序、安全地运行，将安全风险降到最低。在长期的生产经营活动过程中积累的大量风险辨识、评价、控制技术，以及生产安全事故教训的积累，是探索和驾驭安全生产客观规律的重要基础，只有形成生产经营单位的规章制度才能够得到不断积累，有效继承和发扬。

3. 建立健全安全生产规章制度是生产经营单位保护从业人员安全与健康的重要手段

国家有关保护从业人员安全与健康的法律法规、国家和行业标准在一个生产经营单位的具体实施，只有通过企业的安全生产规章制度体现出来，才能使从业人员明确自己的权利和义务。同时，也为从业人员遵章守纪提供标准和依据。建立健全安全生产规章制度可以防止生产经营单位管理的随意性，有效地保障从业人员的合法权益。

二、安全生产规章制度建设的依据

1. 安全生产规章制度是以安全生产法律法规、国家和行业标准、地方政府的法规和标准为依据

生产经营单位安全生产规章制度首先必须符合国家法律法规、国家和行业标准的要求，以及生产经营单位所在地地方政府的相关法规、标准的要求。生产经营单位安全生产规章制度是一系列法律法规在生产经营单位生产、经营过程中具体贯彻落实的体现。

2. 安全生产规章制度的建设，其核心就是危险有害因素的辨识和控制

通过对危险有害因素的辨识，才能提高规章制度建设的目的性和针对性，保障安全生产。同时，生产经营单位要积极借鉴相关事故教训，及时修订和完善规章制度，防范类似事故的重复发生。

3. 以国际、国内先进的安全管理方法为依据

随着安全科学、技术的迅猛发展，尤其是安全系统工程理论研究的不断深化，安全管理的方法和手段也日益丰富，如职业安全健康管理体系、风险评估和安全评价体系的建立，也为生产经营单位安全生产规章制度的建设提供了重要依据。

三、安全生产规章制度建设的原则

1. 与国家安全生产法律法规保持一致性的原则

生产经营单位安全生产规章制度的建立，必须与国家的安全生产法规保持协调一致，应该有利于国家安全生产法规的贯彻落实。在某些方面要求可以高于国家相关安全生产法律、法规、标准，但不能低于国家相关安全生产法律、法规、标准。否则就可能从根本上造成了管理方面的缺陷，为事故的发生埋下了隐患。

2. 主要负责人负责的原则

我国安全生产法律法规对生产经营单位安全生产规章制度建设有明确的规定，如《安全生产法》规定“建立、健全本单位安全生产责任制，组织制定本单位安全生产规章制度和操作规程，是生产经营单位的主要负责人的职责”。安全生产规章制度的建设和实施，涉及生产经营单位的各个环节和全体人员，只有主要负责人负责，才能有效调动和使用本单位的所有资源，才能协调好各方面的关系，规章制度的落实才能够得到保证。

3. 系统性原则

安全风险来自于生产、经营活动过程之中。因此，生产经营单位安全生产规章制度的建设，应按照安全系统工程的原理，涵盖生产经营的全过程、全员、全方位。主要包括规划设计、建设安装、生产调试、生产运行、技术改造的全过程；生产经营活动的每个环节、每个岗位、每个人；事故预防、应急处置、调查处理全过程。

4. 规范化和标准化原则

生产经营单位安全生产规章制度的建设应实现规范化和标准化管理，以确保安全生产规章制度建设的严密、完整、有序。即按照系统性原则的要求，建立完整的安全生产规章制度体系；建立安全生产规章制度起草、审核、发布、教育培训、执行、反馈、持续改进的组织管理程序；每一个安全生产规章制度编制，都要做到目的明确，流程清晰，标准准确，具有可操作性。

四、安全生产规章制度的建立

目前我国没有明确的安全生产规章制度分类标准。按照安全系统工程和人机工程原理建立的规章制度体系，一般分为综合管理、人员管理、设备设施管理和环境管理四类；按照标准化工作体系建立的规章制度体系，一般分为技术标准、工作标准和管理标准三类，即所谓的“三大标准体系”；按照职业健康管理体系建立的规章制度体系，一般包括手册、程序文件和作业指导书。

一般生产经营单位安全生产规章制度应包含以下内容（高危行业因其行业的特殊性，应根据相关安全生产法律、法规、标准及实际情况补充相应的内容）。

1. 综合安全管理制度

（1）安全生产管理目标、指标和总体原则

应包括：本单位安全生产的具体目标、指标，明确安全生产的管理原则、责任，明确安全生产管理的体制、机制、组织结构、安全生产防范和控制的主要措施，日常安全生产管理的重点工作等内容。

（2）安全生产责任制

应当明确：生产经营单位各级领导、各职能部门、管理人员及各生产岗位的安全生产职责、权利和义务等内容。安全生产责任制就是要解决“谁来管、管什么、怎么管”的问题，安全生产责任制是安全生产规章制度建立的基础，其他规章制度解决的是“干什么、怎么干”的问题。

（3）安全管理定期例行工作制度

应当包括：本单位定期安全分析会议、定期学习制度、定期安全活动、定期安全检查等内容。

（4）承包与发包工程管理制度

应明确：本单位承包与发包工程的条件、相关资质审查、各方安全责任、安全生产管理协议、施工安全的组织措施和技术措施、现场安全检查与协调等内容。

（5）安全设施和费用管理制度

应明确：本单位安全设施的日常维护、管理；安全生产费用保障；根据国家、行业新的安全生产管理要求或季节特点，以及生产、运营情况等发生后，本单位临时采取的安全措施及费用来源。

（6）重大危险源管理制度

应明确：重大危险源登记建档，定期检测、评估、监控，相应的应急预案管理；上报有关地方人民政府负责安全生产监督管理的部门和有关部门备案内容及管理。

（7）危险物品使用管理制度

应明确：本单位存在的危险物品名称、种类、危险性；使用和管理的程序、手续；安全操作注意事项；存放的条件及日常监督检查；针对各类危险物品的性质，在相应的区域设置人员紧急救护、处置的设施等。

（8）消防安全管理制度

应明确：本单位消防安全管理的原则、组织机构、日常管理、现场应急处置的原则和程序；消防设施、器材的配置、维护保养、定期试验；定期防火检查、防火演练等。

（9）隐患排查和治理制度

应明确：应排查的设备、设施、场所的名称，排查周期、排查人员、排查标准；发现问题的处置程序、跟踪管理。

（10）交通安全管理制度

应明确：车辆调度、检查、维护、保养、验收标准，驾驶员学习、培训、考核的相关内容。

（11）防灾减灾管理制度

应明确：本单位根据地区的地理环境、气候特点及生产经营性质，防范台风、洪水、泥石流、地质滑坡、地震等自然灾害相关工作的组织管理、技术措施、日常工作等内容和标准。

（12）事故调查报告处理制度

应明确：本单位内部事故标准，报告程序、现场应急处置、现场保护、资料收集、相关当事人的调查、技术分析、调查报告编制等；明确向上级主管部门和监管部门报告事故的流程、内容等。

（13）应急管理制度

应明确：本单位的应急管理部门，预案的编制、发布、演练、修订和培训等；总体预案、专项预案、现场处置方案等。

（14）安全奖惩制度

应明确：本单位安全奖惩的原则；奖励或惩处的种类、额度等。

2. 人员管理制度

（1）安全教育培训制度

本单位各级管理人员安全管理知识培训、新员工三级教育培训、转岗培训；新材料、新工艺、新设备的使用培训；特种作业人员培训；岗位安全操作规程培训；应急培训等。同时应明确各项培训的对象、内容、时间及考核标准等。

（2）劳动防护用品发放和管理制度

应明确：本单位劳动防护用品的种类、采购程序、适用范围、领用程序、使用前检查标准和使用寿命、报废程序等。

（3）安全工器具的使用管理制度

应明确：本单位安全工器具的种类、使用前的检查标准、定期检验和器具寿命的周期等内容。

（4）特种作业及特殊危险作业管理制度

应明确：本单位特种作业的岗位、人员，作业的一般安全措施要求等。特殊危险作业是指危险性较大的作业，应明确作业的组织程序，保障安全的组织措施、技术措施的制定及执行等问题。

(5) 岗位安全规范

应明确：本单位除特种作业岗位外，其他作业岗位保障人身安全、健康，预防火灾、爆炸等事故的一般安全要求。

(6) 职业健康检查制度

应明确：本单位职业禁忌的岗位、职业禁忌症、定期健康检查的内容和标准、女工保护，以及按照《职业病防治法》要求的相关内容等。

(7) 现场作业安全管理制度

应明确：现场作业的组织管理制度，如工作联系单、工作票、操作票制度，以及作业现场的风险分析与控制制度、反违章管理制度等内容。

3. 设备设施安全管理制度

(1) “三同时”制度

应明确：本单位新建、改建、扩建工程的“三同时”审查、验收、上报、备案的执行程序等。

(2) 定期巡视检查制度

应明确：本单位日常检查的责任人、检查的周期、路线、标准、线路及发现问题的处置方法等内容。

(3) 定期维护检修制度

应明确：本单位所有设备、设施的维护周期、维护范围、维护标准等。

(4) 定期检测、检验制度

应明确：本单位必须进行定期检测的设备种类、名称、数量；有权进行检测的部门或人员；检测的标准及检测结果管理；安全使用证、检验合格证或者安全标志管理等。

(5) 安全操作规程

应明确：为保证国家、企业、员工的生命财产安全，根据物料性质、工艺流程、设备使用要求制定的符合安全生产法律法规的操作程序。对涉及人身安全健康、生产工艺流程及周边环境有较大影响的设备、装置，如电气、起重设备、锅炉压力容器、内部机动车辆、建筑施工维护、机加工等，则应制定安全操作规程。

4. 环境安全管理制度

(1) 安全标志管理制度

应明确：本单位现场安全标志的种类、名称、数量、安置地点和位置；安全标志的定期检查、维护、更换等。

(2) 作业环境管理制度

应明确：本单位生产经营场所的通道、照明、通风等管理标准；人员紧急疏散方向、标志的管理等。

(3) 职业卫生管理制度

应明确：本单位尘、毒、噪声、高低温、辐射等涉及职业健康有害因素的种类、场所；定期检查、检测及控制等管理内容。

五、安全生产规章制度的执行

1. 起草

根据安全生产责任制，由本单位负责安全生产管理的部门或者相关职能部门起草。起草前应对目的、适用范围、主管部门、解释部门及实施日期等给予明确，同时还应做好相关资料的准备和收集工作。规章制度的编制，应做到目的明确、条理清楚、结构严谨、用词准确、文字简洁、标点符号正确。

2. 会签或公开征求意见

起草的规章制度，应通过正式渠道征得相关职能部门或员工的意见和建议，以利于规章制度颁布后的贯彻实施。当意见不能取得统一时，应由分管领导组织讨论，统一认识，达成一致。

3. 审核

制度在签发之前应进行审核。一是由本单位负责法律事务的部门进行综合性审查；二是专业技术性较强的规章制度应邀请相关专家进行审核；三是安全奖惩等涉及全员性利益的制度，应经过职工代表大会或者职工代表进行审核。

4. 签发

技术规程、安全操作规程等技术性较强的安全生产规章制度，一般由本单位主管安全的领导或者总工程师签发，涉及全局性的综合管理制度应由生产经营单位的主要负责人签发。

5. 发布

规章制度应采用固定格式进行发布，如红头文件形式、内部办公网络等。发布的范围涵盖应执行的部门、人员。有些特殊的制度还正式送达相关人员，并由接收人员签字。

6. 培训

新颁布或修订的安全生产规章制度，应组织相关人员进行培训，安全操作规程类规章制度还应组织相关人员进行考试。

7. 反馈

应定期检查安全生产规章制度执行中存在的问题，或者建立信息反馈渠道，及时了解和掌握安全生产规章制度执行效果。

8. 持续改进

本单位每年应制定规章制度制定、修订计划，并应公布现行有效的安全生产规章制度清单。对安全操作规程类规章制度，除每年进行审查和修订外，每 3～5 年应进行一次全面修订，并重新发布，确保规章制度的建设和管理有序进行。

第三节 安全生产教育培训管理

一、安全生产教育培训现状及面临的形势

近年来，我国安全生产教育培训法规、标准和制度不断完善，管理体制基本理顺，考核体系初步建立，监督检查机制基本形成，基地、教材、师资等基础工作进一步加强。累计培训高危行业企业主要负责人、安全生产管理人员和特种作业人员（以下简称“三项岗位”人员）2 200余万人次，持证上岗率分别为 99.0％、93.0％和 96.9％；培训农民工 8 217.7 万人次，培训率约 88.0％。“安全科学与工程”已列入国家工程门类下的一级学科，安全生产人才工作取得较大进展。截至 2010 年底，全国已有 14.9 万人取得注册安全工程师执业资格证，其中 9.8 万人注册登记执业；全国各类安全主任或助理注册安全工程师约 40 万人。

但是，当前我国安全生产形势依然严峻，安全生产教育培训还存在不小差距。在思路理念、制度标准和效率效能等方面还不能完全适应新形势、新任务要求；安全培训不到位，培训

覆盖面不高；少数“三项岗位”人员不持证上岗现象仍然存在，大多数非公有制中小企业职工和农民工安全培训工作薄弱甚至缺失；安全监管监察干部业务培训率较低；教育培训基础工作不够扎实，机构、师资、教材建设等方面优质资源不足与供求结构失调并存，信息化管理水平低；教育培训体系不够完善，管理制度尚未健全，乱发文、乱办班、乱收费问题还没有得到根本解决；培训内容老化、方式方法单一、实效性不强等问题较为突出。

二、安全生产教育培训法规要求

加强从业人员的安全教育培训，提高生产经营单位从业人员对作业风险的辨识、控制、应急处置和避险自救能力，提高从业人员安全意识和综合素质，是防止发生不安全行为、减少人为失误的重要途径。

为确保安全生产教育培训工作能够顺利实施，国家安全生产监督管理总局（包括原国家安全生产监督管理局）出台了一系列政策、规章，包括：《安全生产法》、《关于生产经营单位主要负责人、安全管理人员及其他从业人员安全培训考核工作的意见》（安监管人字〔2002〕123号）、《关于特种作业人员安全技术培训考核工作的意见》（安监管人字〔2002〕124 号）、《特种作业人员安全技术培训考核管理规定》（安监总局令第 30 号）等。2006 年国家安全生产监督管理总局发布了《生产经营单位安全培训规定》（安监总局令第 3 号），对各类人员的安全培训内容、培训时间、考核以及安全培训机构的资质管理等做出了具体规定。2012 年 1 月 19 日国家安全生产监督管理总局修订并以国监总局令第 40 号的形式颁布了《安全生产培训管理办法》，该办法对安全培训机构、安全培训、安全培训的考核、安全培训的发证等做出了具体规定。

《国务院关于进一步加强企业安全生产工作的通知》（国发〔2010〕23 号）特别规定：强化职工安全培训。企业主要负责人和安全生产管理人员、特殊工种人员一律严格考核，按国家有关规定持职业资格证书上岗；职工必须全部经过培训合格后上岗。企业用工要严格依照劳动合同法与职工签订劳动合同。凡存在不经培训上岗、无证上岗的企业，依法停产整顿。没有对井下作业人员进行安全培训教育，或存在特种作业人员无证上岗的企业，情节严重的要依法予以关闭。

三、安全生产培训教育的组织

新修订的《安全生产培训管理办法》（国监总局令第 40 号）规定：

国家安全监管总局负责省级以上安全生产监督管理部门的安全生产监管人员、各级煤矿安全监察机构的煤矿安全监察人员的培训工作；组织、指导和监督中央企业总公司、总厂或者集团公司的主要负责人和安全生产管理人员的培训工作。

省级安全生产监督管理部门负责市级、县级安全生产监督管理部门的安全生产监管人员的培训工作；组织、指导和监督省属生产经营单位、所辖区域内中央企业的分公司、子公司及其所属单位的主要负责人和安全生产管理人员的培训工作；组织、指导和监督特种作业人员的培训工作。

市级、县级安全生产监督管理部门组织、指导和监督本行政区域内除中央企业、省属生产经营单位以外的其他生产经营单位的主要负责人和安全生产管理人员的安全培训工作。

省级煤矿安全培训监管机构组织、指导和监督所辖区域内煤矿企业的主要负责人、安全生产管理人员和特种作业人员的培训工作。

危险化学品登记机构的登记人员和承担安全评价、咨询、检测、检验的人员及注册安全工程师、安全生产应急救援人员的安全培训按照有关法律、法规、规章的规定进行。

除主要负责人、安全生产管理人员、特种作业人员以外的生产经营单位的从业人员的安全培训，由生产经营单位负责。

四、各类人员的安全培训教育

1. 对主要负责人和安全生产管理人员的安全培训教育

生产经营单位主要负责人初次安全培训应当包括下列内容：①国家安全生产方针、政策和有关安全生产的法律、法规、规章及标准；②安全生产管理基本知识、安全生产技术、安全生产专业知识；③重大危险源管理、重大事故防范、应急管理和救援组织以及事故调查处理的有关规定；④职业危害及其预防措施；⑤国内外先进的安全生产管理经验；⑥典型事故和应急救援案例分析；⑦其他需要培训的内容。

生产经营单位安全生产管理人员安全培训应当包括下列内容：①国家安全生产方针、政策和有关安全生产的法律、法规、规章及标准；②安全生产管理、安全生产技术、职业卫生等知识；③伤亡事故统计、报告及职业危害的调查处理方法；④应急管理、应急预案编制以及应急处置的内容和要求；⑤国内外先进的安全生产管理经验；⑥典型事故和应急救援案例分析；⑦其他需要培训的内容。

对已经取得安全生产资格证的主要负责人和安全生产管理人员，应定期参加安全生产再培训教育。在培训的主要内容是：新颁布的法律法规（有关安全生产的法律、法规、规章、规程、标准和政策等）；有关安全生产的新知识和新技术；安全生产管理先进经验；典型事故案例等。

生产经营单位主要负责人和安全生产管理人员初次安全培训时间不得少于 32 学时。每年再培训时间不得少于 12 学时。煤矿、非煤矿山、危险化学品、烟花爆竹等生产经营单位主要负责人和安全生产管理人员安全资格培训时间不得少于 48 学时；每年再培训时间不得少于 16 学时。

2. 对特种作业人员的安全培训教育

特种作业，是指容易发生事故，对操作者本人、他人的安全健康及设备、设施的安全可能造成重大危害的作业。特种作业人员，是指直接从事特种作业的从业人员。特种作业包括 11 个作业类别、51 个工种。11 个大类分别为电工作业、焊接与热切割作业、高处作业、制冷与空调作业、煤矿安全作业、金属非金属矿山安全作业、危险化学品安全作业、石油天然气安全、冶金（有色）生产安全、烟花爆竹安全、安全监管总局认定的其他作业等。

特种作业人员必须经专门的安全技术培训并考核合格，取得《中华人民共和国特种作业操作证》（以下简称特种作业操作证）后，方可上岗作业。特种作业人员的安全技术培训、考核、发证、复审工作实行统一监管、分级实施、教考分离的原则。

特种作业人员应当接受与其所从事的特种作业相应的安全技术理论培训和实际操作培训。已经取得职业高中、技工学校及中专以上学历的毕业生从事与其所学专业相应的特种作业，持学历证明经考核发证机关同意，可以免予相关专业的培训。跨省、自治区、直辖市从业的特种作业人员，可以在户籍所在地或者从业所在地参加培训。特种作业操作证有效期为 6 年，在全国范围内有效。特种作业操作证由安全监管总局统一式样、标准及编号。

特种作业操作证每 3 年复审 1 次。特种作业人员在特种作业操作证有效期内，连续从事本工种 10 年以上，严格遵守有关安全生产法律法规的，经原考核发证机关或者从业所在地考核发证机关同意，特种作业操作证的复审时间可以延长至每 6 年 1 次。特种作业操作证申请复审或者延期复审前，特种作业人员应当参加必要的安全培训并考试合格。安全培训时间不少于 8

个学时，主要培训法律、法规、标准、事故案例和有关新工艺、新技术、新装备等知识。

3. 对其他从业人员的安全教育培训

生产经营单位其他从业人员是指除主要负责人、安全生产管理人员和特种作业人员以外，该单位从事生产经营活动的所有人员，包括其他负责人、其他管理人员、技术人员和各岗位的工人以及临时聘用的人员。

(1) 三级安全教育

三级安全教育是指厂（矿）、车间（工段、区、队）、班组的安全教育。加工、制造业等生产单位的其他从业人员，在上岗前必须经过厂（矿）、车间（工段、区、队）、班组三级安全培训教育。生产经营单位可以根据工作性质对其他从业人员进行安全培训，保证其具备本岗位安全操作、应急处置等知识和技能。

厂（矿）级岗前安全培训内容应当包括：①本单位安全生产情况及安全生产基本知识；②本单位安全生产规章制度和劳动纪律；③从业人员安全生产权利和义务；④有关事故案例等。煤矿、非煤矿山、危险化学品、烟花爆竹等生产经营单位厂（矿）级安全培训除包括上述内容外，应当增加事故应急救援、事故应急预案演练及防范措施等内容。

车间（工段、区、队）级岗前安全培训内容应当包括：工作环境及危险因素；所从事工种可能遭受的职业伤害和伤亡事故；所从事工种的安全职责、操作技能及强制性标准；自救互救、急救方法、疏散和现场紧急情况的处理；安全设备设施、个人防护用品的使用和维护；本车间（工段、区、队）安全生产状况及规章制度；预防事故和职业危害的措施及应注意的安全事项；有关事故案例；其他需要培训的内容。

班组级岗前安全培训内容应当包括：岗位安全操作规程；岗位之间工作衔接配合的安全与职业卫生事项；有关事故案例；其他需要培训的内容。

生产经营单位新上岗的从业人员，岗前培训时间不得少于24学时。煤矿、非煤矿山、危险化学品、烟花爆竹等生产经营单位新上岗的从业人员安全培训时间不得少于72学时，每年接受再培训的时间不得少于20学时。

生产经营单位要确立终身教育的观念和全员培训的目标，对在岗的从业人员应进行经常性安全生产教育培训。经常性安全生产教育培训内容主要是：安全生产新知识、新技术；安全生产法律法规；作业场所和工作岗位存在的危险因素、防范措施及事故应急措施；事故案例等。

(2) 转岗、离岗人员及“四新”安全教育培训

从业人员在本生产经营单位内调整工作岗位或离岗一年以上重新上岗时，应当重新接受车间（工段、区、队）和班组级的安全培训。

生产经营单位实施新工艺、新技术或者使用新设备、新材料时，应当对有关从业人员重新进行有针对性的安全培训。

(3) 外来（实习、培训、参观）人员安全培训教育

外来（实习、培训）人员由本单位安全生产管理部门组织对其进行三级安全教育，经考试合格后，方可开始实习；部门的安全教育，在哪个部门实习，由哪个部门负责；班组安全教育，由实习人员所在班组负责；三级安全教育的内容，按照本企业安全教育管理标准执行。

外来参观人员的安全教育由具体接待部门负责；安全教育的主要内容是：进入生产现场有关的安全管理标准、制度；本单位陪同参观的人员负责对外来参观人员的安全管理。接待部门必须保证外来培训、参观人员做到下述要求：所有外来人员都必须自觉遵守安全生产工作规定和本单位的各项规章制度；所有外来人员在参观、实习、工作期间，必须服从本单位有关人员

的安全监督；所有外来人员不得擅自动用现场设备；所有外来人员必须接受本单位安全生产管理部门管理，并对提出的问题立即整改。

第四节　安全生产技术措施计划

安全技术措施计划是生产经营单位生产财务计划的重要组成部分，是改善生产经营单位劳动条件、有效防止事故和职业病发生的重要保障制度。生产经营单位为了保证安全资金的有效投入，应编制安全技术措施计划。

一、编制安全技术措施计划的依据

《安全生产法》、《矿山安全法实施条例》以及2006年财政部、安监总局颁布的《高危行业企业安全生产费用财务管理暂行办法》等法规和文件中均对编制安全技术措施计划提出了具体的要求。

二、编制安全技术措施计划的原则

编制安全技术措施计划应以安全生产方针为指导思想，以《安全生产法》等法律、法规、国家和行业标准为依据。结合本单位安全生产管理、设备、设施的具体情况，以安全管理部门牵头，工会、安全职业卫生管理部门参与，共同研究，技术管理部门和基层班组也可参与。对提出的项目，按照轻重缓急，根据总体费用投入情况进行分类、排序，对涉及人身安全、公共安全和对生产经营有重大影响的事宜应优先安排。

编制安全技术措施计划应遵循以下原则：必要性和可行性原则；自力更生与勤俭节约的原则；轻重缓急与统筹安排的原则；领导和群众结合的原则。

三、安全技术措施计划的范围

安全技术措施计划的范围包括以改善生产经营单位劳动条件、防止伤亡事故和职业病为目的的一切技术措施，大体可分为六个方面：①安全技术措施，以防止工伤、火灾、爆炸事故为目的的一切措施，如防护、保险、信号等装置或设施；②工业卫生技术措施，以改善对职工身体健康有害的作业环境和劳动条件与防止职业中毒和职业病为目的的一切技术措施，如防尘、防毒、防噪声及通风、降温、防寒等；③辅助房屋及设施是确保生产过程中职工安全卫生方面所必需的房屋及一切设施，如淋浴室、更衣室、消毒室、妇女卫生室、休息室等，但集体福利设施（如公共食堂、浴室、托儿所、疗养所）不在其内；④宣传教育，有购置和编印安全教材、书刊、录像、电影、仪器及举办安全技术训练班、安全技术展览会、安全教育室所需的经费；⑤安全科学研究与试验设备仪器；⑥减轻劳动强度等其他技术措施。

四、安全技术措施计划的编制内容

每一项安全技术措施至少包括以下内容：①措施应用的单位或者工作场所；②措施名称；③措施目的和内容；④经费预算及来源；⑤实施部门和负责人；⑥开工日期和竣工日期；⑦措施预期效果及检查验收。

对于有些单项费用较大的安全技术措施，还应进行可行性论证，从技术的先进性、可靠性以及经济性方面进行比较，编制单独的《可行性研究报告》，报上级主管或者邀请专家进行评审。

五、编制方法和实施步骤

1. 生产经营单位一般应在每年的第三季度开始着手编制下一年度的生产、技术、财务计划的同时，编制安全技术措施计划。

2. 编制时应根据本单位具体情况分别向下属单位或者各职能部门出具体要求，进行布置。

3. 下属单位或各职能部门在认真调查和分析本单位存在的问题，并广泛征求群众意见的基础上，确定本单位安全技术措施计划项目和主体内容，并上报上级安全生产管理部门，由上级安全生产管理部门研究后确定并报有关领导审批。

4. 安全技术措施计划项目审批后，由安全管理部门和有关部门组织相关人员，编制具体的措施计划和方案，经讨论后，送上级安全管理部门和有关部门审查。

5. 上级安全、技术、计划等部门对上报的安全技术措施计划进行联合审查后，报本单位主管领导审批（一般由总工程师审批）。

6. 单位主要负责人根据总工程师审批意见，召集相关部门和人员审查、核定措施计划。审查、核定通过后，与生产计划同时下达到有关部门贯彻执行。

7. 安全技术措施计划项目经审批后应正式下达，要落实到各执行部门，安全管理部门应定期对计划的完成情况进行监督检查、验收、建档，对存在问题的要采取修正或者补救措施并上报上级相关部门。

第五节　安全生产投入与安全生产风险抵押金

一、安全生产投入的基本要求

生产经营单位必须安排适当资金，用于改善安全设施，更新安全技术装备、器材、仪器、仪表以及其他安全生产投入，以保证生产经营单位达到法律、法规、标准规定的安全生产条件。《安全生产法》第十八条规定：生产经营单位应当具备的安全生产条件所必需的资金投入，由生产经营单位的决策机构、主要负责人或者个人经营的投资人予以保证，并对由于安全生产所必需的资金投入不足导致的后果承担责任。

《国务院关于进一步加强安全生产工作的决定》（国发〔2004〕第2号）明确指出：建立企业提取安全费用制度。为保证安全生产所需资金投入，形成企业安全生产投入的长效机制，借鉴煤矿提取安全费用的经验，在条件成熟后，逐步建立对高危行业生产企业提取安全费用制度。企业安全费用的提取，要根据地区和行业的特点，分别确定提取标准，由企业自行提取，专户储存，专项用于安全生产。《国务院关于进一步加强企业安全生产工作的决定》（国发〔2010〕23号）要求："加强对高危行业企业安全生产费用提取和使用管理的监督检查，进一步完善高危行业企业安全生产费用财务管理制度，研究提高安全生产费用提取下限标准，适当扩大适用范围。"《高危行业企业安全生产费用财务管理暂行办法》（财企〔2006〕478号）的颁布实施，对建立高危行业企业安全生产投入长效机制，加强企业安全生产费用财务管理，维护企业、职工以及社会公共利益，给出了具体的解决办法。

安全生产投入的决策程序，因生产经营单位的性质不同而已。但其项目计划、费用预测方法和程序大体一致，一般是由生产经营单位主管安全生产工作的部门牵头，工会、职业卫生管理部门参加，共同制定安全技术措施计划，经财务或生产费用主管部门审核，经分管领导审查后提交主要负责人或安全生产委员会审定。股份制生产经营单位一般在提交董事会讨论批准前，应经过董事会下属的财务管理委员会审查，个体经营的则有投资人自行决定。

生产经营单位安全生产投入是一项长期性的工作，安全生产设施的投入必须有总体规划，有计划、有步骤、有重点地进行，要克服盲目无需投入的现象。应切实加强安全生产投入资金的管理，要制定安全生产费用提取和使用计划，并纳入本单位全面预算之中。

二、安全生产费用的使用

安全生产费用（以下简称安全费用）是指企业按照规定标准提取，在成本中列支，专门用于完善和改进企业安全生产条件的资金。安全费用按照“企业提取、政府监管、确保需要、规范使用”的原则进行财务管理。

《高危行业企业安全生产费用财务管理暂行办法》（财企〔2006〕478号）第十三条明确规定安全费用应当按照以下规定范围使用。

1. 完善、改造和维护安全防护设备、设施支出，其中：

①矿山企业安全设备设施是指矿山综合防尘、地质监控、防灭火、防治水、危险气体监测、通风系统，支护及防治边帮滑坡设备、机电设备、供配电系统、运输（提升）系统以及尾矿库（坝）等；

②危险品生产企业安全设备设施是指车间、库房等作业场所的监控、监测、通风、防晒、调温、防火、灭火、防爆、泄压、防毒、消毒、中和、防潮、防雷、防静电、防腐、防渗漏、防护围堤或者隔离操作等设施设备；

③道路交通运输企业安全设备设施是指运输工具安全状况检测及维护系统、运输工具附属安全设备等。

2. 配备必要的应急救援器材、设备和现场作业人员安全防护物品支出。

3. 安全生产检查与评价支出。

4. 重大危险源、重大事故隐患的评估、整改、监控支出。

5. 安全技能培训及进行应急救援演练支出。

6. 其他与安全生产直接相关的支出。

三、安全生产费用的管理

在规定的使用范围内，企业应当将安全费用优先用于满足安全生产监督管理部门对企业安全生产提出的整改措施或达到安全生产标准所需支出。

企业提取安全费用应当专户核算，按规定范围安排使用。年度结余结转下年度使用，当年计提安全费用不足的，超出部分按正常成本费用渠道列支；集团公司经过履行内部决策程序，可以对所属企业提取的安全费用按照一定比例集中管理，统筹使用。

企业应当建立健全内部安全费用管理制度，明确安全费用使用、管理的程序、职责及权限，接受安全生产监督管理部门和财政部门的监督。

企业利用安全费用形成的资产，应当纳入相关资产进行管理。

企业应当为从事高空、高压、易燃、易爆、剧毒、放射性、高速运输、野外、矿井等高危作业的人员办理团体人身意外伤害保险或个人意外伤害保险。所需保险费用直接列入成本（费用），不在安全费用中列支。

企业为职工提供的职业病防治、工伤保险、医疗保险所需费用，不在安全费用中列支。

矿山企业已提取维持简单再生产费用的，应当继续提取维持简单再生产费用，但其使用范围不再包含安全生产方面的用途。

危险品生产企业转产、停产、停业或者解散的，应将安全费用结余用于处理转产、停产、停业或者解散前危险品生产或储存的设备、库存产品及生产原料所需支出。

企业由于产权转让、公司制改建等变更股权结构或者组织形式的，其结余的安全费用应当继续按照本办法管理使用；企业调整业务、终止经营或者依法清算，其结余的安全费用应当结转本期收益或者清算收益。

四、企业安全生产风险抵押金的要求

安全生产风险抵押金（以下简称风险抵押金），是指企业以其法人或合伙人名义将本企业资金专户存储，用于本企业生产安全事故抢险、救灾和善后处理的专项资金。

财政部、国家安全生产监督管理总局、中国人民银行联合印发的《关于〈企业安全生产风险抵押金管理暂行办法〉的通知》（财建〔2006〕369号）对风险抵押金的存储和使用都做出了明确规定。和财政部、国家安全生产监督管理总局、《关于〈煤矿企业安全生产风险抵押金管理暂行办法〉的通知》对煤矿企业风险抵押金的存储和使用都做出了明确规定。本节只探讨一般生产经营单位的风险抵押金。

1. 风险抵押金的存储标准

各省、自治区、直辖市、计划单列市安全生产监督管理部门（以下简称省级安全生产监督管理部门）及同级财政部门按照以下标准，结合企业正常生产经营期间的规模大小和行业特点，综合考虑产量、从业人数、销售收入等因素，确定矿山（煤矿除外）、交通运输、建筑施工、危险化学品、烟花爆竹等行业或领域从事生产经营活动的企业具体存储金额：①小型企业存储金额不低于人民币30万元（不含30万元）；②中型企业存储金额不低于人民币100万元（不含100万元）；③大型企业存储金额不低于人民币150万元（不含150万元）；④特大型企业存储金额不低于人民币200万元（不含200万元）。风险抵押金存储原则上不超过500万元。

2. 风险抵押金的存储规定

①风险抵押金由企业按时足额存储。企业不得因变更企业法定代表人或合伙人、停产整顿等情况迟（缓）存、少存或不存风险抵押金，也不得以任何形式向职工摊派风险抵押金。

②风险抵押金存储数额由省、市、县级安全生产监督管理部门及同级财政部门核定下达。

③风险抵押金实行专户管理。企业到经省级安全生产监督管理部门及同级财政部门指定的风险抵押金代理银行（以下简称代理银行）开设风险抵押金专户，并于核定通知送达后1个月内，将风险抵押金一次性存入代理银行风险抵押金专户；企业可以在本办法规定的风险抵押金使用范围内，按国家关于现金管理的规定通过该账户支取现金。

3. 风险抵押金的使用规定

企业风险抵押金的使用范围为：①为处理本企业生产安全事故而直接发生的抢险、救灾费用支出；②为处理本企业生产安全事故善后事宜而直接发生的费用支出。

企业发生生产安全事故后产生的抢险、救灾及善后处理费用，全部由企业负担，原则上应当由企业先行支付，确实需要动用风险抵押金专户资金的，经安全生产监督管理部门及同级财政部门批准，由代理银行具体办理有关手续。

发生下列情形之一的，省、市、县级安全生产监督管理部门及同级财政部门可以根据企业生产安全事故抢险、救灾及善后处理工作需要，将风险抵押金部分或者全部转作事故抢险、救灾和善后处理所需资金：①企业负责人在生产安全事故发生后逃逸的；②企业在生产安全事故发生后，未在规定时间内主动承担责任，支付抢险、救灾及善后处理费用的。

五、风险抵押金的监管要求

风险抵押金实行分级管理，由省、市、县级安全生产监督管理部门及同级财政部门按照属地原则共同负责。中央管理企业的风险抵押金，由所在地省级安全生产监督管理部门及同级财政部门确定后报国家安全生产监督管理总局及财政部备案。

企业持续生产经营期间，当年未发生生产安全事故、没有动用风险抵押金的，风险抵押金自然结转，下年不再增加存储。当年发生生产安全事故、动用风险抵押金的，省、市、县级安全生产监督管理部门及同级财政部门应当重新核定企业应存储的风险抵押金数额，并及时告知企业；企业在核定通知送达后1个月内按规定标准将风险抵押金补齐。

企业生产经营规模如发生较大变化，省、市、县级安全生产监督管理部门及同级财政部门应当于下年度第一季度结束前调整其风险抵押金存储数额，并按照调整后的差额通知企业补存（退还）风险抵押金。

企业依法关闭、破产或者转入其他行业的，在企业提出申请，并经过省、市、县级安全生产监督管理部门及同级财政部门核准后，企业可以按照国家有关规定自主支配其风险抵押金专户结存资金。企业实施产权转让或者公司制改建的，其存储的风险抵押金仍按照本办法管理和使用。

每年年度终了后3个月内，省级安全生产监督管理部门及同级财政部门应当将上年度本地区风险抵押金存储、使用、管理有关情况报国家安全生产监督管理总局及财政部备案。

风险抵押金应当专款专用，不得挪用。安全生产监督管理部门、同级财政部门及其工作人员有挪用风险抵押金等违反本办法及国家有关法律、法规行为的，依照国家有关规定进行处理。

第六节　建设项目安全“三同时”

一、“三同时”的概念和法律依据

《安全生产法》第二十四条规定：生产经营单位新建、改建、扩建工程项目（简称建设项目）的安全设施，必须与主体工程同时设计、同时施工、同时投入生产和使用。安全设施投资应当纳入建设项目概算。

《职业病防治法（修正）》规定：建设项目的职业病防护设施所需费用应当纳入建设项目工程预算，并与主体工程同时设计，同时施工，同时投入生产和使用。

《建设项目安全设施“三同时”监督管理暂行办法》（国家安监总局令第36号，以下简称《暂行办法》）自2011年2月1日起施行。《暂行办法》第三条明确指出：本办法所称的建设项目安全设施，是指生产经营单位在生产经营活动中用于预防生产安全事故的设备、设施、装置、构（建）筑物和其他技术措施的总称。生产经营单位是建设项目安全设施建设的责任主体。建设项目安全设施必须与主体工程同时设计、同时施工、同时投入生产和使用（以下简称“三同时”）。安全设施投资应当纳入建设项目概算。

众所周知，不论是新建、改建，还是扩建工程项目，任何一个建设工程项目都有设计、施工、验收到投入使用的过程。建设工程项目的安全设施，作为整个工程项目的一部分，而且是重要的一部分，也应如此。但是，由于多种原因，导致很多建设工程项目完成后，安全设施不完善，甚至根本没有安全设施，最终造成生产经营单位先天不足，不具备起码的安全生产条件，事故不断发生。这些例子，在小煤矿、小工厂、小运输等“三小”企业很多。“三同时”能从根本上解决生产经营单位先天不足的问题，保证生产经营单位建设工程项目完成后，就达到安全生产条件，为保障生产经营单位安全生产筑起第一道防线。

“三同时”是生产经营单位安全生产的重要保障措施，是一种事前保障措施。同时设计，要求工程设计单位在编制建设项目初步设计文件时，同时编制其中的安全设施设计文件部分，保证安全设施设计按照有关规定得到落实。对初步设计文件进行审查时，应由安全生产监督管理部门审查其中的安全设施设计内容，审查通过后，才能形成安全设施设计文件。根据有关规定，安全设施设计未经审查批准的，不得施工。同时施工，要求建设施工单位在对建设工程项目施工时，必须同时施工安全设施工程。建设施工单位不得先施工完成主体工程，后施工安全设施工程，或者有意减掉安全设施工程，只完成主体工程，留在以后补充完成。同时投入生产或者使用，要求在投入生产或者使用主体工程时，必须同时投入生产或者使用安全设施工程。安全设施工程没有投入生产或者使用的，不得投入生产或者使用主体工程。安全设施工程一经投入生产或者使用，不得擅自闲置或者拆除，确有必要闲置或者拆除，必须征得有关主管部门的同意。

二、“三同时”的监管

国家安全生产监督管理总局对全国建设项目安全设施“三同时”实施综合监督管理，并在国务院规定的职责范围内承担国务院及其有关主管部门审批、核准或者备案的建设项目安全设施“三同时”的监督管理。

县级以上地方各级安全生产监督管理部门对本行政区域内的建设项目安全设施“三同时”实施综合监督管理，并在本级人民政府规定的职责范围内承担本级人民政府及其有关主管部门审批、核准或者备案的建设项目安全设施“三同时”的监督管理。

跨两个及两个以上行政区域的建设项目安全设施“三同时”由其共同的上一级人民政府安全生产监督管理部门实施监督管理。

上一级人民政府安全生产监督管理部门根据工作需要，可以将其负责监督管理的建设项目安全设施“三同时”工作委托下一级人民政府安全生产监督管理部门实施监督管理。

三、建设项目安全条件论证与安全预评价

下列建设项目在进行可行性研究时，生产经营单位应当分别对其安全生产条件进行论证和安全预评价：①非煤矿山建设项目；②生产、储存危险化学品（包括使用长输管道输送危险化学品，下同）的建设项目；③生产、储存烟花爆竹的建设项目；④化工、冶金、有色、建材、机械、轻工、纺织、烟草、商贸、军工、公路、水运、轨道交通、电力等行业的国家和省级重点建设项目；⑤法律、行政法规和国务院规定的其他建设项目。

上述五种建设项目以外的其他建设项目（简称“一般建设项目”），生产经营单位应当对其安全生产条件和设施进行综合分析，形成书面报告，并按照规定报安全生产监督管理部门备案。

生产经营单位对相关规定的建设项目进行安全条件论证时，应当编制安全条件论证报告。安全条件论证报告应当包括下列内容：建设项目内在的危险和有害因素及对安全生产的影响；建设项目与周边设施（单位）生产、经营活动和居民生活在安全方面的相互影响；当地自然条件对建设项目安全生产的影响；其他需要论证的内容。

四、建设项目安全设施设计审查

生产经营单位在建设项目初步设计时，应当委托有相应资质的设计单位对建设项目安全设施进行设计，编制安全专篇。安全设施设计必须符合有关法律、法规、规章和国家标准或者行业标准、技术规范的规定，并尽可能采用先进适用的工艺、技术和可靠的设备、设施，还应当充分考虑建设项目安全预评价报告提出的安全对策措施。安全设施设计单位、设计人应当对其编制的设计文件负责。

建设项目安全专篇应当包括下列内容：①设计依据；②建设项目概述；③建设项目涉及的危险、有害因素和危险、有害程度及周边环境安全分析；④建筑及场地布置；⑤重大危险源分析及检测监控；⑥安全设施设计采取的防范措施；⑦安全生产管理机构设置或者安全生产管理

人员配备情况；⑧从业人员教育培训情况；⑨工艺、技术和设备、设施的先进性和可靠性分析；⑩安全设施专项投资概算；⑪安全预评价报告中的安全对策及建议采纳情况；⑫预期效果以及存在的问题与建议；⑬可能出现的事故预防及应急救援措施；⑭法律、法规、规章、标准规定需要说明的其他事项。

生产经营单位规定的建设项目安全设施设计完成后，生产经营单位应当按照有关规定向安全生产监督管理部门备案，并提交相关文件资料。

建设项目安全设施设计有下列情形之一的，不予批准，并不得开工建设：①无建设项目审批、核准或者备案文件的；②未委托具有相应资质的设计单位进行设计的；③安全预评价报告由未取得相应资质的安全评价机构编制的；④未按照有关安全生产的法律、法规、规章和国家标准或者行业标准、技术规范的规定进行设计的；⑤未采纳安全预评价报告中的安全对策和建议，且未做充分论证说明的；⑥不符合法律、行政法规规定的其他条件的。建设项目安全设施设计审查未予批准的，生产经营单位经过整改后可以向原审查部门申请再审。

已经批准的建设项目及其安全设施设计有下列情形之一的，生产经营单位应当报原批准部门审查同意，未经审查同意的，不得开工建设：①建设项目的规模、生产工艺、原料、设备发生重大变更的；②改变安全设施设计且可能降低安全性能的；③在施工期间重新设计的。

一般建设项目安全设施设计，由生产经营单位组织审查，形成书面报告，并按照有关规定报安全生产监督管理部门备案。

五、建设项目安全设施施工和竣工验收

建设项目安全设施的施工应当由取得相应资质的施工单位进行，并与建设项目主体工程同时施工。施工单位应当严格按照有关规定组织设计、施工，并对安全设施的工程质量负责。工程监理单位、监理人员应当按照法律、法规和工程建设强制性标准实施监理，并对安全设施工程的工程质量承担监理责任。

建设项目安全设施建成后，生产经营单位应当对安全设施进行检查，对发现的问题及时整改。建设项目竣工后，根据规定建设项目需要试运行（包括生产、使用，下同）的，应当在正式投入生产或者使用前进行试运行。试运行时间应当不少于 30 日，最长不得超过 180 日，国家有关部门有规定或者特殊要求的行业除外。生产、储存危险化学品的建设项目，应当在建设项目试运行前将试运行方案报负责建设项目安全许可的安全生产监督管理部门备案。

建设项目安全设施竣工或者试运行完成后，生产经营单位应当委托具有相应资质的安全评价机构对安全设施进行验收评价，并编制建设项目安全验收评价报告。建设项目竣工投入生产或者使用前，生产经营单位应当按照有关规定向安全生产监督管理部门申请安全设施竣工验收，并按规定提交相关文件资料，安全设施需要试运行（生产、使用）的还应当提供自查报告。

建设项目的安全设施有下列情形之一的，竣工验收不合格，并不得投入生产或者使用：①未选择具有相应资质的施工单位施工的；②未按照建设项目安全设施设计文件施工或者施工质量未达到建设项目安全设施设计文件要求的；③建设项目安全设施的施工不符合国家有关施工技术标准的；④未选择具有相应资质的安全评价机构进行安全验收评价或者安全验收评价不合格的；⑤安全设施和安全生产条件不符合有关安全生产法律、法规、规章和国家标准或者行业标准、技术规范规定的；⑥发现建设项目试运行期间存在事故隐患未整改的；⑦未依法设置安全生产管理机构或者配备安全生产管理人员的；⑧从业人员未经过安全教育培训或者不具备相应资格的；⑨不符合法律、行政法规规定的其他条件的。建设项目安全设施竣工验收未通过的，生产经营单位经过整改后可以向原验收部门再次申请验收。

一般建设项目安全设施竣工验收，由生产经营单位组织实施，形成书面报告，并按照有关规定报安全生产监督管理部门备案。

生产经营单位应当按照档案管理的规定，建立建设项目安全设施“三同时”文件资料档案，并妥善保存。

建设项目安全设施未与主体工程同时设计、同时施工或者同时投入使用的，安全生产监督管理部门对与此有关的行政许可一律不予审批，同时责令生产经营单位立即停止施工、限期改正违法行为，对有关生产经营单位和人员依法给予行政处罚。

第七节 安全生产检查

安全生产检查是生产经营单位安全管理工作的一项重要内容，是多年来从生产实践中创造出来的一种好形式，其工作重点是辨识安全生产管理中存在的漏洞和死角，检查生产现场安全防护设施、作业环境是否存在不安全状态，现场作业人员的行为是否符合安全规范，以及设备、系统运行状况是否符合现场规程等要求。它是安全工作中运用群众路线的方法，是消除事故隐患、落实整改措施、防止伤亡事故、改善劳动条件、实现安全生产的重要手段。

一、安全生产检查的必要性

《安全生产法》第三十八条规定：生产经营单位的安全生产管理人员应当根据本单位的生产经营特点，对安全生产状况进行经常性检查；对检查中发现的安全问题，应当立即处理；不能处理的，应当及时报告本单位有关负责人。检查及处理情况应当记录在案。

生产经营单位的安全生产管理人员应当根据本单位生产经营的特点，对安全生产状况进行经常性检查。这种检查不能时有时无，也不是千篇一律，而是根据具体安全生产情况确定。要制定检查的计划，有目的地进行检查。要经常深入现场，及时发现生产作业中人的不安全行为、物的不安全状态和环境的不安全条件，对检查中发现的问题，必须立即处理。这里的处理包括个人亲自处理，也包括组织现场有关人员一起处理。立即处理有困难的，要采取临时的安全措施，并及时报告有关负责人。对于重大安全问题，有关负责人应当立即报告生产经营单位的主要负责人。主要负责人或者有关负责人应当立即召集有关部门或者人员研究安全问题，制定整改方案和安全措施，限期整改。对于有些重大安全，因财力困难等原因，生产经营单位不能在短期内整改的，要制定整改计划，同时制定相应的安全措施，防止发生事故，一旦条件成熟，立即组织实施。所有检查和处理的情况，安全生产管理人员必须做好记录，以备今后查阅。

二、安全检查的内容

安全检查的内容，主要是查思想、查管理、查制度、查现场、查隐患、查事故处理。

1. 查现场、查隐患

安全生产检查的内容，主要以查现场、查隐患为主，深入生产现场工地，检查生产经营单位的劳动条件、生产设备以及相应的安全卫生设施是否符合安全要求。例如，是否有安全出口，是否保持其通畅；机器防护装置情况，电气安全设施，如安全接地，避雷设备、防爆性能；车间或坑内通风照明情况；防止硅尘危害的综合措施情况；预防有毒有害气体或蒸汽的危害的防护措施情况；锅炉、受压容器和气瓶的安全运转情况；变电所、火药库、易燃易爆物质及剧毒物质的贮存、运输和使用情况；个体防护用品的使用及标准是否符合有关安全卫生的规定。

2. 查思想

在努力发现不安全因素的同时，应注意检查生产经营单位领导的思想认识，检查他们对安全生产认识是否正确，是否把职工的安全健康放在第一位，特别对各项劳动保护法规以及安全生产方针的贯彻执行情况，更应严格检查。

查思想主要是对照党和国家有关劳动保护的方针、政策及有关文件，检查生产经营单位领导和职工群众对安全工作的认识。如干部是否真正做到了关心职工的安全健康；现场领导人员有无违章指挥；职工群众是否人人关心安全生产，在生产中是否有不安全行为和不安全操作；国家的安全生产方针和有关政策、法令是否真正得到贯彻执行。

3. 查管理、查制度

安全生产检查也是对生产经营单位安全管理上的大检查。主要检查生产经营单位领导是否把安全生产工作摆上议事日程；生产经营单位主要负责人及生产负责人是否负责安全生产工作；在计划、布置、检查、总结、评比生产的同时，是否都有安全的内容，即“五同时”的要求是否得到落实；生产经营单位各职能部门在各自业务范围内是否对安全生产负责；安全专职机构是否健全；工人群众是否参与安全生产的管理活动；改善劳动条件的安全技术措施计划是否按年度编制和执行；安全技术措施经费是否按规定提取和使用；新建、改建、扩建工程项目是否与安全卫生设施同时设计、同时施工、同时投产和使用，即“三同时”的要求是否得到落实。此外，还要检查生产经营单位的安全教育制度、新工人入厂的“三级教育”制度、特种作业人员和调换工种工人的培训教育制度、各工种的安全操作规程和岗位。

4. 查事故处理

检查生产经营单位对工伤事故是否及时报告、认真调查、严肃处理；在检查中，如发现未按“三不放过”的要求草率处理的事故，要重新严肃处理，从中找出原因，采取有效措施，防止类似事故重复发生。

在开展安全检查工作中，各生产经营单位可根据各自的情况和季节特点，做到每次检查的内容有所侧重，突出重点，真正收到较好的效果。

三、安全检查的实施

为了保证安全检查的效果，必须成立一个适应完全检查工作需要的检查组，配备适当的力量。安全检查的规模、范围较大时，由生产经营单位领导负责组织安全管理部门、工会及其他相关部门的负责人参加，在主要负责人或总工程师带领下，深入现场，发动群众进行检查。属于专业性检查，可由生产经营单位领导人指定有关部门领导带队，组成由专业技术人员、安全管理人员、工会代表和有经验的老工人参加的安全检查组。每一次检查，事前必须有准备、有目的、有计划，事后有整改、有总结。

1. 安全生产检查形式

安全检查的形式大体有下列几种：

①定期安全生产检查

定期安全生产检查一般是通过有计划、有组织、有目的的形式实现，通常由生产经营单位统一组织，检查周期应根据本单位的规模、性质、地区气候、水文地质条件等因素决定。

②经常性安全生产检查

经常性安全生产检查是由本单位的安全生产管理部门、车间、班组或者岗位组织进行的日常检查，一般来说包括：交接班检查、班中检查、特殊检查等几种形式。

③季节性及节假日前后安全生产检查

由本单位统一组织，检查内容和范围主要根据季节变化特点，按照事故发生的规律对易燃的潜在危险线，突出重点的进行检查。例如冬季防冻保温、防火、防煤气中毒，夏季防中暑防汛、防雷电等。节假日前后由于从业人员情绪不稳定，极易发生各类事故，因此在节假日（尤其是小长假）前后要有针对的进行安全生产检查。

④专业（项）安全生产检查

专业（项）安全生产检查是针对某个专业（项）问题或者施工（生产）中存在的普遍性问题进行的单一的定性或者定量检查，具有针对性和目标性强的特点。

⑤综合性安全生产检查

综合性安全生产检查一般是由上级主管部门或者地方政府负有安全生产监督管理管理职责的部门对生产经营单位进行的安全生产检查，生产经营单位是被检查者。

⑥职工代表不定期对安全生产的巡查

《安全生产法》和《工会法》都明确规定，生产经营单位的工会会定期或者不定期组织职工代表进行安全生产检查。重点检查安全生产方针政策落实情况、安全生产责任制和规章制度建设及落实情况、从业人员安全生产和劳动保障情况、生产现场的安全状况等。

2. 安全生产检查的准备工作

要使安全检查达到预期效果，必须做好充分准备，包括思想上的准备和业务上的准备。

①思想准备

思想准备主要是发动职工，开展群众性的自检活动，做到群众自检和检查组检查相结合，从而形成自检自改、边检边改的局面。这样，既可提高职工主人翁的思想意识，又可锻炼职工自已发现问题、自己动手解决问题的能力。

②业务准备

业务准备主要有以下几个方面：①确定检查目的、步骤和方法，抽调检查人员，建立检查组织，安排检查日程；②分析过去几年所发生的各类事故的资料，确定检查重点，以便把精力集中在那些事故多发的部门和工种上；③运用系统工程原理，设计、印制检查表格，以便按要求逐项检查，做好记录，避免遗漏应检的项目，使安全检查逐步做到系统化、科学化。

3. 安全生产检查的方法和实施

①询问：询问当事人，包括企业负责人、安全员、职工，询问要做好询问记录，询问记录要双方签字确认。提问要有针对性，针对检查中发现的问题提出询问，就事论事，允许答问人拒绝回答或回答“不知道”。有时还采用问卷的方式进行，问卷要有重点，围绕存在问题提出问题，切中要害，设计的问卷答案要简明易懂。

②查阅资料、台账、记录、档案：发现或找出被查单位在安全制度、标准化建设、规范化管理等方面存在的与上级的规定和实际工作不相符合的地方及问题。

主要查阅的资料有：制度和操作规程，企业安全管理文件，安全管理台账记录，与安全投入有关的会计核算报表，危险物品的进销存台账，与安全有关的工艺技术文件、图纸，安全评价报告，法定检测检验报告和证书，职业健康档案，职工安全教育档案，隐患排查治理档案，重大危险源档案，应急救援预案及演练、培训、告知记录。

③现场踏勘：一看二听三闻四摸五感受。在闻和摸之前要确认没有危险，对发现的问题要笔记、照相或摄像加以记录。

“看”一看不安全行为（即“三违”），通过察看岗位人员的操作，从而发现或找出被查单位或个人在劳动纪律、到岗到位、执行制度等方面存在的不足或问题，包括特种作业和危险性作业的无证上岗、未批作业，个人劳动防护用品穿戴等方面存在的问题；二看不安全状态，通过察看被查单位现有设备、设施的性能、维修、保养、使用和现状等情况，从而发现或找出设备设施方面存在的隐患或问题。重点是检查安全设施，包括直接的本质型安全设施、间接的防护型安全设施、提示性的设施和减灾型的应急设施。

"听"一是听设备设施运行的异常声音，二是听生产现场的噪声。以此来发现设备设施的异常和存在的职业危害因素。

"闻"主要是闻生产现场的气体的气味，在闻的时候要注意不能让鼻子直接对着气体闻，而应用手扇起气体，让鼻子闻得少量的气体，对于毒害性较强的气体不能用鼻子闻而应用检测仪器进行检测。

"摸"就是用手接触检查的物体或物质，以手感来判断物体或物质的不安全性。一般来说，不能让手的皮肤直接接触被查有毒有害物体或物质。

"感受"就是用身体去感受作业场所的安全状况，主要是感受人机功效的效果，以此判断作业场所存在的不安全因素。

④现场测试和测量：运用既有的科学仪器、检测设施，通过对设备、设施、现场管理、生产组织等劳动作业现场的全方位的检测、控制和分析，从而发现或判定某个方面、某些因素、某个系统存在的隐患或问题。

一是对安全装置进行测试，比如报警、安全阀、消火栓、应急灯等；二是对存在的不确定危险有害因素进行危险有害性测试，这种测试不得在生产现场进行，而应安排在实验室或试验室进行；三是对安全参数的测量，如气体浓度、液体液位、温度、接地电阻率、距离、噪声等。注意在防火防爆区域不得进行涉及火源的测试，要使用防火防爆测量仪器。要做好测试记录并双方签字。

⑤通过对被查现场的观察、分析、思考、推测、判定，从而充分运用熟练的业务知识和丰富的工作经验，确定或判定出工作场所存在的隐患或问题，及早得出解决的措施和方案，从而防患于未然。

四、检查结果处理

针对检查发现的问题，应根据问题性质的不同，提出立即整改、限期整改等措施要求，由安全管理部门会同其他有关部门，共同制定整改措施计划并组织实施。

对于在安全检查中经常发现的问题或者反复发现的问题，生产经营单位应从规章制度的健全和完善、从业人员的安全教育培训、设备系统的更新改造、加强现场检查和监督等环节入手，做到持续改进，不断提高安全生产管理水平，防范生产安全事故的发生。

第八节　安全生产事故隐患排查治理

一、安全生产隐患的概念和分类

《国务院关于进一步加强企业安全生产工作的通知》（国发〔2010〕23号）中要求：及时排查治理安全隐患。企业要经常性开展安全隐患排查，并切实做到整改措施、责任、资金、时限和预案"五到位"。建立以安全生产专业人员为主导的隐患整改效果评价制度，确保整改到位。对隐患整改不力造成事故的，要依法追究企业和企业相关负责人的责任。对停产整改逾期未完成的不得复产。

《安全生产事故隐患排查治理暂行规定》（国家安监总局令第16号）中对安全生产事故隐患（以下简称事故隐患）定义为：是指生产经营单位违反安全生产法律、法规、规章、标准、规程和安全生产管理制度的规定，或者因其他因素在生产经营活动中存在可能导致事故发生的物的危险状态、人的不安全行为和管理上的缺陷。

事故隐患分为一般事故隐患和重大事故隐患。一般事故隐患，是指危害和整改难度较小，发现后能够立即整改排除的隐患。重大事故隐患，是指危害和整改难度较大，应当全部或者局部停产停业，并经过一定时间整改治理方能排除的隐患，或者因外部因素影响致使生产经营单位自身难以排除的隐患。

二、生产经营单位的主要职责

生产经营单位应当建立健全事故隐患排查治理制度。生产经营单位主要负责人对本单位事故隐患排查治理工作全面负责。生产经营单位是事故隐患排查、治理和防控的责任主体。生产经营单位应当建立健全事故隐患排查治理和建档监控等制度，逐级建立并落实从主要负责人到每个从业人员的隐患排查治理和监控责任制。生产经营单位应当保证事故隐患排查治理所需的资金，建立资金使用专项制度。

生产经营单位应当定期组织安全生产管理人员、工程技术人员和其他相关人员排查本单位的事故隐患。对排查出的事故隐患，应当按照事故隐患的等级进行登记，建立事故隐患信息档案，并按照职责分工实施监控治理。

生产经营单位应当建立事故隐患报告和举报奖励制度，鼓励、发动职工发现和排除事故隐患，鼓励社会公众举报。对发现、排除和举报事故隐患的有功人员，应当给予物质奖励。

生产经营单位将生产经营项目、场所、设备发包、出租的，应当与承包、承租单位签订安全生产管理协议，并在协议中明确各方对事故隐患排查、治理和防控的管理职责。生产经营单位对承包、承租单位的事故隐患排查治理负有统一协调和监督管理的职责。

安全监管监察部门和有关部门的监督检查人员依法履行事故隐患监督检查职责时，生产经营单位应当积极配合，不得拒绝和阻挠。

生产经营单位应当每季、每年对本单位事故隐患排查治理情况进行统计分析，并分别于下一季度15日前和下一年1月31日前向安全监管监察部门和有关部门报送书面统计分析表。统计分析表应当由生产经营单位主要负责人签字。对于重大事故隐患，生产经营单位除依照前款规定报送外，应当及时向安全监管监察部门和有关部门报告。重大事故隐患报告内容应当包括：①隐患的现状及其产生原因；②隐患的危害程度和整改难易程度分析；③隐患的治理方案。

对于一般事故隐患，由生产经营单位（车间、分厂、区队等）负责人或者有关人员立即组织整改。对于重大事故隐患，由生产经营单位主要负责人组织制定并实施事故隐患治理方案。重大事故隐患治理方案应当包括以下内容：①治理的目标和任务；②采取的方法和措施；③经费和物资的落实；④负责治理的机构和人员；⑤治理的时限和要求；⑥安全措施和应急预案。

生产经营单位在事故隐患治理过程中，应当采取相应的安全防范措施，防止事故发生。事故隐患排除前或者排除过程中无法保证安全的，应当从危险区域内撤出作业人员，并疏散可能危及的其他人员，设置警戒标志，暂时停产停业或者停止使用；对暂时难以停产或者停止使用的相关生产储存装置、设施、设备，应当加强维护和保养，防止事故发生。

生产经营单位应当加强对自然灾害的预防。对于因自然灾害可能导致事故灾难的隐患，应当按照有关法律、法规、标准和规定的要求排查治理，采取可靠的预防措施，制定应急预案。在接到有关自然灾害预报时，应当及时向下属单位发出预警通知；发生自然灾害可能危及生产经营单位和人员安全的情况时，应当采取撤离人员、停止作业、加强监测等安全措施，并及时向当地人民政府及其有关部门报告。

地方人民政府或者安全监管监察部门及有关部门挂牌督办并责令全部或者局部停产停业治理的重大事故隐患，治理工作结束后，有条件的生产经营单位应当组织本单位的技术人员和专家对重大事故隐患的治理情况进行评估；其他生产经营单位应当委托具备相应资质的安全评价机构对重大事故隐患的治理情况进行评估。经治理后符合安全生产条件的，生产经营单位应当向安全监管监察部门和有关部门提出恢复生产的书面申请，经安全监管监察部门和有关部门审查同意后，方可恢复生产经营。申请报告应当包括治理方案的内容、项目和安全评价机构出具的评价报告等。

第九节　重大危险源安全管理

一、重大危险源基础知识

20 世纪 70 年代以来，随着石油化工行业迅猛发展，相继发生了意大利塞维索工厂环已烷泄漏、墨西哥城液化石油气爆炸、印度博帕尔农药厂异氰酸甲酯泄漏等与危险化学品有关的恶性重特大工业事故，引起国际社会的高度关注，防范重特大工业事故成为各国特别是发达国家危险化学品安全管理工作的重要任务。发达国家和有关国际组织从立法、管理、技术、制度等多个角度反思本国危险化学品安全管理工作，研究制定防范措施，提出了“重大危害”、“重大危害设施（国内通常称为重大危险源）”等概念。各国预防重大事故的实践表明：为了有效预防重大工业事故的发生，降低事故造成的损失，必须建立重大危险源监管制度和监管机制。

《安全生产法》将重大危险源定义为：长期地或者临时地生产、搬运、使用或者储存危险物品，且危险物品的数量等于或者超过临界量的单元（包括场所和设施）。一般来讲，单元指一个（套）生产装置、设施或者场所，或者同属一个工厂的且边缘距离小于 500 米的几个（套）生产装置、设备或者场所。

目前，按照重大危险源的种类和能量在意外状态下可能发生事故的最严重后果，重大危险源分为以下四级：①一级重大危险源：可能造成特别重大事故的；②二级重大危险源：可能造成特大事故的；③三级重大危险源：可能造成重大事故的；④四级重大危险源：可能造成一般事故的。具体重大危险源的等级认定按国家有关标准规定执行。

我国近年来相继出台、修订了一些法律、法规、标准和文件，如《安全生产法》、《危险化学品安全管理条例》、《国务院关于进一步加强安全生产工作的决定》（国发〔2004〕2 号）、《关于开展重大危险源监督管理工作的指导意见》（安监管协调字〔2004〕56 号）、《关于规范重大危险源监督与管理工作的通知》（安监总协调字〔2005〕125 号）等，都对重大危险源的安全管理与监控提出了明确要求，从法律、法规层面对重大危险源的监督和管理提出了明确要求。

2009 年我国颁布了国家标准《危险化学品重大危险源辨识》（GB 18218—2009），替代了 2000 年颁布的国家标准《重大危险源辨识》（GB 18218—2000）。

2010 年《国务院关于进一步加强企业安全生产工作的通知》（国发〔2010〕23 号）要求，重大危险源和重大隐患要报当地安全生产监管监察部门、负有安全生产监管职责的有关部门和行业管理部门备案。

《危险化学品重大危险源监督管理暂行规定》（国家安监总局令第 40 号，以下简称《暂行规定》）自 2011 年 12 月 1 日起施行。《暂行规定》共 6 章、36 条，包括总则、辨识与评估、安全管理、监督检查、法律责任、附则及 2 个附件。《暂行规定》紧紧围绕危险化学品重大危险源的规范管理，明确提出了危险化学品重大危险源辨识、分级、评估、备案和核销，登记建档、监测监控体系和安全监督检查等要求，是多年来危险化学品重大危险源管理实践经验的总结和提炼。

二、重大危险源的管理

重大危险源申报的类别如下：贮罐区（贮罐）；库区（库）；生产场所；压力管道；锅炉；压力容器；煤矿（井工开采）；金属非金属地下矿山；尾矿库。危险物品的临界量参照有关规定。贮存量超过其临界量包括以下两种情况：①有一种危险物品的贮存量达到或超过其对应的临界量；②多种危险物品且每一种物品的贮存量均未达到或超过其对应临界量，但满足下面的公式：

$$\sum_{i=1}^{N}\frac{q_i}{Q_i}\geqslant 1$$

式中 q_i——单元中物质 i 的实际存量；Q_i——物质 i 的临界量；N——单元中物质的种类数。

生产经营单位要加强对重大危险源的安全管理与检测监控，建立健全重大危险源安全管理规章制度，制定重大危险源安全管理与监控的实施方案。生产经营单位的主要负责人对本单位重大危险源的安全管理与检测监控全面负责。生产经营单位的决策机构及其主要负责人、个人经营的投资人要保证重大危险源安全管理与检测监控所必需的资金投人。生产经营单位要对从业人员进行安全生产教育和培训，使其熟悉重大危险源安全管理制度和安全操作规程，掌握本岗位的安全操作技能等。生产经营单位要将重大危险源可能发生事故时的危害后果、应急措施等信息告知周边单位和人员。

生产经营单位要对本单位的重大危险源进行登记建档，建立重大危险源管理档案，并按照国家和地方有关部门重大危险源申报登记的具体要求，在每年 3 月底前将有关材料报送当地县级以上人民政府安全生产监督管理部门备案。

生产经营单位对新构成的重大危险源，要及时报告当地县级以上人民政府安全生产监督管理部门备案；对已不构成重大危险源的，生产经营单位应及时报告核销。

生产经营单位存在的重大危险源在生产过程、材料、工艺、设备、防护措施和环境等因素发生重大变化，或者国家有关法规、标准发生变化时，生产经营单位要对重大危险源重新进行安全评估，并及时报告当地县级以上人民政府安全生产监督管理部门。

生产经营单位至少每 3 年要对本单位的重大危险源进行一次安全评估。按照国家有关规定，已经进行安全评价并符合重大危险源安全评估要求的，可不必进行安全评估。

生产经营单位要在重大危险源现场设置明显的安全警示标志，并加强重大危险源的现场检测监控和有关设备、设施的安全管理。生产经营单位要对重大危险源的安全状况以及重要的设备设施进行定期检查、检测、检验，并做好记录。对存在事故隐患的重大危险源，生产经营单位必须立即整改。要制定整改方案，落实整改资金、责任人、期限等。整改期间要采取切实可行的安全措施，防止事故发生。

生产经营单位要制定重大危险源应急救援预案，配备必要的救援器材、装备，每年进行一次事故应急救援演练。重大危险源应急救援预案必须报送当地县级以上人民政府安全生产监督管理部门备案。重大危险源应急救援预案应当包括以下内容：①企业危险源基本情况及周边环境概况；②应急机构人员及其职责；③危险辨识与评价；④应急设备与设施；⑤应急能力评价与资源；⑥应急响应、报警、通讯联络方式；⑦事故应急程序与行动方案；⑧事故后的恢复与程序；⑨培训与演练。

任何单位或者个人对生产经营单位重大危险源存在的事故隐患以及安全生产违法行为，均有权向安全生产监督管理部门举报。

第十节　劳动防护用品的管理

一、劳动防护用品的概念

《劳动防护用品监督管理规定》（国家安监总局令第 1 号）于 2005 年 9 月 1 日起施行。该规定对劳动防护用品的生产、检验、经营和使用做出了具体规定。

该规定将劳动防护用品定义为：是指由生产经营单位为从业人员配备的，使其在劳动过程中免遭或者减轻事故伤害及职业危害的个人防护装备。使用劳动防护用品，是保障从业人员人身安全健康的重要措施，也是生产经营单位安全生产日常管理的重要工作内容。

劳动防护用品分为特种劳动防护用品和一般劳动防护用品。特种劳动防护用品目录由国家安全生产监督管理总局确定并公布，未列入目录的劳动防护用品为一般劳动防护用品。

1. 特种劳动防护用品

2005 年 10 月国家安监总局发布的《特种劳动防护用品安全标志实施细则》的特种劳动防护用品目录中，将特种劳动防护用品分为 6 大类 21 个小类：①头部护具类，包括安全帽；②呼吸护具类，包括防尘口罩、过滤式防毒面具、自给式空气呼吸器、长管面具；③眼（面）护具类，包括焊接眼面防护具、防冲击眼护具；④防护服类，包括阻燃防护服、防酸工作服、防静电工作服；⑤防护鞋类，包括保护足趾安全鞋、防静电鞋、导电鞋、防刺穿鞋、胶面防砸安全靴、电绝缘鞋、耐酸碱皮鞋、耐酸碱胶靴、耐酸碱塑料模压靴；⑥防坠落护具类，包括安全带、安全网、密目式安全立网。

2. 一般劳动防护用品

未列入特种劳动防护用品目录的劳动防护用品为一般劳动防护用品，如一般的工作服、手套等。

二、特种劳动防护用品安全标志标识

特种劳动防护用品安全标志是确认特种劳动防护用品安全防护性能符合国家标准、行业标准，准许生产经营单位配发和使用该劳动防护用品的凭证。

特种劳动防护用品安全标志由特种劳动防护用品安全标志证书和特种劳动防护用品安全标志标识两部分组成。特种劳动防护用品安全标志证书由国家安全生产监督管理总局监制，加盖特种劳动防护用品安全标志管理中心印章。特种劳动防护用品安全标志标识由图形和特种劳动防护用品安全标志编号构成（如图 1 所示）。特种劳动防护用品安全标志标识加施在产品的明显位置。

图 1　特种劳动防护用品安全标志标识

特种劳动防护用品安全标志标识用古代盾牌之形状，取“防护”之意，盾牌中间采用字母“LA”表示“劳动安全”之意。、“XX-XX-XXXXXX”是标识的编号。编号采用三层数字和字母组合编号方法编制。第一层的两位数字代表获得标识使用授权的年份；第二层的两位数字代表获得标识使用授权的生产企业所属的省级行政地区的区划代码（进口产品，第二层的代码则以两位英文字母缩写表示该进口产品产地的国家代码）；第三层代码的前三位数字代表产品的名称代码，后三位数字代表获得标识使用授权的顺序。

三、劳动防护用品配备和使用

1. 劳动防护用品选用原则

生产经营单位应当按照《劳动防护用品选用规则》（GB 11651）和国家颁发的劳动防护用品配备标准以及有关规定，为从业人员配备劳动防护用品。劳动防护用品选用的基本规则是：根据国家标准、行业标准或地方标准选用；根据生产作业环境、劳动强度以及生产岗位接触的有害因素的存在形式、性质、浓度（或强度）和防护用品的防护性能进行选用；穿戴舒适方便，不影响工作。

2. 劳动防护用品发放要求

生产经营单位应当根据作业场所的职业危害因素及其危害程度，为从业人员提供的劳动防护用品，必须符合国家标准或者行业标准，不得超过使用期限。生产经营单位不得以货币或者其他物品替代应当按规定配备的劳动防护用品。

生产经营单位不得采购和使用无安全标志的特种劳动防护用品，购买的特种劳动防护用品须经本单位的安全生产技术部门或者管理人员检查验收。

生产经营单位应教育从业人员按照防护用品的使用规则和防护要求正确使用防护品，使职工做到“三会”：会检查防护品的可靠性、会正确使用防护品、会正确维护保养防护品。用人单位应定期进行监督检查。

生产经营单位应当按照产品说明书，及时更换、报废过期和失效的防护品。

生产经营单位应当建立健全劳动防护用品的采购、验收、保管、发放、使用、报废等管理制度和使用档案，并进行必要的监督检查。

四、劳动防护用品的使用管理

1. 验收检查

生产经营单位应统一进行劳动防护用品的采购，到货后应由安全生产管理部门组织相关人员按照标准进行验收。一是验收“三证一标”是否齐全有效；二是对相关劳动防护用品做外观检查，必要时应进行实验验收。

2. 使用前检查

从业人员每次使用劳动防护用品前应对其进行检查，生产经营单位可制定相应检查表格，以便从业人员检查使用，防止使用功能损坏的劳动防护用品。

3. 使用中检查

安全生产监督管理部门在组织安全检查时，应将劳动防护用品的检查列入检查表，进行经常性的检查。重点是必须在其性能范围内，不得超极限使用。

4. 正确使用

从业人员在作业过程中，必须按照安全生产规章制度和劳动防护用品使用规则，正确佩戴和使用劳动防护用品；未按规定佩戴和使用劳动防护用品的，不得上岗作业。生产经营单位主要负责人和安全生产管理人员应经常深入现场，检查指导从业人员正确使用劳动防护用品。

第十一节　租赁承包的安全管理

近年来，以包代管、层层转包、包而不管的现象比较普遍，发生的事故也很多。如前年发生的河南洛阳东都商厦“12.25”特大火灾事故，就是由于这方面原因造成的。租赁承包的安全管理是生产经营单位管理的重要内容之一，也是管理的薄弱环节。《安全生产法》、《国务院关于进一步加强企业安全生产工作的通知》（国发〔2010〕23号）、《企业安全生产标准化基本规范》（AQ/T 9006—2010）对此做出了具体要求。

一、严格审查

生产经营单位不得将生产经营单位项目、场所、设备发包或者出租不具备安全生产条件或者相应资质的单位或者个人。法律允许生产经营单位将生产经营单位的项目、场所、设备发包或者出租给其他单位，这是市场经济条件下盘活资产、提高经济效益的重要手段。但为了安全生产，法律禁止生产经营单位将生产经营单位的项目、场所、设备承包或者出租给不具备安全生产条件或者相应资质的单位或者个人。这里讲的单位，包括各类企业，也包括个体工商户，但必须具备规定的安全生产条件或者相应资质，是否具备规定的安全生产条件或者相应资质，根据有关法律、法规来确定。这里讲的个人，是指具有国家规定的资质条件的人员。因此，严禁生产经营单位将项目、场所、设备承包或者出租给皮包公司、流动人员等。

发包单位、出租单位应重点审核以下要素：①承包方、承租方是否具备相应的安全资质，是否具备法律法规要求的安全生产基本条件；②承包方、承租方是否具备相应专业技术能力，是否满足项目本身所需求的人员；③承包方、承租方是否具备保证项目实施的组织机构、工器具、安全防护设施、安全用具等硬件；④承包方、承租方是否按照规定配备专兼职安全管理人员、安全管理机构等。

二、明确双方责任

生产经营单位与承包单位、承租单位必须明确各自的安全生产管理责任。责任明确是搞好安全生产管理的重要原则。当有多个承包单位、承租单位时，如果彼此之间的安全生产管理职责不明确，往往会形成平时谁也不管或者相互扯皮，一旦事故发生，彼此推卸责任的局面。因此，生产经营单位与承包单位、承租单位必须签订安全生产管理协议，或者在承包合同、承租合同中约定各自的安全生产管理职责。安全生产管理协议必须是书面的，并由生产经营单位和承包方或承租方双方签字认可。安全生产管理职责必须具体、明确，并落实到人。如果承包方、承租方又将项目、场所、设备进行转包或者转租给其他单位的，承包方与再承包、承租方与再承租方也必须签订安全生产管理协议，或者在承包合同、承租合同中约定各自的安全生产管理协议。以此类推。

安全生产管理协议一般包括以下内容：①发包单位、出租单位提出的确保项目顺利实施的组织措施、安全措施和技术措施要求；②承包单位、承租单位提出的确保项目顺利实施的组织措施、安全措施和技术措施；③承包单位、承租单位应遵守执行的有关安全生产、治安、防火等方面的规章制度；④发包单位、出租单位对现场安全实施奖惩的有关规定；⑤有关事故报告、调查、统计、责任划分的规定；⑥对承包单位、承租单位相关人员进行安全教育、考试及办理作业人员进入现场应履行的手续等要求；⑦承包单位、承租单位必须按照生产经营单位的要求提供相关材料，接受安全资质和条件审查；⑧承包单位、承租单位不得擅自转包（租）、分包（租）和返包（租），特殊情况须经发包单位、出租单位批准并配合完成；⑨承包单位、承租单位在项目实施过程中不得擅自更换工程技术人员、安全管理人员以及其他关系到安全生产的特殊工作人员，特殊情况必须经发包单位、出租单位同意并对更换人员的资质鉴定合格后方可使用；承包单位、承租单位不得使用童工，作业人员不得有项目的职业禁忌症。

三、承包单位、承租单位的监督管理

生产经营单位对承包单位、承租单位的安全生产工作必须统一协调、管理。一个生产经营单位往往将项目、场所、设备承包、出租给多个不同的生产经营单位，各个承包单位、承租单位相互不通气，“12·25”洛阳东都商厦特大火灾事故就是由于这样的原因造成的。有些安全生产问题，不是涉及某一承包单位、承租单位，而是整个生产经营单位。一旦事故发生，不仅事故发生单位受到损失，还要殃及其他单位。这些人命关天的问题，仅靠某一承包单位或者承租单位来协调和管理是不行的，必须由生产经营单位来进行统一协调和管理。生产经营单位是生产经营项目、场所、设备的最终责任者，有责任和义务对承包、出租的生产经营项目、场所、设备的安全生产工作进行统一协调和管理。具体要求如下：

项目实施前对承包单位、承租单位所有项目实施人员进行全面的安全技术交底，必要时按照发包单位、出租单位的要求对项目实施人员进行培训考核，并提供相关安全生产规章制度和安全操作规程。

对承包单位、承租单位提供项目可能存在的事故隐患和职业危害，要求承包单位、承租单位作出风险分析并制定相应的安全措施，由发包单位、出租单位实施监督。

在承包单位、承租单位进入项目前，对其培训考试合格的作业人员办理准入手续和进入凭证。

在未取得发包单位、出租单位批准，承包单位、承租单位不得擅自开始项目实施。

发包单位、出租单位安全管理人员应经常深入现场、检查指导项目实施，对是对现场安全进行监督，对违章违纪行为，及时予以制止，并按安全协议给予惩处。对于严重的违章作业或者造成生产安全事故的，发包单位、出租单位有权依照安全协议责令承包单位、承租单位停工整顿，直至终止合同的执行。

四、承包单位、承租单位的安全管理

承包单位、承租单位要根据自身能力和资质，承包、承租相应的项目，并在项目签署后成立相应的安全组织机构、配备相应的安全生产管理人员、制定相应的安全生产规章制度；明确双方的安全生产责任；在项目实施过程中，严格按照安全生产法律法规、安全协议中规定的安全生产规章制度、操作规程进行作业，安全管理机构和安全管理人员要切实做好现场的安全管理工作；针对项目的特点，做好相关作业人员的安全生产教育培训工作；在危险性较大或是与正在运行设备、区域交叉作业时，要做好专职的安全监护工作。

第十二节　现场定置安全管理

现场定置安全管理是现场定置管理在现场安全管理中的应用。现场定置管理是现场各项专业管理的基础，其含义是根据生产活动的目的，考虑到生产活动的效率、质量、安全等制约条件和物品自身的特殊要求（如时间、质量、数量、流程等），划分适当的放置场所，确定在场所中的放置状态，明确作为生产活动主体的人与场所及物品联系的信息媒介，从而有利于人、物的结合，有效地进行生产活动。

一、定置管理的基本内容

定置管理是以生产现场为研究对象，以物在场所中的科学定置为前提，以完善的信息系统

为媒介，以实现人和物的有效结合为目的，促进现场管理科学化、规范化、制度化、文明化。定置管理的对象主要以生产现场为主，以职能部门办公室的定置管理为辅，逐步实行企业的全面定置。定置管理的基本内容大致包括以下几个方面。

1. 系统定置管理

系统定置管理就是对生产经营的总体系统进行定置管理，使企业的总系统布局合理、物流有序、生产高效。

2. 区域定置管理

区域定置管理是按工艺流程把生产现场划分为若干定置区域，对每一区域的人、机、料、法、环、信实行定置管理，促进其有机结合，保证区域内的人员精干、设备完好、物流有序、纪律严明、环境整洁、信息灵敏，促进生产活动高效运行。区域定置是全系统定置中的单元和子系统，是全系统定置的基础，是决定全系统定置管理有效性的关键。

3. 生产要素定置管理

(1) 设备定置管理。是对设备运转状况和过程的定置，包括设备本体定置、管理资料定置、备品备件定置、维修保养定置，通过定置促进设备的精良完好，充分发挥其效能。

(2) 工具、器具、容器定置管理。对生产工具、器具、容器按生产、工作的程序化、标准化、规范化要求进行分类摆放，确立最佳位置，能够使用方便，流动有序，减轻劳动，提高效率。

(3) 原燃材料和产（成）品定置管理。对各种原燃材料和产品进行分类存放，使其有节奏地运行，保证生产均衡进行。

(4) 人员定置管理。主要是定人、定岗、定责，实行标准化作业，保证发挥最大的效能。

4. 库房、料场定置管理

通过调整物品存放的位置，使仓库、料场内物品摆放有序，便于存取，消除杂乱，使之无变质物品，及时了解库存物品供应情况，更好地发挥库存功能，促进库房管理科学化、规范化、标准化。

5. 特别定置管理

对生产过程中的关键问题和薄弱环节，实行特别的定置管理，主要包括质量控制点特别定置和安全防火特别定置等。

6. 环境净化、绿化、美化定置管理

主要是通过实行环境净化、绿化、美化定置来改善现场生产工作环境，创造美观舒适的劳动工作条件，达到促进人的身心健康、提高劳动效率的目的。

7. 色调定置管理

色调对人的身心健康、工作效率、安全都有很大影响，通过对人员劳动、工作环境的色彩定置，创造优越的色彩条件，减轻劳动疲劳。同时，也可以起到识别、区别、警示作用，提高劳动效率，促进安全生产。

8. 职能部门定置管理

职能部门定置管理要求企业各级干部和管理人员，按照标准化、规范化、系列化要求，科学管理各种文件、资料、物品，及时准确地处理各种信息，提高工作和办事效率，主要包括办公室定置管理、文件资料定置管理、办公桌椅定置管理等。

二、定置管理的任务

定置管理就是要科学地处理好人与物的结合，科学地实现人、物、场所三者的一体化、最佳化。

1. 人与物结合

为了使生产现场中物的放置状态能切实地满足生产要求，实现有效地与人的结合，定置管理一般把人与物结合的状态分为A类状态、B类状态、C类状态三种。

(1) A类状态。即物与人处于经常结合和有效结合状态，包括能够直接结合并立即发挥效能之物和经常使用并处于完好状态的间接结合之物。例如常用的并处于完好状态的设备、工具、原材料等。

(2) B类状态。即物与人处于非经常结合或不能立即有效结合状态，主要指不经常使用的或尚需经过检验、整修、装配等才能够发挥效能的间接结合的物品。例如待用、备用之物或者需要经过整修处理后使用之物等。

(3) C类状态。即现场中物与人处于不需结合状态，主要指与现场生产活动无关的物品。例如生产现场中的废弃物，报废设备、原材料，以及同生产现场无关的生活用品等。

从物的转化观点看，定置管理的运转机制是尽可能减少和不断消除生产现场中C类状态之物，改进物的B类状态使其向A类状态转化，保持物的A类状态。同时由于生产条件的不断变化，标准水平的不断提高，A类状态的水准也应逐步提高。定置管理按人与物的结合程度，将其分为所需之物能立即到手的直接结合和需要借助信息媒介的作用间接结合。在生产活动中，由于物品的种类、数量繁多，作业操作频繁，以及场所有限等客观条件，能够处于同操作者直接结合的物是有限的，实际上大部分物品处于间接结合的状态，生产活动中经常是直接结合与间接结合交替出现。定置管理的主要任务之一就是研究如何建立科学有效的信息系统，使生产现场中的间接结合之物处于可控状态，随时都可以和人进行结合，提高工作效率。

2. 物与场所结合

人与物的结合都是在一定的空间进行的，因此实现人和物的最佳结合，必须首先实现物与场所的最佳结合。可以说，物与场所的结合是定置管理的前提和基础。所谓场所，指的是从事产品生产、制造或提供生产服务的场所，即劳动者运用劳动手段作用于劳动对象，完成一定生产作业的场所。实现物与场所的有效结合，要根据物流运动的规律性，科学地确定对象物的位置，即定置。

3. 物的定置三要素

物的定置需要从效率、安全及物本身的特征进行综合考虑，以确定物的存放场所、存放姿态和现物标示。将物的存放场所、存放姿态和现物标示称为物的定置三要素。物的定置过程就是确定定置三要素的过程。

(1) 物的存放场所。确定物的存放场所是物的定置的第一个条件，它的工作内容是划分场地、确定存放位置并进行标记。

(2) 物的存放姿态。企业生产现场的物品规格形状各异，物品的存放涉及空间的利用率和物品的使用效率。

(3) 现物标示。现物标示是对物品的最后确认信息，表示此物即该物，一般用标牌表示。

4. 信息媒介与定置管理

信息媒介就是在人与物、场所合理结合中起着指引、控制、确认等作用的信息载体。在定置管理中，完善而准确的信息媒介是很重要的，影响到人、物、场所的有效结合程度。

根据信息媒介在定置管理中所起的作用，定置管理信息可分为4种。

(1) 第一信息是表示“该物在何处”的信息，指出物品的存放场所。在定置管理中，通过查看位置台账可以了解到所需物品的存放场所。

（2）第二信息是表示“该处在哪里”的信息，指出物品存放场所的具体位置。它以平面设置图的方式，明确指出存放物的处所或区域的位置。

（3）第三信息是表示“这儿就是该处”的信息，指物品存放场所的标志，即场所标示。

（4）第四信息是表示“此物即该物”的信息，是物品的自我标示，称为现物标示或现货标示。

上述 4 种信息中的第一、第二信息，是引导到物的存放场所，故称引导信息；第三、第四信息是确认其场所和物品，称为确认信息。

三、定置管理的原则

为确保定置管理的正确实施和有效运行，必须遵循以下 6 条原则。

1. 符合定置管理的基本原则

要对定置管理基本原则进行深入地研究、探讨，明确其科学思想体系、精神实质、基本要求和主要程序，要正确地运用定置管理的基本原理和方法，进行定置管理的设计和实施，不能浅尝辄止，草率从事，更不能随心所欲，违背科学原理。

2. 注重从实际出发

要紧密结合实际，具体地分析生产活动中人、物、场所的具体情况和本企业客观条件，制订切实可行的定置方案和办法；要结合企业各自的生产类型、特点、条件，建立起符合本企业实际的定置管理体系。做到实实在在，“看起来顺眼，拿起来顺手，干起来顺心”，不能生搬硬套，照抄照搬，不能搞固定模式，不搞“一刀切”，不一哄而起，更不能搞形式主义，做表面文章，否则，就有可能搞成徒有其表的“定置管理”，劳民伤财，于事无补，定置管理工作也就很难坚持下去。

3. 纳入标准化体系

对定置管理的诊断、设计、实施、信息媒介的建立等所有活动都要纳入标准化体系之中，使定置管理有很强的规范性。

4. 相对稳定与不断深化

要针对不同的情况，及时研究现场中的人、物、场所之间的变化关系，使定置管理处在一个相对稳定和不断深化发展的状态。

5. 坚持勤俭节约

要因厂制宜、因地制宜，充分利用现有条件，尽量少花钱多办事，注重实效，同时，也要在勤俭节约的基础上，适当搞些投入，如制作必要的工位器具等，为开展好定置管理创造必要的物质条件。

6. 实现群体参与

定置管理涉及面宽、范围广，是一项群众性工作；定置管理要不断进行整理整顿，又是一项经常性的工作。定置管理是一种约束力很强的管理，由物的随意放置到有目的按定置要求的科学合理的摆放，使所有流动物品都处于受控状态，这就对人的素质、自觉性和坚强意志以及持之以恒的态度等都提出了更高的要求。因此，必须广泛发动群众，充分调动现场职工的积极性、主动性和自觉性，实现群体参与，使坚持进行科学的整理整顿深入人心，变“要我定置”为“我要定置”，才能使定置管理开展起来并坚持下去。

四、定置管理的分类设计与实施

定置管理的分类设计就是在现场诊断、生产过程分析和工序分析、作业分析以及动作分析的基础上，对生产现场的人、机、料、法、环、信等诸生产要素合理配置，确定物品在现场的存放位置，改善人与物的结合状态，从实际出发，按照定置管理内容，分别进行定置设计，认真进行实施和考核。

1. 定置设计

(1) 物品定置状态的分类设计。物品定置的状态分类设计，主要是根据物品定置的状态分类原理和标准规定，确定现场可移动物品的分类原则和分类方式。定置物品的分类是定置管理的首要问题，也是比较复杂的问题，要根据定置物品状态分类原理，结合企业实际，灵活掌握和确定。

(2) 定置物品放置位置的设计。确定定置物品的放置位置，是定置管理的重要问题，要认真研究，根据现场条件和定置物品的状态特性及使用目的进行设计。设计时要充分考虑到：①要有利于与人的结合，方便取用和存放；②要防止存放中造成不安全因素；③要有利于物品质量的保持，尽量防止磕碰和损伤；④要尽量少占用空间；⑤要有利于促进现场环境的清洁和整齐、美观。对有特殊要求的物品要存放在特殊的位置，以便于特殊管理。

(3) 定置物品存放姿态的设计。定置物品形态各异，每一种物品如何摆放，影响到空间利用率和物品使用效率。确定定置物品存放姿态也要考虑安全、质量、工作效率和空间利用率等因素。

2. 定置管理的实施

主要是深入开展清理整顿活动，对物品实施定置定位，建立定置信息系统。主要步骤是：

(1) 进行全面清理整顿；

(2) 对物品实施定置定位；

(3) 制作和放置定置信息媒介物；

(4) 对定置管理进行日常检查考核和阶段验收。

开展定置管理既要按推行定置管理的一般规律和程序进行，又要从实际出发，灵活掌握，使推行定置管理的工作在科学轨道上有效地进行。关键是要在全企业中建立起定置管理、文明生产的长效机制，主要包括：①营造全员自觉执行和保持定置管理的文化氛围，从理念上、企业文化上约束、影响和规范广大员工的行为，达到习惯成自然的境界；②是进行经常性和制度化的检查考核，奖优罚劣，保持标准和制度的严肃性；③各级领导要身体力行地强力推进，特别是在推行定置管理的起步阶段，领导可通过现场办公、现场观摩和经验交流等形式，总结、推广好经验，推选、树立、表彰好典型，形成“比学赶超”的良好风气和持续改进的良性机制。

五、现场定置管理“5S”法

现场定置管理有很多行之有效的方法和手段，其中“5S”法是较为成功的方法。

1. “5S”的含义

“5S”是指整理（Seiri）、整顿（Seiton）、清扫（Seiso）、清洁（Seiketsu）、素养（Shitsuke）等5个方面的内容。

(1) 整理（Seiri）。整理就是针对生产对象的整理，通过区分现场物料需要与不需要，把不需要的移出现场或处理掉，建立需要物料的上限数量，优化现场空间库存，改善和增大作业面积，使道路畅通，人员舒心，利于安全管理。

(2) 整顿（Seiton）。整顿就是将现场那些不需要的物料、不需要的信息清除掉，把不合理的规划重新规划，把所需物料有条理的定位或定置摆放，使这些物料始终处于任何人能方便取放的位置，使“三流”（人流、物流、信息流）能合理协调，流动有序，提高时间利用率，保证安全生产。

(3) 清扫 (Seiso)。清扫就是针对包括设备、厂房等生产设施进行清扫，将包括机器、工具、地面、墙壁和其他现场物料的生产现场打扫干净，做到无垃圾、无废弃物、无灰尘。清扫过程，可以发现缺陷，实现点检，可与设备管理结合起来。

(4) 清洁 (Seiketsu)。清洁就是维持和巩固整理、整顿和清扫的效果，始终使现场保持整洁、干净的状态，其中包括个人清洁和环境清洁。清洁的状态包含三个要素：干净、高效、安全。主要包括：地面、窗户和墙壁、操作台、工具和工装、设备、货架、放置物料场所和通道的清洁等。

(5) 素养 (Shitsuke)。素养就是每天坚持整理、整顿、清扫及清洁，且习惯地将这些活动视为每日工作的一部分，也可称为自律，这是"5S"活动的核心。

2. "5S" 方法

(1) 整理。整理的目的是要腾出空间并充分利用空间，防止误用无关的物料，营造安全、方便、文明、清爽的工作环境。整理的方法如下。

①分类并清除不需要的东西。现场物料分类的方法很多，最常用的是按物料使用的频率来分类，可以以一日或一周为单位计算使用频率，按频率大小顺序决定哪些是应该清除的物料，划定保留物料安置的区域。

②用拍照的方法确认整理的效果。将未整理的现场情况和整理以后的现场情况拍照，对照整理前后的情况，效果就会一目了然。

③保管和保存。整理出来的物料，有"保管"和"保存"两种处理方法。属于短时间存放的物料称为"保管"，属于长期存放的物料称为"保存"。一般对于使用量较大、使用频率较高的物料，宜放在生产现场或操作岗位较近的地方，便于取用。对使用量较小，使用频率低的物料，则可远离现场放入仓库或不固定场所保存。无论保管还是保存的物料，若有危险性质均应放在固定的且专用的场所保管或保存。

④整理结果的标识。完成整理后，为使需要的物料能立即取到，可使用标牌或图表信息予以标识。标牌内容要简明扼要，说明物料名称、分类、数量、存放位置或使用单位等，让人一看就明白。

(2) 整顿。整顿的主要目的是要使工作场所物件一目了然，"三流"有序，作业时节省寻找物料的时间，清除过多的积压物料，减少危险因素，营造安全、整齐、有序的工作环境。整顿的方法如下。

①用 5W1H 方法发现存在的问题。首先，对现场的每件物料都要用 5W1H 的方法明确什么物料，在哪儿，在什么时间，由谁使用或保管，如何使用或保管，从中发现物料定置摆放是否合理的问题，特别是影响安全生产的危险源点等。接着是对问题追根究源，不仅依据现有的资料，还要追溯到以前的情况，一旦了解了问题的实质，就立即明确整顿改进的方向。

②合理设计，合理布局。生产现场物料的方便取放、"三流"安全合理流动的布局设计是整顿的切入点，要充分考虑人流（安全检查路线、巡视路线、保养设备的顺序、工作经过的路线、搬运的路线等）安全合理，尽量减少危害因素的影响程度或避开危险范围等；物流要做到物料取用最方便、最小途径、最小代价、最小风险程度等；信息流要做到最方便、最容易被现场人员得到、识别和应用。

③做好整顿的后处理。危害辨识、评价的结果和风险控制的要求、法律法规要求及物料的性质，是整顿首先应该考虑的因素，避免整顿产生新的危害。整顿后的结果应该用适当的方式

方法向现场人员明示，如绘制现场布局图或定置图、设置明示牌、指示牌等。充分考虑整顿可能引起的作业程序、作业文件或其他方面变化的情况，提前有应对的措施，避免混乱。合理处置不需要的物料，避免浪费。

(3) 清扫。清扫的目的是清除现场不利于安全生产、不利于产品质量、不利于员工身体健康的废弃物、灰尘、垃圾，创造安全、舒适的工作环境，保证设备良好运行，减少对员工健康的不良影响。“清扫”不是指突击性的大会战、大扫除，而是要制度化、经常化，每个人都从自己身边做起，然后再拓展到现场的每一个角落。清扫一般分五个阶段来实施：

①第一阶段：将地面、墙壁和窗户打扫干净；

②第二阶段：划出表示整顿位置的区域和界限；

③第三阶段：将可能产生污染的污染源清理干净；

④第四阶段：对设备进行清扫、润滑、检修；

⑤第五阶段：制订生产现场清扫规范和管理制度并实施。

(4) 清洁。整理、整顿、清扫的结果是形成清洁的工作环境。所有人员都要清楚自己在该项活动中承担什么职责和任务，该干什么，该什么时间干，该怎样干，该干到什么程度，干好了怎样，干不好又怎样等，应该有个规定来明确规定现场员工的责任和任务，并通过定期检查考核，激发员工的积极性，推动这项活动健康发展。

(5) 自律。开展自律活动，主要目的在于培养职工自觉遵守和执行工厂各项规定的良好习惯，自愿实施整理、整顿、清扫、清洁活动，高标准、严要求维护现场环境的安全、文明、整洁、有序。“自律”是前四个“S”得以持续、自觉、有序地开展下去的保障。

自律包含的内容很多，但最基本的是良好习惯和行为的养成，做到按章办事和自我规范行为，进而延伸到仪表美、行为美。在培养职工自律时不妨使用一些灵活的工具或形式，如录像、照片、图表、简报或醒目的标语、板报和其他形式的宣传报道等。

3. 现场开展“5S”注意要点

(1) 领导重视，身体力行“5S”的工作。一个企业“5S”活动开展的好与不好，关键在于领导的重视程度。“5S”活动的推行要从最高管理者的办公室开始，继之以中层领导和管理干部，自上而下地进行。作为管理者，当天公务完毕，办公桌上不应该留有一件不必要的物料，保持办公桌的宽敞、明亮、整洁。在生产、技术、质量、工程管理人员的办公室沿墙应有文件柜，保证每件公文都有合适的位置。下班后，办公桌上除了工作期间使用的办公用品外，不应有其他物料，要在办公室内营造一种温馨、明亮、整洁、天天整理的气氛。

(2)“5S”活动要持之以恒。“5S”活动要坚持不懈地进行，才会取得预期的效果。开展“5S”活动如果像一阵风，活动就没有效果，不仅劳民伤财，而且就会适得其反，产生负面作用，就会使人们对5S活动失去信心。任何管理方法都不是灵丹妙药，都不可能一吃就灵，都需要经过长期的努力和探索，才能取得预期的效果。

开展5S活动要有长期坚持的思想准备。在企业里要养成这种风气，特别是个人的良好习惯养成和整个企业的风气是相辅相成的。企业风气的养成可以促进个人形成好习惯，个人良好的习惯又有利于企业良好氛围的营造。

(3) 5S活动要经常开展。人的良好习惯需要培养，开展的5S活动也要有条不紊、有秩序地进行。5S工作的推进就意味着要不断地发展。在企业里要教育全体员工不断地思考如何改进5S工作，脚踏实地把5S活动推向前进。企业要鼓励全体员工不断提出合理化建议，并对这种合理化建议给予奖励，以不断地鼓励和推动5S活动的进行。管理人员要经常到基层检查指导，及时发现、解决问题，创造一种真正实行5S的现场氛围。此外，还要采用多种多样的激励形式来促进员工创建整洁文明的作业现场。

(4) 遵守规定和规则。遵守规定虽然道理很浅显，但未必人人都能做到。问题的关键是缺乏遵守规定的自觉性。要教育员工凡是企业的规定就应该遵照执行，这不仅仅是5S的要求，也是大工业生产的基本前提。

(5) 5S活动的评价。定期对5S活动进行评价是确保5S活动持之以恒的有效措施。企业应根据各自的实际情况，编制5S活动评价表，对本企业开展的5S活动情况进行定期的评价。通过评价寻找可以进行改进的方面，组织攻关改进，推动5S活动健康发展。

第十三节 安全生产标准化

一、安全标准化的意义

为深入贯彻落实《国务院关于进一步加强企业安全生产工作的通知》(国发〔2010〕23号，以下简称23号令)、《安全生产"十二五"规划》(国办发〔2011〕47号，以下简称47号文件)、《国务院安委会关于深入开展企业安全生产标准化建设的指导意见》(安委〔2011〕4号)精神，生产经营单位必须全面推进企业安全生产标准化建设，进一步规范企业安全生产行为，改善安全生产条件，强化安全基础管理，有效防范和坚决遏制重特大事故发生。

深入开展企业安全生产标准化建设具有如下重要意义：

(一) 是落实企业安全生产主体责任的必要途径。国家有关安全生产法律法规和规定明确要求，要严格企业安全管理，全面开展安全达标。企业是安全生产的责任主体，也是安全生产标准化建设的主体，要通过加强企业每个岗位和环节的安全生产标准化建设，不断提高安全管理水平，促进企业安全生产主体责任落实到位。

(二) 是强化企业安全生产基础工作的长效制度。安全生产标准化建设涵盖了增强人员安全素质、提高装备设施水平、改善作业环境、强化岗位责任落实等各个方面，是一项长期的、基础性的系统工程，有利于全面促进企业提高安全生产保障水平。

(三) 是政府实施安全生产分类指导、分级监管的重要依据。实施安全生产标准化建设考评，将企业划分为不同等级，能够客观真实地反映出各地区企业安全生产状况和不同安全生产水平的企业数量，为加强安全监管提供有效的基础数据。

(四) 是有效防范事故发生的重要手段。深入开展安全生产标准化建设，能够进一步规范从业人员的安全行为，提高机械化和信息化水平，促进现场各类隐患的排查治理，推进安全生产长效机制建设，有效防范和坚决遏制事故发生，促进全国安全生产状况持续稳定好转。

二、安全生产标准化总体要求和目标任务

1. 总体要求

深入贯彻落实科学发展观，坚持"安全第一、预防为主、综合治理"的方针，牢固树立以人为本、安全发展理念，全面落实《23号令》和《47号文件》精神，按照《企业安全生产标准化基本规范》(AQ/T 9006—2010，以下简称《基本规范》)和相关规定，制定完善安全生产标准和制度规范。严格落实企业安全生产责任制，加强安全科学管理，实现企业安全管理的规范化。加强安全教育培训，强化安全意识、技术操作和防范技能，杜绝"三违"。加大安全投入，提高专业技术装备水平，深化隐患排查治理，改进现场作业条件。通过安全生产标准化建设，实现岗位达标、专业达标和企业达标，各行业(领域)企业的安全生产水平明显提高，

安全管理和事故防范能力明显增强。

2. 目标任务

在工矿商贸和交通运输行业（领域）深入开展安全生产标准化建设，重点突出煤矿、非煤矿山、交通运输、建筑施工、危险化学品、烟花爆竹、民用爆炸物品、冶金等行业（领域）。其中，煤矿要在2011年底前，危险化学品、烟花爆竹企业要在2012年底前，非煤矿山和冶金、机械等工贸行业（领域）规模以上企业要在2013年底前，冶金、机械等工贸行业（领域）规模以下企业要在2015年前实现达标。要建立健全各行业（领域）企业安全生产标准化评定标准和考评体系；进一步加强企业安全生产规范化管理，推进全员、全方位、全过程安全管理；加强安全生产科技装备，提高安全保障能力；严格把关，分行业（领域）开展达标考评验收；不断完善工作机制，将安全生产标准化建设纳入企业生产经营全过程，促进安全生产标准化建设的动态化、规范化和制度化，有效提高企业本质安全水平。

三、开展安全标准建设的主要内容

1. 确定目标

生产经营单位应根据自身安全生产实际，制定总体和年度安全生产目标。按照所辖部门在生产经营中职能，制定安全生产指标和考核办法。

2. 设置安全生产管理机构，配备安全生产管理人员组织机构和职责

生产经营单位应按规定设置安全生产管理机构，配备安全生产管理人员。生产经营单位主要负责人应按照安全生产法律法规赋予的职责，全面负责安全生产工作，并履行安全生产义务。

生产经营单位应建立安全生产责任制，明确各级单位、部门和人员的安全生产职责。

3. 安全生产投入保证

生产经营单位应建立安全生产投入保障制度，完善和改进安全生产条件，按规定提取安全费用，专项用于安全生产，并建立安全费用台账。

4. 法律法规的执行与完善安全管理制度

生产经营单位应建立识别和获取适用的安全生产法律法规、标准规范的制度，明确主管部门，确定获取的渠道、方式，及时识别和获取适用的安全生产法律法规、标准规范。

生产经营单位职能部门应及时识别和获取本部门适用的安全生产法律法规、标准规范，并跟踪、掌握有关法律法规、标准规范的修订情况，及时提供给企业内负责识别和获取适用的安全生产法律法规的主管部门汇总。

生产经营单位应将适用的安全生产法律法规、标准规范及其他要求及时传达给从业人员。

生产经营单位应遵守安全生产法律法规、标准规范，并将相关要求及时转化为本单位的规章制度，贯彻到各项工作中。

5. 教育培训

生产经营单位应确定安全教育培训主管部门，按规定及岗位需要，定期识别安全教育培训需求，制定、实施安全教育培训计划，提供相应的资源保证。

生产经营单位应做好安全教育培训记录，建立安全教育培训档案，实施分级管理，并对培训效果进行评估和改进。

生产经营单位的主要负责人、安全生产管理人员、操作岗位人员、其他企业应对相关方的人员，必须具备与本单位所从事的生产经营活动相适应的安全生产知识和管理能力。法律法规要求必须对其安全生产知识和管理能力进行考核的，须经考核合格后方可任职。未经安全教育

培训，或培训考核不合格的从业人员，不得上岗作业。

生产经营单位应通过安全文化建设，促进安全生产工作。企业应采取多种形式的安全文化活动，引导全体从业人员的安全态度和安全行为，逐步形成为全体员工所认同、共同遵守、带有本单位特点的安全价值观，实现法律和政府监管要求之上的安全自我约束，保障企业安全生产水平持续提高。

6. 生产设备设施管理

生产经营单位建设项目的所有设备设施应符合有关法律法规、标准规范要求；安全设备设施应与建设项目主体工程同时设计、同时施工、同时投入生产和使用。企业应按规定对项目建议书、可行性研究、初步设计、总体开工方案、开工前安全条件确认和竣工验收等阶段进行规范管理。生产设备设施变更应执行变更管理制度，履行变更程序，并对变更的全过程进行隐患控制。

生产经营单位应对生产设备设施进行规范化管理，保证其安全运行。企业应有专人负责管理各种安全设备设施，建立台账，定期检维修。对安全设备设施应制定检维修计划。设备设施检维修前应制定方案。检维修方案应包含作业行为分析和控制措施。检维修过程中应执行隐患控制措施并进行监督检查。安全设备设施不得随意拆除、挪用或弃置不用；确因检维修拆除的，应采取临时安全措施，检维修完毕后立即复原。

设备的设计、制造、安装、使用、检测、维修、改造、拆除和报废，应符合有关法律法规、标准规范的要求。企业应执行生产设备设施到货验收和报废管理制度，应使用质量合格、设计符合要求的生产设备设施。拆除的生产设备设施应按规定进行处置。拆除的生产设备设施涉及到危险物品的，须制定危险物品处置方案和应急措施，并严格按规定组织实施。

7. 作业安全

①生产现场管理和生产过程控制

生产经营单位应加强生产现场安全管理和生产过程的控制。对生产过程及物料、设备设施、器材、通道、作业环境等存在的隐患，应进行分析和控制。对动火作业、受限空间内作业、临时用电作业、高处作业等危险性较高的作业活动实施作业许可管理，严格履行审批手续。作业许可证应包含危害因素分析和安全措施等内容。

生产经营单位进行爆破、吊装等危险作业时，应当安排专人进行现场安全管理，确保安全规程的遵守和安全措施的落实。

②作业行为管理

生产经营单位应加强生产作业行为的安全管理。对作业行为隐患、设备设施使用隐患、工艺技术隐患等进行分析，采取控制措施。

③警示标志

生产经营单位应根据作业场所的实际情况，按照 GB 2894 及企业内部规定，在有较大危险因素的作业场所和设备设施上，设置明显的安全警示标志，进行危险提示、警示，告知危险的种类、后果及应急措施等。

生产经营单位应在设备设施检维修、施工、吊装等作业现场设置警戒区域和警示标志，在检维修现场的坑、井、洼、沟、陡坡等场所设置围栏和警示标志。

④相关方管理

生产经营单位应执行承包商、供应商等相关方管理制度，对其资格预审、选择、服务前准备、作业过程、提供的产品、技术服务、表现评估、续用等进行管理。

生产经营单位应建立合格相关方的名录和档案，根据服务作业行为定期识别服务行为风险，并采取行之有效的控制措施。

生产经营单位应对进入同一作业区的相关方进行统一安全管理。

不得将项目委托给不具备相应资质或条件的相关方。生产经营单位和相关方的项目协议应明确规定双方的安全生产责任和义务。

⑤变更管理

生产经营单位应执行变更管理制度，对机构、人员、工艺、技术、设备设施、作业过程及环境等永久性或暂时性的变化进行有计划的控制。变更的实施应履行审批及验收程序，并对变更过程及变更所产生的隐患进行分析和控制。

8. 隐患排查和治理

生产经营单位应组织事故隐患排查工作，对隐患进行分析评估，确定隐患等级，登记建档，及时采取有效的治理措施。

①排查前提与依据

法律法规、标准规范发生变更或有新的公布，以及企业操作条件或工艺改变，新建、改建、扩建项目建设，相关方进入、撤出或改变，对事故、事件或其他信息有新的认识，组织机构发生大的调整的，应及时组织隐患排查。

隐患排查前应制定排查方案，明确排查的目的、范围，选择合适的排查方法。排查方案应依据：有关安全生产法律、法规要求；设计规范、管理标准、技术标准；企业的安全生产目标等。

②排查范围与方法

生产经营单位隐患排查的范围应包括所有与生产经营相关的场所、环境、人员、设备设施和活动。

生产经营单位应根据安全生产的需要和特点，采用综合检查、专业检查、季节性检查、节假日检查、日常检查等方式进行隐患排查。

③隐患治理

生产经营单位应根据隐患排查的结果，制定隐患治理方案，对隐患及时进行治理。

隐患治理方案应包括目标和任务、方法和措施、经费和物资、机构和人员、时限和要求。重大事故隐患在治理前应采取临时控制措施并制定应急预案。

隐患治理措施包括：工程技术措施、管理措施、教育措施、防护措施和应急措施。

治理完成后，应对治理情况进行验证和效果评估。

④预测预警

生产经营单位应根据生产经营状况及隐患排查治理情况，运用定量的安全生产预测预警技术，建立体现企业安全生产状况及发展趋势的预警指数系统。

9. 重大危险源监控

生产经营单位应依据有关标准对本单位的危险设施或场所进行重大危险源辨识与安全评估。

生产经营单位应当对确认的重大危险源及时登记建档，并按规定备案。

生产经营单位应建立健全重大危险源安全管理制度，制定重大危险源安全管理技术措施。

10. 职业健康

①职业健康管理

生产经营单位应按照法律法规、标准规范的要求，为从业人员提供符合职业健康要求的工作环境和条件，配备与职业健康保护相适应的设施、工具。

生产经营单位应定期对作业场所职业危害进行检测，在检测点设置标识牌予以告知，并将检测结果存入职业健康档案。

生产经营单位对可能发生急性职业危害的有毒、有害工作场所，应设置报警装置，制定应急预案，配置现场急救用品、设备，设置应急撤离通道和必要的泄险区。

各种防护器具应定点存放在安全、便于取用的地方，并有专人负责保管，定期校验和维护。

生产经营单位应对现场急救用品、设备和防护用品进行经常性的检维修，定期检测其性能，确保其处于正常状态。

②职业危害告知和警示

生产经营单位与从业人员订立劳动合同时，应将工作过程中可能产生的职业危害及其后果和防护措施如实告知从业人员，并在劳动合同中写明。

生产经营单位应采用有效的方式对从业人员及相关方进行宣传，使其了解生产过程中的职业危害、预防和应急处理措施，降低或消除危害后果。

生产经营单位对存在严重职业危害的作业岗位，应按照 GB Z158 要求设置警示标识和警示说明。警示说明应载明职业危害的种类、后果、预防和应急救治措施。

③职业危害申报

生产经营单位应按规定，及时、如实向当地主管部门申报生产过程存在的职业危害因素，并依法接受其监督。

11. 应急救援

①应急机构和队伍

生产经营单位应按规定建立安全生产应急管理机构或指定专人负责安全生产应急管理工作。

生产经营单位应建立与本单位安全生产特点相适应的专兼职应急救援队伍，或指定专兼职应急救援人员，并组织训练；无需建立应急救援队伍的，可与附近具备专业资质的应急救援队伍签订服务协议。

②应急预案

生产经营单位应按规定制定生产安全事故应急预案，并针对重点作业岗位制定应急处置方案或措施，形成安全生产应急预案体系。

应急预案应根据有关规定报当地主管部门备案，并通报有关应急协作单位。

应急预案应定期评审，并根据评审结果或实际情况的变化进行修订和完善。

③应急设施、装备、物资

企业应按规定建立应急设施，配备应急装备，储备应急物资，并进行经常性的检查、维护、保养，确保其完好、可靠。

④应急演练

生产经营单位应组织生产安全事故应急演练，并对演练效果进行评估。根据评估结果，修订、完善应急预案，改进应急管理工作。

⑤事故救援

生产经营单位发生事故后，应立即启动相关应急预案，积极开展事故救援。

12. 事故报告、调查和处理

①事故报告

生产经营单位发生事故后，应按规定及时向上级单位、政府有关部门报告，并妥善保护事故现场及有关证据。必要时向相关单位和人员通报。

②事故调查和处理

生产经营单位发生事故后，应按规定成立事故调查组，明确其职责与权限，进行事故调查或配合上级部门的事故调查。

事故调查应查明事故发生的时间、经过、原因、人员伤亡情况及直接经济损失等。

事故调查组应根据有关证据、资料，分析事故的直接、间接原因和事故责任，提出整改措施和处理建议，编制事故调查报告。

13. 绩效评定和持续改进

①绩效评定

生产经营单位应每年至少一次对本单位安全生产标准化的实施情况进行评定，验证各项安全生产制度措施的适宜性、充分性和有效性，检查安全生产工作目标、指标的完成情况。

生产经营单位主要负责人应对绩效评定工作全面负责。评定工作应形成正式文件，并将结果向所有部门、所属单位和从业人员通报，作为年度考评的重要依据。

生产经营单位发生死亡事故后应重新进行评定。

②持续改进

生产经营单位应根据安全生产标准化的评定结果和安全生产预警指数系统所反映的趋势，对安全生产目标、指标、规章制度、操作规程等进行修改完善，持续改进，不断提高安全绩效。

四、现已颁布的各行业生产企业安全生产标准化评定标准

根据《国务院关于进一步加强企业安全生产工作的通知》（国发〔2010〕23号）中“深入开展以岗位达标、专业达标和企业达标为内容的安全生产标准化建设”的要求，国家安全生产监督管理总局分行业出台了一系列企业安全生产标准化评定标准，为生产经营单位开展安全生产标准化建设工作提供依据和标准，并且不断完善和健全。现已颁布实施的企业安全生产标准化评定标准有：

1. 工贸企业安全生产标准化评定标准

《白酒生产企业安全生产标准化评定标准》

《啤酒生产企业安全生产标准化评定标准》

《乳制品生产企业安全生产标准化评定标准》

《平板玻璃企业安全生产标准化评定标准》

《建筑卫生陶瓷企业安全生产标准化评定标准》

《冶金企业安全生产标准化评定标准（炼铁）》

《冶金企业安全生产标准化评定标准（炼钢）》

《冶金企业安全生产标准化评定标准（煤气）》

《水泥企业安全生产标准化评定标准》

《氧化铝企业安全生产标准化评定标准》

《电解铝（含熔铸、碳素）企业安全生产标准化评定标准》

《冶金企业安全生产标准化评定标准（烧结球团）》

《冶金企业安全生产标准化评定标准（铁合金）》

《冶金企业安全生产标准化评定标准（焦化）》

《冶金企业安全生产标准化评定标准（轧钢）》

《有色重金属冶炼企业安全生产标准化评定标准》

《有色金属压力加工企业安全生产标准化评定标准》

2. 危化企业安全生产标准化评定标准

《危险化学品从业单位安全标准化通用规范》(AQ 3013—2008)

《氯碱生产企业安全标准化实施指南》(AQ 3016—2008)

《合成氨生产企业安全标准化实施指南》(AQ 3017—2008)

《硫酸生产企业安全生产标准化实施指南》(AQ 3037—2008)

《电石生产企业安全生产标准化实施指南》(AQ 3038—2008)

《溶解乙炔生产企业安全生产标准化实施指南》(AQ 3039—2008)

《涂料生产企业安全生产标准化实施指南》(AQ 3040—2008)

3. 烟花爆竹企业安全生产标准化评定标准

《烟花爆竹企业安全生产标准化评审办法》

《烟花爆竹生产企业安全生产标准化评审标准》

《烟花爆竹经营企业安全生产标准化评审标准》

4. 金属非金属矿山企业安全生产标准化评定标准

《金属非金属矿山安全标准化规范导则》(AQ 2007.1—2006)

《金属非金属矿山安全标准化规范地下矿山实施指南》(AQ 2007.2—2006)

《金属非金属矿山安全标准化规范露天矿山实施指南》(AQ 2007.3—2006)

《金属非金属矿山安全标准化规范尾矿库实施指南》(AQ 2007.4—2006)

《金属非金属矿山安全标准化规范小型露天采石场实施指南》(AQ 2007.5—2006)

第十四节　企业安全文化

一、安全文化的起源和现状

安全文化的概念起源于20世纪80年代的国际核工业领域。在此以前，发生了世界核电史上最大的两次事故：一是1979年美国三里岛核电站事故；二是1986年前苏联切尔诺贝利核电站事故。在随后进行的统计分析中发现，绝大部分核电站事故并非缘于设备故障，而是由操作人员的直接或间接失误导致的。所以，在1986年国际原子能机构召开的切尔诺贝利核电站事故评审会上，国际核应急专家提出，在事故原因的分析上，绝不可以单纯找设计上的缺陷、人的可靠性模型或模拟问题，而是必须从安全文化的角度来考虑。为此，国际核安全咨询组织于同年提出“安全文化”的概念，并被美国的NASA机构应用到航空航天的安全管理中。国际原子能机构在1991年编写的75-INSAG-4评审报告中，首次定义了安全文化的概念，并建立了一套核安全文化建设的思想和策略，这标志着核安全文化的正式开始。由此，安全文化从核安全文化、航空航天安全文化到企业安全文化，逐渐拓宽并发展到全民安全文化的新时代。

国家安全生产监督管理总局成立之后，大力推进安全文化建设。《国务院关于进一步加强安全生产工作的决定》(国发〔2004〕2号）明确要求推进安全生产理论、安全科技、安全文化等方面的创新，不断增强安全生产工作的针对性和实效性。2006年国务院办公厅印发的《安全生产“十一五”规划》将安全文化建设列为主要任务和重点工程。2011年国家安全生产监督管理总局又组织制定并印发了《“十二五”安全文化建设纲要》。为进一步加强和指导企业安全文化建设，国家安全生产监督管理总局颁布了《企业安全文化建设导则》(AQ/T 9004—2008）和《企业安全文化建设评价准则》(AQ/T 9005—2008)。2010年国家安全生产监督管理总局制定印发了《关于开展安全文化建设示范企业创建活动的指导意见》，2011 年国务院颁发的《安全生产"十二五"规划》再次将安全文化建设列为主要任务和重点工程，国家安全生产监督管理总局印发的《安全文化建设"十二五"规划》对安全文化做出了更为细致的规划，标志着我国企业安全文化建设进入了一个新阶段。

二、安全文化的基本知识

1. 安全文化的定义

安全文化有广义和狭义之分。安全文化是人类在生存、繁衍和发展的历程中，在从事生产、生活乃至实践的一切领域内，为保障人类安全并使其能安全、舒适、高效地从事一切活动；预防、避免、控制和消除意外事故和灾害；为建立安全、可靠、和谐、协调的环境和匹配运行的安全体系；为使人类变得更加安全、康乐、长寿，使世界变得友爱、和平、繁荣而创造的安全物质财富和安全精神财富，是人类实践活动中所创造的安全生产、安全生活的精神、观念、行为与物态的总和。

狭义的安全文化包含于广义的安全文化之中，通常是指企业安全文化。企业安全文化是企业在长期安全生产和经营活动中，逐步形成的，或有意识塑造的为全体员工接受、遵循的，具有本企业特色的安全价值观、安全思想和意识、安全作风和态度，安全管理机制及行为规范，安全生产和奋斗目标，为保护员工身心安全与健康而创造的安全、舒适的生产和生活环境的条件，是企业安全物质因素和安全精神因素的总和。

《企业安全文化建设导则》（AQ/T 9004—2008）和《企业安全文化建设评价准则》（AQ/T 9005—2008）将安全文化定义为：被企业组织的员工群体所共享的安全价值观、态度、道德和行为规范组成的统一体。

2. 安全文化的层次

广义的安全文化的构成要素具有层次性，由表及里表现为如下几方面。

①安全物质文化——器物层

安全物质文化是为保证人们的安全生活和安全生产而以物质形态存在的条件、环境和设施的总和，或者说能够满足人们安全需求的各种物态要素或物质财富的总称。如古代寻食护身的石器、铜器，当今的防弹衣、防弹车和消防器材等，它们是安全文化的物质载体，居于安全文化的表层或最外层。安全物质文化是衡量社会发展和人类文明的客观标准和尺度，是安全文化的根本保障和基础。

②安全行为文化——行为层

安全行为文化是在安全精神文化和安全制度文化指导下，人们借助于一定的安全物质文化，在生活和生产过程中的安全行为表现，居于安全文化的中间层。行为文化既是精神文化和制度文化的反映，同时又反作用于精神文化和制度文化。

③安全制度文化——制度层

安全文化中属于劳动保护、劳动安全与卫生、减灾安全、交通安全、消防安全、特种设备安全、环保安全等方面的一切制度化的法规、法令、标准、社会组织形式以及人的社会关系网络的安全文化建设活动及成果统列为安全制度文化，作为安全文化的重要的、带有强制性的组成部分，包括从社会制度、法律制度、政治体制、经济体制、教育制度、科学体制，直至各行各业、各社会集团的组织形式等。安全制度文化是协调生产关系、规范组织和个体行为的各项法规和制度，居于安全物质文化和安全精神文化之间，是安全文化的中间层次，发挥着协调、保障、制约和促进的作用。

④安全精神文化——精神层

安全精神文化居于安全文化的内层或最里层，是指为全体成员所共同遵守、用于指导和支配人们安全行为的以价值观为核心的意识观念的总称，包括人们对安全的认识、态度、理想信念、道德规范、价值观念和心理行为习惯等各种意识形态。与社会进步合拍的公认的精神文化形成了所谓的行为规范，这是安全文化建设中最不易实现的部分。作为安全文化的软件和核心，安全精神文化对安全制度文化、安全行为文化和安全物质文化起着主导和决定的作用。

以上四个层次构成了安全文化的整体结构，它们相互联系、相互影响、相互渗透、相互制约。其中安全物质文化是基础；安全精神文化是核心和精髓；作为中介的安全行为文化和安全制度文化是安全精神文化通向安全物质文化的桥梁和纽带。

3. 安全文化特征

①群体性特征

安全文化是组织内的共同性文化，是全体成员所认同的安全理念、安全目标和安全行为规范等，或者说，是全体成员达成的安全共识。安全的保障有赖于组织中全体成员，而非某部分人员的积极参与。

②继承性特征

任何时代、任何地域的安全文化，都是经过传播、继承、优化、融合发展而成的，都具有历史继承性，能体现人们长期生活和生产的方式和痕迹。

③时代性特征

任何安全文化的内容都不是固定不变的，而是随着社会的进步、经济的发展和人们需求的变化而不断地增添新的内容，表现出强烈的时代性特征，反映了人们的最新安全需求。

④人本性特征

安全文化所要解决的问题是生产、生活领域人们从事一切活动的安全和健康问题，突出了从事一切活动的人们的身心安全和健康，体现了尊重人权、关爱生命、珍惜人生、以人为本的思想。

⑤系统性特征

安全文化以辩证的观点系统地分析安全问题，把安全事故的发生和出现看成是由自然和人为多种因素共同发生作用所致；所以，安全事故的预防和安全问题的解决不仅依赖于科学的安全设施、设备、环境和方法，更是取决于人们的态度和行为。

4. 安全文化功能

实践证明，单纯靠提供和改善生产设施、设备等物质基础并不能完全保证企业安全高效地运行，还必须依赖于高水平的管理和高素质的员工。不论是提高安全管理水平，还是提高员工的安全素质，对安全的重视、宣传才是最关键和最根本的基础。因此，狭义的安全文化，就显得特别重要和意义重大。作为企业重要的无形财富，优秀的安全文化具有传统管理不能替代的功能。

①凝聚功能

安全文化是大家的共识，体现着一种强烈的整体意识。具体表现为，全体成员在安全的观念、目标和行为准则等方面保持一致，有利于形成强烈的心理认同力量，表现出强大的凝聚力和向心力。

②导向功能

安全文化具有巨大的感召力，通过教育培训手段和安全氛围的烘托，使安全价值观念和安全目标在全体成员中形成共识，并以此引导人们安全行为的方向和规范，指引人们向安全生产和经营的既定目标前进。

③激励功能

始于领导层对安全文化的重视、安全行为的强调，特别是对安全操作活动竞赛的组织和奖励等，对员工来说，自然而然地会形成一种无形的激励作用，激发他们积极地进行安全生产和经营。

④约束功能

若违背安全文化的道德规范和行为准则，必然会受到群众舆论和规章制度的无形约束。置于达成共识的强烈安全文化氛围中，员工个人也会产生自控意识，达到内在的自我约束。

⑤协调功能

安全文化的形成，使人们对安全有了共识，有共同的价值观、态度和信念，不仅便于相互间的沟通，也便于团结协作。而且，安全文化也能成为协调矛盾的尺度和准则。

三、安全文化建设的基本内容

1. 企业安全文化建设的总体目标

企业组织在安全文化建设过程中，应充分考虑民族文化、地域文化和组织内部文化的特征，引导全体员工的安全态度和安全行为，实现在法律和政府监管要求之上的安全自我约束，通过全员参与实现企业安全生产水平持续进步。企业安全文化建设的总体模式如图 2 所示。

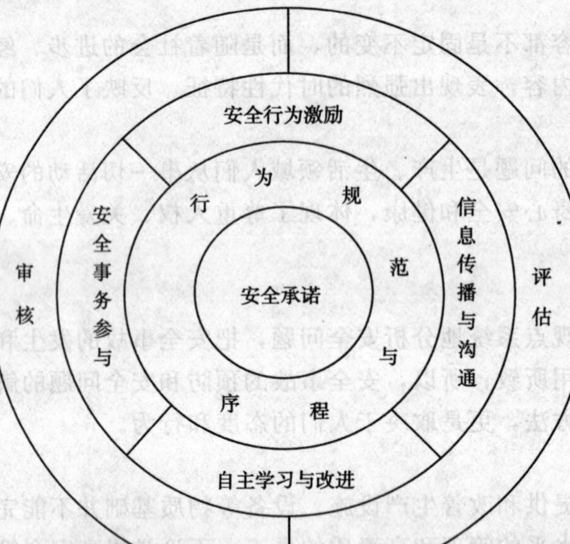

图 2　企业安全文化建设总体模式

2. 企业安全文化建设基本要素

①安全承诺

企业组织应建立由安全相关的愿景、使命、目标和价值观构成的安全承诺。安全承诺应：切合组织实际，反映共同安全志向；明确组织内的安全具有最高优先权；声明所有与企业组织安全有关的重要活动都追求卓越；含义清晰明了，并被全体员工和相关方所知晓和理解。

企业组织的领导者应对组织的安全承诺做出有形的表率，应让各级管理者和员工切身感受到领导者对安全承诺的实践。领导者应：提供安全工作的领导力，坚持保守决策，以有形的方式表达对安全的关注；在安全生产上真正投入时间和资源；制定安全发展的战略规划以推动安全承诺的实施；接受培训，在与组织相关的安全事务上具有必要的能力；授权组织的各级管理者和员工参与安全生产工作，积极质疑安全问题；安排对安全实践的定期审查；加强与相关方的沟通和合作。

企业组织各级管理者应对组织安全承诺的实施起到示范和推进作用，形成严谨的制度化工作方法，营造有益于安全的工作氛围，培育重视安全的工作态度。各级管理者应：清晰界定全体员工的岗位安全责任；确保所有安全相关活动均采用了严谨的工作方法；确保全体员工充分理解并胜任所承担的工作；鼓励和肯定在安全方面的良好态度，注重从差错中学习和获益；在追求卓越的安全绩效、质疑安全问题方面以身作则；接受培训，在推进和辅导员工改进安全绩效上具有必要的能力；加强与相关方的交流合作，促进组织部门之间的沟通与协作。

企业组织的员工应充分理解和接受组织的安全承诺，并结合岗位工作任务实践这种安全承诺。每个员工应：在本职工作上始终采取严谨的方法；对任何与安全相关的工作保持质疑的态度；对任何安全异常和事件保持警觉并主动报告；接受培训，在岗位工作中具有改进安全绩效的能力；与管理者和其他员工进行必要的沟通。

企业组织应将组织的安全承诺传达到相关方。必要时应要求供应商、承包商等相关方提供相应的安全承诺。

②行为规范与程序

企业组织的行为规范是组织安全承诺的具体体现和安全文化建设的基础要求。企业组织应确保拥有能够达到和维持安全绩效的管理系统，建立清晰界定的组织结构和安全职责体系，有效控制全体员工的行为。行为规范的建立和执行应：体现组织的安全承诺；明确各级各岗位人员在安全生产工作中的职责与权限；细化有关安全生产的各项规章制度和操作规程；行为规范的执行者参与规范系统的建立，熟知自己在组织中的安全角色和责任；由正式文件予以发布；引导员工理解和接受建立行为规范的必要性，知晓由于不遵守规范所引发的潜在不利后果；通过各级管理者或被授权者观测员工行为，实施有效监控和缺陷纠正；广泛听取员工意见，建立持续改进机制。

程序是行为规范的重要组成部分。企业组织应建立必要的程序，以满足对组织安全活动的所有方面进行有效控制的目的。程序的建立和执行应：识别并说明主要的风险，简单易懂，便于实际操作；程序的使用者（必要时包括承包商）参与程序的制定和改进过程，并应清楚理解不遵守程序可导致的潜在不利后果；由正式文件予以发布；通过强化培训，向员工阐明在程序中给出特殊要求的原因；对程序的有效执行保持警觉，即使在生产经营压力很大时，也不能容忍走捷径和违反程序；鼓励员工对程序的执行保持质疑的安全态度，必要时采取更加保守的行动并寻求帮助。

③安全行为激励

企业组织在审查自身安全绩效时，除使用事故发生率等消极指标外，还应使用旨在对安全绩效给予直接认可的积极指标。

员工应该受到鼓励，在任何时间和地点，挑战所遇到的潜在不安全实践，并识别所存在的安全缺陷。对员工所识别的安全缺陷，组织应给予及时处理和反馈。

企业组织宜建立员工安全绩效评估系统，应建立将安全绩效与工作业绩相结合的奖励制度。审慎对待员工的差错，应避免过多关注错误本身，而以吸取经验教训为目的。应仔细权衡惩罚措施，避免因处罚而导致员工隐瞒错误。

企业组织宜在组织内部树立安全榜样或典范，营造安全行为和安全态度的示范效应。

④安全信息传播与沟通

企业组织应建立安全信息传播系统，综合利用各种传播途径和方式，提高传播效果。

企业组织应优化安全信息的传播内容，将组织的安全经验和思想作为传播内容的组成部分。

企业组织应就安全事项建立良好的沟通程序，确保组织与政府监管机构和相关方、各级管理者与员工、员工相互之间的沟通。沟通应满足：确认有关安全事项的信息已经发送，并被接受方所接收和理解；涉及安全事件的沟通信息应真实、开放；每个员工都应认识到沟通对安全的重要性，从他人处获取信息和向他人传递信息。

⑤自主学习与改进

企业组织应建立有效的安全学习模式，实现动态发展的安全学习过程，保证安全绩效的持续改进。安全学习过程的模式如图 3 所示。

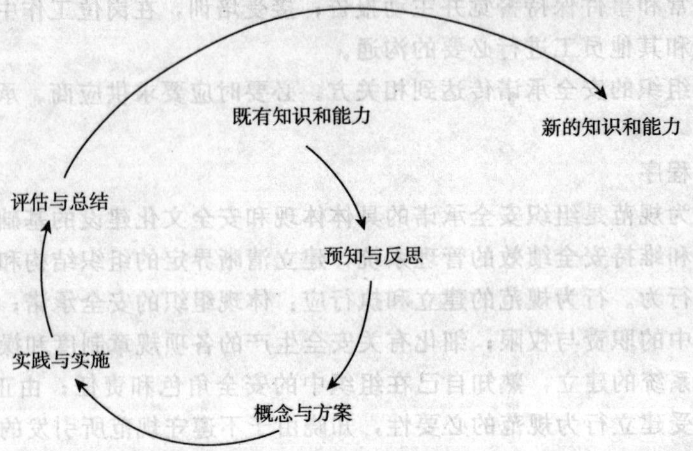

图 3　安全学习过程模式

企业组织应建立正式的岗位适任资格评估和培训系统，确保全体员工充分胜任所承担的工作。应制定人员聘任和选拔程序，保证员工具有岗位适任要求的初始条件；安排必要的培训及定期复训，评估培训效果；培训内容除有关安全知识和技能外，还应包括对严格遵守安全规范的理解，以及个人安全职责的重要意义和因理解偏差或缺乏严谨而产生失误的后果；除借助外部培训机构外，应选拔、训练和聘任内部培训教师，使其成为企业安全文化建设信息的传播者。

企业组织应将与安全相关的任何事件，尤其是人员失误或组织错误事件，当作汲取经验教训从而改进工作的宝贵机会和信息资源。应鼓励员工对安全问题予以关注，进行团队协作，辨识可供改进的机会，在适当条件下授权自主改进。经验教训、改进机会和改进过程的信息宜编写到组织内部培训课程的内容中，使员工广泛知晓。

宜在组织内部建立有效推动安全文化发展的推进师骨干队伍。推进师扮演员工、团队和领导者指导老师的角色，辅导和鼓励所有人员学习新的安全态度和行为，倡导在员工之间建立良好的信任关系和协作方法。

⑥安全事务参与

全体员工都应认识到自己负有对自身和同事安全做出贡献的重要责任。员工对安全事务的参与是落实这种责任的最佳途径。

员工参与的方式可包括以下类型：建立在信任和免责备基础上的微小差错员工报告机制；成立员工安全改进小组，给予必要的授权、辅导和交流；定期召开有员工代表参加的安全会议，讨论安全绩效和改进行动；开展岗位风险预见性分析和不安全行为或不安全状态的自查自评活动。

企业组织应根据自身的特点和需要确定员工参与的形式。

所有承包商对企业组织的安全绩效改进均可做出贡献。企业组织应建立承包商参与安全改进的机制，包括：应将与承包商有关的政策纳入安全文化建设的范畴；应加强与承包商的沟通和交流，必要时给予培训，使承包商清楚组织的要求和标准；应让承包商参与工作准备、风险分析和经验反馈等活动；倾听承包商对组织安全改进机会的意见。

⑦审核与评估

企业组织应对自身安全文化建设情况进行定期的全面审核，包括：领导者应定期组织各级管理者评审企业安全文化建设过程的有效性和安全绩效结果；领导者应根据审核结果确定并落实整改安全缺陷的优先次序，并识别新的改进机会；必要时，应鼓励相关方实施这些优先次序和改进机会，以确保其安全绩效与组织协调一致。

在安全文化建设过程中及审核时，应采用有效的安全文化评估方法，关注安全绩效下滑的前兆，给予及时的控制和改进。

3. 推进与保障

①规划与计划

企业应充分认识安全文化建设的阶段性、复杂性和持续改进性，由最高领导人组织制定推动本企业安全文化建设的长期规划和阶段性计划。规划和计划应在实施过程中不断完善。

②保障条件

企业应充分提供安全文化建设的保障条件，包括：明确安全文化建设的领导职能，建立领导机制；确定负责推动安全文化建设的组织机构与人员，落实其职能；保证必需的建设资金投入；配置适用的安全文化信息传播系统。

③推动骨干的选拔和培养

企业宜在管理者和普通员工中选拔和培养一批能够有效推动安全文化发展的骨干。这些骨干扮演员工、团队和各级管理者指导老师的角色，承担辅导和鼓励全体员工向良好的安全态度和行为转变的职责。

四、安全文化建设的操作步骤

1. 建立机构

领导机构可定为“安全文化建设委员会”，必须由生产经营单位主要负责人亲自担任委员会主任，同时要确定一名生产经营单位高层领导人担任委员会的常务副主任。其他高层领导可以担任副主任，有关管理部门负责人担任委员。另外委员会必须建立一个安全文化办公室，办公室可由生产（经营）、宣传、党群、团委、工会、安全、技术等部门的人员组成，负责人日常事物。

2. 制定规划

对本单位的安全生产理念、状态进行初始评估；对本单位的安全文化理念进行定格设计；制定出科学的时间表和推进计划。

3. 培训骨干

培训骨干是推动企业安全文化建设不断更新、发展必须做的事情。训练内可包括理论、实例、经验和本企业如何实施的办法。

4. 宣传教育

宣传、教育、激励、感化是传播安全文化，促进精神文明的重要手段。相比较规章制度等刚性要素而言，安全文化这种柔性的因素往往能发挥刚性因素所不能达到的作用。

5. 努力实践

安全文化建设时安全管理中高层次的工作，是实现零事故目标的必由之路，是超越传统安全管理来解决安全生产问题的根本途径。安全文化要在生产经营单位中真正发挥作用，必须让所倡导的安全理念深入到每个员工的内心深处，落实到员工的每个具体行动上。在安全文化建设过程中，通过采取管理控制、精神激励、环境感召、心理调适、习惯养成等一系列方法，推进生产经营单位安全文化深入长足发展。

五、安全文化建设评价

安全文化评价是指为了解企业安全文化现状或企业安全文化建设效果，而采取的系统化测评行为，并得出定性或定量的分析结论。《企业安全文化建设评价准则》（AQ/T 9005—2008）中给出了安全文化评价的相关概念、评价指标、减分指标、评价程序、测评计分方法、评价指标参考权重以及水平层次评价等内容。

1. 评价指标

基础特征：企业状态特征、企业文化特征、企业形象特征、企业员工特征、企业技术特征、监管环境、经营环境、文化环境。

安全承诺：安全承诺内容、安全承诺表述、安全承诺传播、安全承诺认同。

安全管理：安全权责、管理机构、制度执行、管理效果。

安全环境：安全指引、安全防护、环境感受。

安全培训与学习：重要性体现、充分性体现、有效性体现。

安全信息传播：信息资源、信息系统、效能体现。

安全行为激励：激励机制、激励方式、激励效果。

安全事务参与：安全会议与活动、安全报告、安全建议、沟通交流。

决策层行为：公开承诺、责任履行、自我完善。

管理层行为：责任履行、指导下属、自我完善。

员工层行为：安全态度、知识技能、行为习惯、团队合作。

2. 减分指标

死亡事故、重伤事故、违章记录。

3. 评价程序

①建立评价组织机构与评价实施机构

企业开展安全文化评价工作时，首先应成立评价组织机构，并由其确定评价工作的实施机构。

企业实施评价时，由评价组织机构负责确定评价工作人员并成立评价工作组。必要时可选聘有关咨询专家或咨询专家组。咨询专家（组）的工作任务和工作要求由评价组织机构明确。

评价工作人员应具备以下基本条件：熟悉企业安全文化评价相关业务，有较强的综合分析判断能力与沟通能力；具有较丰富的企业安全文化建设与实施专业知识；坚持原则、秉公办事；评价项目负责人应有丰富的企业安全文化建设经验，熟悉评价指标及评价模型。

②制定评价工作实施方案

评价实施机构应参照本标准制定《评价工作实施方案》。方案中应包括所用评价方法、评价样本、访谈提纲、测评问卷、实施计划等内容。并应报送评价组织机构批准。

③下达《评价通知书》

在实施评价前，由评价组织机构向选定的样本单位下达《评价通知书》。《评价通知书》中应当明确：评价的目的、用途、要求、应提供的资料及对所提供资料应负的责任以及其他需在《评价通知书》中明确的事项。

④调研、收集与核实基础资料

根据本标准设计评价的调研问卷，根据《评价工作方案》收集整理评价基础数据和基础资料。资料收集可以采取访谈、问卷调查、召开座谈会、专家现场观测、查阅有关资料和档案等形式进行。评价人员要对评价基础数据和基础资料进行认真检查、整理，确保评价基础资料的系统性和完整性。评价工作人员应对接触的资料内容履行保密义务。

⑤数据统计分析

对调研结果和基础数据核实无误后，可借助 EXCEL、SPSS、SAS 等统计软件进行数据统计，然后根据本标准建立的数学模型和实际选用的调研分析方法，对统计数据进行分析。

⑥撰写评价报告

统计分析完成后，评价工作组应按照规范的格式，撰写《企业安全文化建设评价报告》，报告评价结果。

⑦反馈企业征求意见

评价报告提出后，应反馈企业征求意见并作必要修改。

⑧提交评价报告

评价工作组修改完成评价报告后，经评价项目负责人签字，报送评价组织机构审核确认。

⑨进行评价工作总结

评价项目完成后，评价工作组要进行评价工作总结，将工作背景、实施过程、存在的问题和建议等形成书面报告，报送评价组织机构。同时建立好评价工作档案。

第四章　安全生产技术基本知识

安全生产本质上是安全与生产的有机统一，安全是生产得以正常进行的条件，生产的过程也是安全保证的过程。在生产过程中，人、设备设施、作业环境、物流等要素的相互关系构成了不同的作业形式。在这些作业现场，衍生着众多的危险危害因素，一旦失控，往往会导致事故发生。因此，除了做好各项安全管理外，正确采用一些有针对性的技术性安全预防措施十分关键。

了解一些常见的危险危害因素特点，对加深安全意义的理解，突出安全管理的重点，把安全工作落到实处有重要意义。本章从安全生产的实际出发，对常见的防坠落、防触电、防机械伤害、防火防爆措施和有毒有害因素预防措施进行了介绍。

第一节　防坠落

坠落是高处作业最主要的危险，一旦发生坠落就可能导致受伤甚至死亡。

一、高处作业基本知识

高处作业是指凡在坠落高度基准面 2 m 以上（含 2 m）有可能发生坠落的高处进行的作业。高处作业包括在作业场地的作业，也包括作业时的上下攀登过程。

1. 高处作业的高度与级别

高处作业的高度是指作业位置至相应坠落高度基准面之间的垂直距离中的最大值。坠落高度基准面是指通过最低坠落着落点的水平面。最低坠落着落点是指作业位置可能坠落到的最低点。若地面和屋面相对，地面是基准面；如果地面和井底相对，井底就是基准面，地面变为高处了。当基准面高低不平时，计算高处作业的高度，应该从最低点算起。

高处作业根据作业高度划分为四个级别：

（1）高度在 2～5 m 的高处作业，称为一级高处作业。

（2）高度在 5～15 m 的高处作业，称为二级高处作业。

（3）高度在 15～30 m 的高处作业，称为三级高处作业。

（4）高度在 30 m 以上的高处作业，称为特级高处作业。

2. 高处作业坠落半径

高处作业坠落半径是指在坠落高度基准面上，坠落着落点至经坠落点的垂线和坠落高度基准面的交点之间的距离。不同级别的高处作业，除作业高度不同外，其坠落半径也不同。高处作业坠落半径根据不同的坠落高度分别为：

（1）当高度为 2～5 m 时，坠落半径为 2 m。

（2）当高度为 5～15 m 时，坠落半径为 3 m。

（3）当高度为 15～30 m 时，坠落半径为 4 m。

（4）当高度为 30 m 以上时，坠落半径为 5 m。

3. 高处作业的种类与类别

高处作业的种类分为特殊高处作业和一般高处作业两种。特殊高处作业包括以下几个类别：

(1) 在风力 6 级（风速 10.8 m/s）以上的情况下进行的高处作业，称为强风高处作业。

(2) 在高温和低温环境下进行的高处作业，称为异温高处作业。

(3) 降雪时进行的高处作业，称为雪天高处作业。

(4) 降雨时进行的高处作业，称为雨天高处作业。

(5) 室外完全采用人工照明时进行的高处作业，称为夜间高处作业。

(6) 在接近或接触带电体条件下进行的高处作业，统称为带电高处作业。

(7) 在无立足点或无牢靠立足点的条件下进行的高处作业，统称为悬空高处作业。

(8) 对突然发生的各种灾害事故进行抢救的高处作业，称为抢救高处作业。

一般高处作业系指除特殊高处作业以外的高处作业。

二、高处作业用具

1. 梯子

梯子是登高作业中不可缺少的用具。种类很多，有固定梯、活动梯、消防梯和八字扶梯等。梯子应坚实牢固，安全可靠，符合使用标准。

在使用梯子时，一般应注意下列事项。

(1) 梯子放置的安全位置应是，由梯脚到上支点垂直面的水平距离大约是梯子两支点间长度的 1/4。这种斜度可防止梯子翻倒。

(2) 使用梯子时，应把梯脚放置在结实的地面上，决不应放在可动物体或松散的土地上，以防梯子滑动或下陷。

(3) 不要把梯子靠在窗玻璃或窗框上，应当把一木板横向地且可靠地固定在梯子顶部（不要用钉子固定），然后使木板支撑在窗子的两边。不要把梯子斜靠在松动的物体或圆柱类不安全的支撑物上。

(4) 使用八字扶梯时，两边要用结实绳子拴连，梯脚要包橡皮，以防滑开跌倒。

(5) 上、下梯子时，应两手抓住梯子，在爬到作业的高度后，再用绳索提上需要携带的东西。下梯子时，应始终面向梯子，决不能从梯子上滑下，以免摔伤。

(6) 不要把短梯子拼接成长梯使用，因为拼接的梯子，其强度不够，使用时容易造成人身伤害。

(7) 金属制作的梯子不应使用于通电的电线附近，更不能用以进行带电作业。

(8) 使用梯子前，应检查有无损坏，清除梯子上的一切污物和油腻，并确认鞋底不粘、不打滑等。

(9) 有毛病的梯子不应使用，并应加适当标志，以待修理或报废。

2. 脚手架

脚手架是支持人和材料用的高架工作台，通常是临时性的，主要用于建筑工程。脚手架不仅给登高作业人员提供了安全施工条件，而且是运输物料、堆放料具的重要场所。脚手架要求除能承受一定载荷外，还具有稳定性、牢固性、可靠性，保证在施工过程中不发生倒塌，确保工人安全作业。

脚手架的种类很多，按用途分有砌墙脚手架、装修脚手架等；按搭设位置分有外脚手架、里脚手架等；按使用材料分有木、竹、金属脚手架等；按构造形式分有多立杆式、框式、桥式、阶梯式、支柱式、吊式、挂式、挑式和工具式脚手架等；按支承性质分有固定式（不能移动的）、移动式和升降式等。

各类脚手架一般均由立杆、大横杆、小横杆、斜撑、抛撑、剪刀撑以及连接卡子组成。搭设和拆除脚手架的人员是特种作业人员，要经过专门的培训，持证上岗。

安装脚手架的一般要求是：

（1）脚手架材料的规格和质量必须符合规定。

（2）构造必须符合使用的要求。

（3）有足够的面积，能方便工人安全作业，满足物料堆置和运输的需要。

（4）坚固、稳定，能保证施工期间不变形、不倾倒、不摇晃。

（5）搭拆简单，搬移方便，能多次周转使用。

（6）脚手架要铺满、铺稳，不得有空头板。

使用脚手架时应注意的事项是：

（1）脚手架上堆放的材料必须整齐平稳，不要过载。按规定，堆放多空砖、“八五”砖时，不得超过四层，标准砖不得超过三层。

（2）登高作业上下时，都应从规定的扶梯上走，决不能利用脚手架或绳索上下爬登。

（3）在多层脚手架上作业时，上下作业的位置要岔开，或铺设安全防护挡板，把几层作业面隔开。

（4）不得在脚手架上使用梯子或其他类似的工具来增加高度。

（5）当在电源线附近操作时，应特别小心，防止触电和摔下。

（6）在脚手架上砌墙时，不能向外砍砌，以防碎砖掉下伤人。

（7）为确保脚手架在整个施工过程处于完好状态，应经常对脚手架进行必要的检查和维护。

三、高处作业一般安全要求

（1）高处作业人员要定期检查身体，年老体弱人员、视力衰退人员、身体不适人员以及患有心脏病、高血压、癫痫病和有恐高症等不宜登高的人员，不得从事高处作业。

（2）年龄不满十八周岁的人员，不能从事高处作业；酒后禁止从事高处作业。

（3）遇 6 级以上强风、浓雾、雷暴等恶劣气候，露天场所不能登高。夜间登高要有足够照明。

（4）作业前应检查登高用具是否安全可靠，不得借用设备构筑物、支架、管道、绳索等非登高设施，作为登高工具。

（5）高处作业必须和高压电线保持一定距离，或采取防护措施。检修用金属材料至少距离裸导线 2 m 以上。

（6）在高处作业应谨慎小心，衣着要轻便，禁止穿拖鞋、高跟鞋、硬底鞋、带钉鞋和易滑鞋，不准嬉闹玩笑。

（7）在高处不可扔物，大件工具要拴牢，防止滑落。地面上的监护人或指挥人，应和登高者统一联络信号，下方应设围栏，禁止无关人员进入。如必须交叉作业，应上下可靠隔绝。

（8）在石棉瓦上作业时，应用固定的跳板或铺瓦梯。在屋面、斜坡、坝顶、吊桥、框架边沿及设备顶上等立足不稳之处作业，均应装设脚手架、栏杆或安全网。

（9）高处预留孔、起吊孔的盖板或栏杆，不得任意移去。如因检修而必须移去时，禁止在孔洞附近堆物，而且施工间断期间应有防护设施，施工完毕后，必须及时恢复原状。

（10）使用铁凳、梯子等用具时，要将其安放牢固并设防滑装置，跨度不得大于 3 m。不准在小推车或不稳固的物体上进行高处作业。

四、高处作业安全护具

安全帽、安全带（绳）、安全网被称为高处作业“三件宝”，对保护人身安全起到了重要作用。

1. 安全帽

安全帽是避免或减轻从高处坠落物体或侧向飞来物体对头部造成危害的个体防护用具。安全帽对头部的防护是利用安全帽的帽体、帽衬的缓冲结构，使瞬间冲击力由安全帽传递分布在头盖骨的整个面积上，减缓冲击力对头部的伤害。

安全帽主要由帽壳和帽衬两部分组成，其材料多为塑料、橡胶、金属及植物条（柳、藤、竹）等。其种类按不同材质、结构和用途分类。国家标准 GB 2811 对安全帽进行了规定。

选择和使用安全帽时，要注意以下几点：

(1) 在每次使用之前，一定要检查安全帽是否有裂痕、碰伤痕迹或凹凸不平、磨损等情况。安全帽有了损伤，会影响其性能，应及时报废。

(2) 使用时，安全帽的帽带一定要系牢，如果不系牢，即使帽壳与头顶之间有足够的空间，也不能充分发挥防护作用，在物体坠落时会因安全帽脱落而造成伤害。

(3) 安全帽一定要戴正，不要把安全帽歪戴在脑后，歪戴会降低安全帽对冲击的防护作用。

(4) 不要为了透气而在安全帽壳上随便开孔，也不要随意摔碰安全帽，以免降低帽壳强度。

(5) 安全帽不应放置在有酸、碱及高温、日晒等场所，更不能和坚硬物放在一起。

(6) 受过一次强冲击的安全帽应及时报废，不能继续使用。

2. 安全带（绳）

安全带的防护作用就是通过安全带将作业人员的身体系结于固定物体之上，以防作业人员不慎坠落造成伤亡。安全带整体强度应能够承受人体坠落时的冲击力。同时，绳的长度有一定限制，能够在人体坠落到可以致伤的某一限度之前将坠落者拉住。

安全带主要由带、绳、金属配件三部分组成。为了便于操作和延长安全带的使用寿命，安全带使用的材料具有重量轻、耐磨损、耐腐蚀、吸水率低和适应温度范围广等特点。

目前，我国的安全带标准规定用锦纶、维纶、蚕丝料做绳带。金属配件有各种钩、环、卡子等，一般采用普通碳素钢和铝合金钢板冲制。

安全带的种类很多，按功能和属性分类，可以分为围杆作业、悬挂作业、攀登作业三大类。按用途分类，有电工、电信工、高空作业、架子工、铁路调度员和消防安全带等。

选用安全带时一定要慎重，必须根据不同作业人员的使用用途，选择有合格证的产品，掌握正确的使用方法。使用不当就会增加冲击负荷，威胁作业人员的生命安全。

安全带的正确使用方法和使用注意事项是：

(1) 水平拴挂。将安全带系在腰部，把绳的挂钩挂在和安全带同一水平的位置上，人和挂钩保持基本等于绳长的距离，称为水平拴挂。这种挂绳方法的优点是：当作业人员不慎坠落时，身体向下摆动冲击，而摆动冲击负荷要小于垂直冲击负荷。但在摆动过程中不要与其他物体相碰，以免造成碰撞伤害。

(2) 高挂低用。将安全绳挂在高处，人在下面工作，称为高挂低用。高挂低用可以减小实际冲击距离，使人和绳承受较小的冲击力，是最理想的一种挂绳方法。相反，低挂高用会增加冲击力，容易发生危险，切忌使用。

(3) 每次使用前都要对安全带做一次外观检查，看看绳上的保护套是否完好，绳带有无断股、变质等情况，发现问题应停止使用。

(4) 使用时钩、环一定要挂牢，卡子一定要扣紧。挂绳不得打结。挂钩不能直接挂在绳上，必须挂在绳的圆环上使用。受过强冲击的挂绳应及时更换，不得继续使用。

(5) 安全带使用后，要注意养护和保管，经常检查安全带的缝制部分是否开线，金属配件是否生锈等，以保证安全带经常处于完好状态。

(6) 安全带要保持清洁，弄脏后可用肥皂清洗，漂净后阴干。因为一般的合成纤维过分受热会使纤维软化或熔化，加快老化速度，所以不能用热水清洗，也不能长时间日晒或火烤。

(7) 安全带不用时应将安全带卷成盘状，置于阴凉干燥的地点，不能放在潮湿或长时间日晒的场所。金属配件可适当地涂些机油或凡士林，以防生锈。

3. 安全网

安全网是用来防止人、物坠落或用来避免、减轻坠落及物击伤害的网具。

安全网一般由网体、边绳、系绳、筋绳、网绳、试验绳等组成。网体：由纤维绳（或线）结成，具有菱形或方形网目。边绳：围绕网体的边缘，决定安全网公称尺寸的绳。系绳：把安全网固定在支撑物上的绳。筋绳：增加安全网强度的绳。网绳：编结网体的绳（线）。试验绳：供试验判断安全网材料老化变质情况用的绳。

安全网可分为平网和立网两类：安装平面不垂直水平面的称平网，其作用是挡住坠落的人或物，避免并减轻坠落及物击伤害；安装平面垂直于水平面的称立网，其作用是防止人或物坠落造成伤害。

在选择和使用安全网时，要注意以下方面。

(1) 安全网的型号选择和安装要由受过专门培训的人员进行。

(2) 安全网安装完毕，必须经安全人员检查合格后方可使用。使用网时，应避免发生下列现象：把网拖过粗糙的表面或锐边，在网内或网下方堆积物品，人跳进或重物投入网内，大量焊接或其他火星落入网内，网周围有严重的酸碱烟雾等。

(3) 对使用中的安全网每周至少有一次定期检查，当受到较大冲击后，最好更换网或进行检查，如是否有严重的变形和磨损，有无断裂，有无霉变，连接部位有无松脱等。在确认无上述任何一项缺陷时，方可继续使用，否则应对网进行修理或更换。

(4) 在使用过程中必须经常清理网上落物，保持网工作面的清洁。

(5) 必须保证试验绳始终穿在网上，网使用后，每隔 3 个月必须对试验绳进行强力试验（或根据产品说明定期进行试验）。

(6) 安全网不要随便拆除，必须在被保护区域的作业完成后，方可拆除其网。拆除网必须在有经验的人员严格监督下进行。

(7) 安全网必须由专人保管、发放。暂时不用的网应储存在通风、遮光、隔热，无化学物品侵蚀的仓库或专用场所。搬运袋装安全网时，禁止使用勾子。

第二节 防触电

电是使用最广泛最便利的能源，但如果不懂得用电安全常识和缺少安全防护措施，就会导致包括人身触电事故在内的电气安全事故。

一、触电事故方式

按照触电构成方式，触电事故分为电击和电伤。

1. 电击

通常所说的触电指的是电击。电击是电流对人体内部组织的伤害，是最危险的一种伤害，绝大多数的触电死亡事故都是由电击造成的。

按照发生电击时电气设备的状态，电击分为直接接触电击和间接接触电击。前者是触击设备和线路正常运行时的带电体发生的电击，也称为正常状态下的电击；后者是触击正常状态下不带电，而当设备或线路故障时意外带电的带电体时发生的电击，也称为故障状态下的电击。

按照人体触及带电体的方式和电流流过人体的途径，电击可分为单相触电、两相触电和跨步电压触电。

(1) 单相触电

当人体直接碰触带电设备其中的一相时，电流通过人体流入大地，这种触电现象称为单相触电。对于高压带电体，人体虽未直接接触，但由于超过了安全距离，高电压对人体放电，造成单相接地而引起的触电，也属于单相触电。

(2) 两相触电

人体同时接触带电设备或线路中的两相导体，或在高压系统中，人体同时接近不同相的两相带电导体，而发生电弧放电，电流从一相导体通过人体流入另一相导体，构成一个闭合回路，这种触电方式称为两相触电。发生两相触电时，作用于人体上的电压等于线电压，这种触电是最危险的。

(3) 跨步电压触电

当电气设备发生接地故障，接地电流通过接地体向大地流散，在地面上形成电位分布时，若人在接地短路点周围行走，其两脚之间的电位差，就是跨步电压。由跨步电压引起的人体触电，称为跨步电压触电。

2. 电伤

电伤是由电流的热效应、化学效应、机械效应等效应对人造成的伤害。电伤分为电弧烧伤、电流灼伤、皮肤金属化、电烙印、机械性损伤、电光眼等伤害。电弧烧伤是由弧光放电造成的烧伤，是最危险的电伤。电弧温度高达8 000℃，可造成大面积、深度的烧伤，甚至烧焦、烧毁四肢及其他部位。

二、触电事故规律

根据对触电事故的分析，从触电事故的发生率上看，可发现以下规律。

1. 触电事故季节性明显

统计资料表明，每年二、三季度事故多。特别是6—9月，事故最为集中。主要原因为：①这段时间天气炎热、人体衣单而多汗，触电危险性较大；②这段时间多雨、潮湿，地面导电性增强，容易构成电击电流的回路，而且电气设备的绝缘电阻降低，容易漏电。

2. 低压设备触电事故多

统计资料表明，低压触电事故远远多于高压触电事故。其主要原因是低压设备远远多于高压设备，与之接触的人比与高压设备接触的人多得多，而且大多数比较缺乏电气安全知识。应当指出，在专业电工中，情况是相反的，即高压触电事故比低压触电事故多。

3. 携带式设备和移动式设备触电事故多

统计资料表明，携带式设备和移动式设备触电事故多。其主要原因：①这些设备是在人的紧握之下运行，不但接触电阻小，而且一旦触电就难以摆脱电源；②设备需要经常移动，工作条件差，设备和电源线都容易发生故障或损坏；③单相携带式设备的保护零线与工作零线容易接错，也会造成触电事故。

4. 电气连接部位触电事故多

统计资料表明，很多触电事故发生在接线端子、缠接接头、压接接头、焊接接头、电缆头、灯座、插销、插座、控制开关、接触器、熔断器等分支线、接户线等处。主要是由于这些连接部位机械牢固性较差、接触电阻较大、绝缘强度较低以及可能发生化学反应的缘故。

5. 错误操作和违章作业造成的触电事故多

统计资料表明，有85%以上的事故是由于错误操作和违章作业造成的。其主要原因是安全教育不够、安全制度不严和安全措施不完善、操作者素质不高等。

6. 不同行业触电事故不同

冶金、矿业、建筑、机械行业触电事故多。这些行业的生产现场经常伴有潮湿、高温、现场混乱、移动式设备和携带式设备多以及金属设备多等不安全因素，以致触电事故多。

7. 不同年龄段的人员触电事故不同

中青年工人、非专业电工、合同工和临时工触电事故多。其主要原因是：①这些人是主要操作者，经常接触电气设备；②这些人经验不足，又比较缺乏电气安全知识，其中有的责任心还不够强，以致触电事故多。

从造成事故的原因上看，很多触电事故都不是由单一原因，而是由两个以上的原因造成的。但触电事故的规律不是一成不变的，例如，低压触电事故多于高压触电事故在一般情况下是成立的，但对于专业电气工作人员来说，情况往往是相反的。

三、防直接接触电击措施

绝缘、屏护、间距等措施是常见的防止直接接触电击的防护措施。

1. 绝缘

绝缘是用绝缘物把带电体封闭起来。电气设备的绝缘应符合其相应的电压等级、环境条件和使用条件；电气设备的绝缘不得受潮，表面不得有粉尘、纤维或其他污物，不得有裂纹或放电痕迹，表面光泽不得减退，不得有脆裂、破损，弹性不得消失，运行时不得有异味；绝缘的电气指标主要是绝缘电阻。绝缘电阻用兆欧表测量。

2. 屏护

屏护是采用遮栏、护罩、护盖、箱闸等将带电体同外界隔绝开来。屏护装置应有足够的尺寸，应与带电体保证足够的安全距离：遮栏与低压裸导体的距离不应小于0.8 m；网眼遮栏与裸导体之间的距离，低压设备不宜小于0.15 m，10 kV设备不宜小于0.35 m。屏护装置应安装牢固。金属材料制成的屏护装置应可靠接地（或接零）。遮栏、栅栏应根据需要挂标示牌。遮栏出入口的门上应根据需要安装信号装置和连锁装置。

3. 间距

间距是将可能触及的带电体置于可能触及的范围之外。其安全作用与屏护的安全作用基本相同。带电体与地面之间、带电体与树木之间、带电体与其他设施和设备之间、带电体与带电体之间均需保持一定的安全距离。安全距离的大小决定于电压高低、设备类型、环境条件和安装方式等因素。架空线路的间距须考虑气温、风力、覆冰和环境条件的影响。在低压操作中，人体及其所携带工具与带电体的距离不应小于0.1 m。

四、防间接接触电击措施

保护接地与保护接零是防止间接接触电击最基本的措施，正确掌握应用，对防止事故的发生十分重要。

1. IT系统（保护接地）

IT系统就是保护接地系统。IT系统的字母I表示配电网不接地或经高阻抗接地，字母T表示电气设备外壳接地。所谓接地，就是将设备的某一部位经接地装置与大地紧密连接起来。保护接地的做法是将电气设备在故障情况下可能呈现危险电压的金属部位经接地线、接地体同与大地紧密地连接起来。其安全原理是把故障电压限制在安全范围以内，以保证电气设备（包括变压器、电机和配电装置）在运行、维护和检修时，不因设备的绝缘损坏而导致人身事故发生。

保护接地适用于各种不接地配电网。在这类配电网中，凡由于绝缘损坏或其他原因而可能呈现危险电压的金属部分，除另有规定外，均应接地。

在380 V不接地低压系统中，一般要求保护接地电阻$R \leqslant 4\ \Omega$。当配电变压器或发电机的容量不超过100 kV·A时，要求$R \leqslant 10\ \Omega$。

2. TT系统

TT系统的第一个字母T表示配电网直接接地，第二个字母T表示电气设备外壳接地。我国绝大部分地面企业的低压配电网都采用星形接法的低压中性点直接接地的三相四线配电网。这种配电网能提供一组线电压和一组相电压。中性点的接地RN叫做工作接地，中性点引出的导线叫做中性线也叫做工作零线。

TT系统的接地RE也能大幅度降低漏电设备上的故障电压，但一般不能降低到安全范围以内。因此，采用TT系统必须装设漏电保护装置或过电流保护装置，并优先采用漏电保护装置。

TT系统主要用于低压用户，即未装备配电变压器，从外面引进低压电源的小型用户。

3. TN系统（保护接零）

TN系统相当于传统的保护接零系统。典型的TN系统，一般来说，PE是保护零线，Rs叫做重复接地。TN系统中的字母N表示电气设备在正常情况下不带电的金属部分与配电网中性点之间，亦即与保护零线之间紧密连接。保护接零的安全原理是当某相带电部分碰连设备外壳时，形成该相对零线的单相短路；短路电流促使线路上的短路保护元件迅速动作，从而把故障设备电源断开，消除电击危险。虽然保护接零也能降低漏电设备上的故障电压，但一般不能降低到安全范围以内，其第一位的安全作用是迅速切断电源。

TN系统分为TN—S，TN—C—S，TN—C三种类型。TN—S系统的安全性能最好。有爆炸危险环境、火灾危险性大的环境及其他安全要求高的场所应采用TN—S系统；厂内低压配电的场所及民用楼房应采用TN—C—S系统。

五、其他预防电击技术

1. 双重绝缘和加强绝缘

双重绝缘指工作绝缘（基本绝缘）和保护绝缘（附加绝缘）。前者是带电体与不可触及的导体之间的绝缘，是保证设备正常工作和防止电击的基本绝缘；后者是不可触及的导体与可触及的导体之间的绝缘，是当工作绝缘损坏后用于防止电击的绝缘。加强绝缘是具有与上述双重绝缘相同水平的单一绝缘。

具有双重绝缘的电气设备属于Ⅱ类设备。Ⅱ类设备的电源连接线应按加强绝缘设计。Ⅱ类设备在其明显部位应有“回”形标志。

2. 安全电压

安全电压是在一定条件下、一定时间内不危及生命安全的电压。具有安全电压的设备属于

Ⅲ类设备。安全电压限值是在任何情况下，任意两导体之间都不得超过的电压值。我国标准规定工频安全电压有效值的限值为 50 V。我国规定工频有效值的额定值有 42 V、36 V、24 V、12 V 和 6 V。凡特别危险环境使用的携带式电动工具应采用 42 V 安全电压；凡有电击危险环境使用的手持照明灯和局部照明灯应采用 36 V 或 24 V 安全电压；金属容器内、隧道内、水井内以及周围有大面积接地导体等工作地点狭窄、行动不便的环境应采用 12 V 安全电压；水上作业等特殊场所应采用 6 V 安全电压。

3. 电气隔离

电气隔离指工作回路与其他回路实现电气上的隔离。电气隔离是通过采用 1∶1，即一次边、二次边电压相等的隔离变压器来实现的。电气隔离的安全实质是阻断二次边工作的人员单相触电时电流的通路。

电气隔离的电源变压器必须是隔离变压器，二次边必须保持独立，应保证电源电压 $U \leqslant$ 500 V、线路长度 $L \leqslant 200$ m。

4. 漏电保护（剩余电流保护）

漏电保护装置主要用于防止间接接触电击和直接接触电击。漏电保护装置也用于防止漏电火灾和监测一相接地故障。

电流型漏电保护装置以漏电电流或触电电流为动作信号。动作信号经处理后带动执行元件动作，促使线路迅速分断。

漏电保护装置的动作时间指动作时最大分断时间。快速型和定时限型漏电保护装置的动作时间应符合国家标准的有关要求。

六、人体防静电与防雷电

1. 人体防静电

人体防静电主要是防止带电体向人体放电或人体带静电所造成的危害，人体静电的防止，既要利用接地、穿防静电鞋、防静电工作服等具体措施，减少静电在人体上积累，又要加强规章制度和安全技术教育保证安全操作，具体措施如下：

（1）人体接地。在人体必须接地的场所，应装设金属接地棒——消电装置。工作人员随时用手接触接地棒，以清除人体所带有的静电。

（2）工作地面导电化。采用导电性地面是一种接地措施，不但能导走设备上的静电，而且有利于导除积累在人体上的静电。用洒水的方法使混凝土地面、嵌木胶合板湿润，使橡皮、树脂和石板的粘合面以及涂刷地面能够形成水膜，增加其导电性。

（3）确保安全操作。在工作中，应尽量不做与人体带电有关的事情，如接近或接触带电体；在有静电危险的场所，不得携带与工作无关的金属物品，如钥匙、硬币、手表、戒指等，也不许穿钉子鞋等进入现场。

2. 人身防雷电

（1）雷暴时，应尽量减少在户外或野外逗留时间；在户外或野外最好穿塑料等不浸水的雨衣；如有条件，可进入有宽大金属构架或有防雷设施的建筑物、汽车或船只。

（2）雷暴时，应尽量离开小山、小丘、隆起的小道，应尽量离开海滨、湖滨、河边、池塘旁，应尽量避开铁丝网、金属晒衣绳以及旗杆、烟囱、宝塔、孤独的树木附近，还应尽量离开没有防雷保护的小建筑物或其他设施。

（3）雷暴时，在户内应离开照明线、动力线、电话线、广播线、收音机和电视机电源线、收音机和电视机天线以及与其相连的各种金属设备。

(4) 雷雨天气，应注意关闭门窗。

七、电磁辐射防护

随着现代科技的高速发展，一种看不见、摸不着的污染源日益受到各界的关注，这就是被人们称为“隐形杀手”的电磁辐射。今天，越来越多的电子、电气设备的投入使用使得各种频率的不同能量的电磁波充斥着地球的每一个角落乃至更加广阔的宇宙空间。对于人体这一良好导体，电磁波不可避免地会构成一定程度的危害。防护措施主要有电磁屏蔽、接地等。

(1) 电磁屏蔽。电磁辐射的防护手段是在电磁场传递的途径中安设电磁屏蔽装置，使有害的电磁场强度降低至容许范围以内。电磁屏蔽装置一般为金属材料制成的封闭壳体。一般地说，频率越高，壳体越厚，材料导电性能越好，屏蔽效果也就越大。

(2) 接地。所谓接地，就是在两点间建立传导通路，以便将电子设备或元件连接到某些通常叫做“地”的参考点上。接地和屏蔽有机地结合起来，就能解决大部分电磁干扰问题。

(3) 其他措施。控制电磁辐射，除采用上述电磁屏蔽措施外，还应积极采取其他综合性的防治对策，例如改进电气设备，实行遥控和遥测，减少接触高强度电磁辐射的机会等。

第三节 防机械伤害

机械设备是现代生产和生活中必不可少的装备。机械在给人们带来高效、快捷和方便的同时，在其运行、使用过程中，也会带来撞击、挤压、切割等机械伤害和触电、噪声、高温、爆炸等非机械危害。

一、机械伤害类型及原因

1. 机械伤害类型

(1) 绞伤。直接绞伤手部，如外露的齿轮、皮带轮等直接将手指，甚至整个手部绞伤或绞掉；将操作者的衣袖、裤脚或者穿戴的个人防护用品如手套、围裙等绞进去，随之绞伤人，甚至可将人绞死；将女工的长发绞进去，如车床上的光杠、丝杠等将女工的长发绞进去。

(2) 物体打击。旋转的零部件由于其本身强度不够或者固定不牢固，从而在转动时甩出去，将人击伤。如车床的卡盘，如果不用保险螺丝固住或者固定不牢，在打反车时就会飞出伤人。在可以进行旋转的零部件上，摆放未经固定的东西，导致在旋转时，由于离心力的作用，将东西甩出伤人。

(3) 压伤。如冲床造成手冲压伤，锻锤造成的压伤，切板机造成的剪切等。

(4) 砸伤。如高处的零部件掉下来砸伤人，吊运的物体掉下来砸伤人。

(5) 挤伤。如零部件在做直线运动时，将人身某部分挤住，造成伤害。

(6) 烫伤。如刚切下来的切屑具有较高的温度，如果接触手、脚、脸部的皮肤，就会造成烫伤。

(7) 刺割伤。如金属切屑都有锋利的边缘，像刀刃一样，接触到皮肤，就会割伤。最严重的是飞出的切屑打入眼睛，会造成眼睛受伤甚至失明。

2. 机械设备事故的原因

(1) 机械的不安全状态。如防护、保险、信号装置缺乏或有缺陷，设备、设施、工具、附件有缺陷，个人防护用品、用具缺少或有缺陷，生产场地环境（包括照明、通风）不良或作业场所狭窄、杂乱，操作工序设计或配置不安全，交叉作业过多，地面有油、液体或其他易滑物，物品堆放过高、不稳等。

(2) 操作者的不安全行为。忽视安全、操作错误，包括未经许可开动、关停、移动机器，按错按钮，转错阀门、扳手、手柄的方向；拆除安全装置或调整错误造成安全装置失效；用手代替工具操作或用手拿工件进行机械加工；使用无安全装置的设备或工具；机械运转时进行加油、修理等作业；攀、坐不安全位置（如平台护栏、吊车吊钩等）；未使用各种个人防护用品、用具，进入必须使用个人防护用品、用具的作业场所；装束不安全（如操纵带有旋转零部件的设备时戴手套，穿高跟鞋、拖鞋进入车间等）；无意或为了排除故障而走近危险部位。

(3) 管理上的因素。如设计、制造、安装或维修上的缺陷或错误，领导对安全工作不重视，在组织管理方面存在缺陷，教育培训不够，操作者业务素质差，缺乏安全知识和自我保护能力等。

二、机械设备一般安全规定

机械设备一般安全规定是保证安全运行的一些基本要求。在生产作业过程中，只要遵守这些规定，就能及时消除隐患，避免事故的发生。

1. 布局要求

机械设备的布局要合理，应便于操作人员装卸工件、加工观察清除杂物，同时也应便于维修人员的检查和维修。

2. 强度、刚度符合要求

机械设备的零、部件的强度、刚度应符合安全要求，安装应牢固，不能经常发生故障。

3. 安装必要的安全装置

机械设备根据有关安全要求，必须装设合理、可靠、不影响操作的安全装置。

(1) 对于作旋转运动的零、部件应装设防护罩或防护挡板、防护栏杆等安全防护装置，以免发生绞伤。

(2) 对于超压、超载、超温度、超时间、超行程等能发生危险事故的部件，应装设保险装置，如超负荷限制器、行程限制器、安全阀、温度继电器、时间断电器等等，以便当危险情况发生时，由于保险装置作用而排除险情，防止事故的发生。

(3) 对于某些动作需要对人们进行警告或提醒注意时，应安设信号装置或警告标志等。如电铃、喇叭等声音信号，还有各种灯光信号、各种警告标志牌等。

(4) 对于某些动作顺序不能搞颠倒的零、部件应装设连锁装置。某一动作，必须在前一个动作完成之后，才能进行，否则就不能进行。这样就能保证不致因动作顺序搞错而发生事故。

4. 机械设备的电气装置的安全要求

供电的导线必须正确安装，不得有任何破损的地方；电机绝缘应良好，其接线板应有盖板防护，以防直接接触；开关、按钮等应完好无损，其带电部分不得裸露在外；应有良好的接地或接零装置，连接的导线要牢固，不得有断开的地方；局部照明灯应使用 36 V 的电压，禁止使用 110 V 或 220 V 的电压。

5. 操纵手柄以及脚踏开关的要求

重要的手柄应有可靠的定位及锁紧装置，同轴手柄应有明显的长短差别；脚踏开关应有防护罩或藏入床身的凹入部分，以免掉下的零件落到开关上，启动机械设备而伤人。

6. 环境要求和操作要求

机械设备的作业现场要有良好的环境，即照度要适宜，湿度与温度要适中，噪声和振动要小，零件、工夹具等要摆放整齐。每台机械设备应根据其性能、操作顺序等制订出安全操作规程及检查、润滑、维护等制度，以便操作者遵守。

三、危险较大机械设备防护措施

(一) 压力机械危险和防护

1. 主要危险

(1) 误操作。工序单一，操作频繁，容易引起人的精神紧张和身体疲劳。如果是手工上下料，特别是在采用脚踏开关的情况下，极易发生误动作，从而造成轧手事故，或设备受到损坏。

(2) 动作失调。速度快，生产率高，在手工上下料的情况下，体力耗大，容易产生动作失调而发生事故。压力机械发生轧手事故，最主要的是在送进和取出加工件过程中，手足失去平衡时；在找材料位置时；取出压模中被卡住的材料时。

(3) 多人配合不好。对多人操作的压力机，如果配合不好，也容易发生事故。

(4) 设备故障。压力机械本身的一些故障，如离合器失灵而造成冲；调整模具时，滑块下滑；脚踏开关失控等，都会出现安全装置失灵造成人身伤害。人们往往认为安全装置能够保障安全，因此对安全装置出现故障在精神上毫无准备，从而导致事故发生。

2. 安全防护措施

(1) 开始操作前，必须认真检查防护装置是否完好，离合器制动装置是否灵活和安全可靠。应把工作台上的一切不必要的物件清理干净，以防工作时震落到脚踏开关上，造成设备突然启动而发生事故。

(2) 冲小工件时，不得用手，应该有专用工具，最好安装自动送料装置。

(3) 操作者对脚踏开关的控制必须小心谨慎，装卸工件时，脚应离开开关，严禁无关人员在脚踏开关的周围停留。

(4) 如果工件卡在模子里，不准用手拿，应用专用工具取出，并将其从脚踏板上移开。

(5) 多人操作时，必须互相协调配合好，并确定专人负责指挥。

(二) 剪板机械危险和防护

1. 主要危险

剪板机是将金属板料按生产需要剪切成不同规格的块料。剪板有上下刀口，一般将下刀口装在工作台上，上刀口做往复运动。某一特定剪板机所能剪切坯料的最大厚度和宽度，以及坯料的大强度极限值均有限制，超过限定值使用便可能毁坏机器。剪板的刀口非常锋利，是个危险的“虎口”，而工作中操作的手指又经常接近刀口，所以操作不当，就会发生剪切手指等严重事故。

2. 安全防护措施

(1) 工作前要认真检查剪板机各部分是否正常，电气设备是否完好，安全防护装置是否可靠，润滑系统是否畅通。然后加润滑油，试车，汽切完好，方可使用。两人以上协同操作时，必须确定一个人统一指挥，检查台面及周围确无障碍时，方可开动机床切料。

(2) 剪板机不准同时剪切两种不同规格、不同材质的板料。禁止无料剪切，剪切的板面要求表面平整，不准剪切无法压紧的较窄板料。

(3) 操作剪板机时要精神集中，送料时手指应离开刀口 200 mm 外，并且要离开压紧装置。送料、取料要防止钢板划伤，防止剪落钢板伤人。脚踏开关应装坚固的防护盖板，防止重物掉下落在踏板上或误踏。开车时不准加油或调整机床。

(4) 各种剪板机要根据规定的剪板厚度，适当调整刀口间隙，防止使用不当而发生事故。

(5) 剪板机的制动器应经常检查，保证可靠，防止因制动器松动，上刀口突然落下伤人。

(6) 板料和剪切后的条料边缘锋利，有时还有毛刺，应防止刮伤。

(7) 在操作过程中，采用安全的手用工具完成送料、定位、取件及清理边角料等操作，可防止手指被模具轧伤。

(三) 钻削加工危险和防护

1. 钻削加工危险

(1) 在钻床上加工工件时，主要危险来自于旋转的主轴、钻头、钻夹、随钻头一起旋转的长螺旋形切屑。

(2) 旋转的钻头、钻夹及切屑易卷住操作者的衣服、手套和长发。

(3) 工件装夹不牢或根本没有夹具而用手握住进行钻削，在切削力作用下，工件松动歪斜，甚至随钻头一起旋转而伤人。

(4) 切削中用手清除切屑、用手制动钻头、主轴而造成伤害事故。

(5) 使用修磨不当的钻头、钻削头过大等易使钻头折断而造成伤害事故。

(6) 卸下钻头时，用力过大，钻头落下砸伤脚。

(7) 机床照明不足或有刺眼光线、制动装置失灵等都是造成伤害事故的原因。

2. 安全防护措施

(1) 在旋转的主轴、钻头四周设置圆形可伸缩式防护网。采用带把手楔铁，可完全防止卸钻头时，钻头落地伤人。

(2) 各运动部件应设置性能可靠的锁紧装置，台钻的中间工作台、立钻的回转工作台、摇臂钻的摇臂及主轴箱等，钻孔前都应锁紧。

(3) 凡需紧固才能保证加工质量和安全的工件，必须牢固地夹紧在工作台上，尤其是轻型工件更需夹紧牢固，切削中发现松动，严禁用手扶持或在运转中紧固。安装钻头及其他工具前，应认真检查刃口是否完好，是否与钻套配合，表面是否有磕伤或拉痕，刀具上是否黏附着切屑等。更换刀具应停机后进行。

(4) 工作时不准戴手套。

(5) 不要把工件、工具及附件放置在工作台或运行部件上，以防落下伤人。

(6) 使用摇臂钻床时，在横臂回转范围内不准站人，不准堆放障碍物。钻孔前横臂必须紧固。

(7) 钻薄铁板时，下面要垫平整的木板。较小的薄板必须用克丝钳卡牢，快要钻透时要慢进。

(8) 钻深孔时要经常抬起钻头排屑，以防钻头被切屑挤死而折断。

(9) 工作结束时，应将横臂降到最低位置，主轴箱靠近立柱。

四、特种设备安全管理

设备设施种类繁多，不同设备设施构造原理不同。由国家认定的涉及生命安全、危险性较大的设备称为特种设备。按照《特种设备安全监察条例》和有关规定，特种设备包括锅炉、压力容器（含气瓶）、压力管道、电梯、起重机械、客运索道、大型游乐设施、场（厂）内专用机动车辆等设备。

1. 特种设备的主要危险

特种设备的主要危险包括爆炸、火灾、烫伤、中毒、窒息、触电、坠落、碰撞、物体打击、设备伤害等。造成事故的主要原因有以下几个方面：设备本身质量原因；违章操作原因；安全装置原因；定期检验或维护管理不到位原因；充装环节失控原因等。

2. 特种设备安全监管方式和内容

对特种设备的管理，国家实行全过程的安全监察，即对其设计、制造、安装、使用、检验、修理和改造等环节实行全过程安全监察，俗称“一条龙”管理或称“一生管理”，即从其设计开始到报废全过程实施监督。

（1）设计。锅炉、压力容器中的气瓶、氧舱和客运索道、大型游乐设施的设计实行设计文件审批制度，经国务院特种设备安全监督管理部门核准的检验检测机构鉴定，才能用于制造；压力容器设计实行设计单位资格认可制度，并实行分级管理原则，即一、二类压力容器设计单位由省质监局批准，三类压力容器、汽车槽车、铁路槽车和超高压容器的设计单位由国家质检总局批准。

（2）制造。锅炉、压力容器、压力管道元件、电梯、起重机械、客运索道、大型游乐设施及其安全附件、安全保护装置实行制造许可制度，锅炉压力容器按其压力高低、容积大小和介质的危险程度等因素，分为A、B、C、D四个等级，实行分级管理。A、B、C级锅炉压力容器由国家质检总局审批发证，D级锅炉压力容器由省质监局审批发证；锅炉、压力容器、压力管道元件、起重机械、大型游乐设施实行制造过程监督检验制度。特种设备出厂时，制造厂要提供设计文件、产品质量合格证明、安装及使用维修说明、监督检验证明等文件。未经监督检验合格的设备不得出厂。

（3）安装。安装许可制度：锅炉、压力容器、起重机械、客运索道、大型游乐设施实行安装许可制度，电梯的安装必须由电梯制造单位或者通过合同委托、同意具有电梯安装资质的单位。安装告知制度：特种设备安装前，安装单位应书面告知当地特种设备安全监督管理部门，施工验收后30日内将有关技术资料移交使用单位，使用单位应该将其存入该特种设备的安全技术档案。安装监督检验制度：锅炉、压力容器、电梯、起重机械、客运索道、大型游乐设施安装过程要接受特种设备检验检测机构的监督检验，未经监督检验合格的不得交付使用。

（4）使用。实行使用注册登记制度：特种设备在投入使用前或者投入使用后30日，使用单位应当向当地质量技术监督部门办理设备使用注册登记，登记标记应当置于或者附着于该特种设备的显著位置；特种设备存在严重事故隐患，无改造、维修价值，或者超出安全技术规范规定使用年限，特种设备使用单位应当及时予以报废，并向原登记的特种设备安全监督管理部门办理注销；锅炉、压力容器、电梯、起重机械、客运索道、大型游乐设施的作业人员及其相关管理人员，应当按照国家有关规定经特种设备安全监督管理部门考核合格，取得国家统一的特种作业人员证书，方能从事相应的作业或管理工作。

（5）检验。在用特种设备实行定期检验制度。定期检验是为了及时发现设备潜伏的缺陷，使用中因腐蚀、磨损等原因产生的新的缺陷及使用管理中出现的问题。特种设备使用单位应当按照安全技术规范的定期检验要求，在安全合格有效期届满前一个月向特种设备检验检测机构提出定期检验要求。未经定期检验或检验不合格的特种设备，不得继续使用。

（6）气瓶充装实行充装注册制度。压力容器所含的各种气瓶，由于其反复充装及可移动的特点，对气瓶充装实行了充装注册制度。通过控制充装单位的条件、充装安全管理，消除因气瓶错装、超装及超期未检瓶的充装，从而减少各种气瓶事故。充装单位申报充装注册手续是：气瓶充装单位首先向市质监局提出注册申请，经对其审查，对符合规定条件的报省质监局审核注册发证。只有取得省质监局颁发的《气体充装站充装注册证》后方可从事充装作业。该证每五年换发一次。

气体充装站的种类有永久气体充装站（氧气、氮气）、溶解乙炔气充装站、液化气体充装站（液氨、液氯）和液化石油气充装站。气瓶充装单位应当对气瓶使用者安全使用气瓶进行指导，提供服务。

(7) 修理和改造。对锅炉、压力容器、电梯、起重机械、客运索道、大型游乐设施进行修理、改造的单位须经省级特种设备安全监督管理部门许可。电梯制造单位也可对电梯进行修理、改造工作。特种设备的修理、改造单位在施工前应书面告知当地特种设备安全监督管理部门。施工验收后30日内将有关技术资料移交使用单位。使用单位应该将其存入该特种设备的安全技术档案。

锅炉、压力容器、电梯、起重机械、客运索道、大型游乐设施的改造、重大维修过程，必须经检验检测机构进行监督检验；未经监督检验合格的不得交付使用。

第四节　防火防爆

一、燃烧和爆炸的概念

1. 燃烧三要素

燃烧是可燃物与助燃物发生的一种发光发热的氧化反应。可燃物要进行燃烧，必须有助燃物的参与，并由点火源提供能量。可燃物、助燃物和点火源是可燃物质燃烧的三个基本要素。这三个要素必须同时具备，并且相互作用，才能发生燃烧。缺少三个要素中的任何一个，燃烧便不会发生。

燃烧的这三个要素是燃烧发生的必要条件，而不是充分必要条件。三个要素同时存在也不一定能发生燃烧，如果助燃物质的数量不足，火源提供的温度或热量不足，就不会发生燃烧。

(1) 可燃物。一般来说，凡是能与助燃物发生氧化反应而燃烧的物质，就称为可燃物。

根据物理状态可分为气体可燃物、液体可燃物和固体可燃物，按其组成分为无机可燃物和有机可燃物。无机可燃物有钠、铝、碳、磷、一氧化碳、二硫化碳等；有机可燃物种类很多，大部分含有碳、氢、氧元素，也有的含有磷、硫等元素，在可燃物中占很大比例。同一物质在不同的状态下，其燃烧性能是不同的。

(2) 助燃物。凡能与可燃物发生氧化反应并引起燃烧的物质称为助燃物。

同一种物质对有些可燃物来说是助燃物，而对有的助燃物则不是，如氧气是一种常见的助燃物，但钠只可以在氯气中燃烧，则氯气是钠的助燃物。除氧气外，其他常见的助燃物有氟、氯、溴、碘、硝酸盐、氯酸盐、重铬酸盐、高锰酸盐及过氧化物等。

(3) 点火源。点火源是指供给可燃物与助燃物发生燃烧反应的能量来源。热能、化学能、电能、机械能都能够提供能量。

2. 几个常用的参数和概念

闪点：在规定条件下，物体被加热到释放出的气体瞬间着火燃烧的最低温度。

燃点：在规定的条件下，用标准火焰使物体引燃并继续燃烧一段时间所需的最低温度。

自燃点：在规定条件下，不用任何辅助引燃能源而达到引燃的最低温度。

闪燃：可燃物表面或上方在很短时间内重复出现火焰一闪即灭的现象。

阴燃：没有火焰和可见光的燃烧。

爆燃：伴随爆炸的燃烧。

自燃：由于自加热引起的自发引燃。自加热可以是内部发热反应引起的温度升高，也可以是由于通电发热而产生的温度升高。

3. 火灾

火灾是火在时间上或空间上失去控制而形成灾害的燃烧现象。

（1）火灾等级的划分。按照一次火灾事故所造成的人员伤亡、受灾户数和直接财产损失，火灾等级划分为三类：

①特大火灾：死亡 10 人以上（含本数，下同）；重伤 20 人以上；死亡、重伤 20 人以上；受灾 50 户以上；直接财产损失 100 万元以上。

②重大火灾：死亡 3 人以上；重伤 10 人以上；死亡、重伤 10 人以上；受灾 30 户以上；直接财产损失 30 万元以上。

③一般火灾：不具有上述两项情形的火灾，为一般火灾。

（2）火灾中的热传播。

火灾的发展既是一个燃烧蔓延的过程，也是一个能量传播的过程。热传播是影响火灾发展的决定性因素。热传播的方式有三种：热传导、热对流、热辐射。

①热传导。由于温度梯度的存在，引起了介质内部之间的能量传递，即所谓的热传导过程。热传导是主要与固体相关的一种传热现象，液体中也有发生。影响热传导的主要因素是：温差、导热系数和导热物体的厚度和截面积。导热系数越大、厚度越小，传导的热量越多。

②热对流。热对流指燃烧处的气体或液体受热膨胀上升，上升受到阻挡时，热的气体或液体会流向四周，将热量带到了四周；而由于燃烧处的气体或液体上升了，这附近的气体或液体变得稀薄，在压力的作用下，周围的气体或液体会流向燃烧处，这样就形成了一个对流系统。这个对流系统建立后，会持续不断地将热量传播到四周。

③热辐射。热辐射是物体因其自身温度而发射出的一种电磁辐射，它以光速传播。当火灾处于发展阶段时，热辐射成为热传播的主要形式。

4. 火灾的产物

（1）火焰。可以烧毁财物，烧伤皮肤，严重的烧伤不仅损伤皮肤，还可深达肌肉、骨骼。人体被烧伤后，由于多种免疫功能低下，最容易引发严重感染。当人体被大面积烧伤时，由皮肤和黏膜共同构成的机体的第一道防线遭到破坏，皮肤的屏障作用丧失，一些病原体更会乘虚而入，并且免疫功能也会明显下降或损伤，导致严重感染。

（2）热量。随着火灾的发展，所产生的热量也会不断增加，那么火灾环境中的温度必然会不断地升高。如果温度在逃生人员未逃离火灾现场之前就达到或超过了逃生人员所能承受的极限温度，就会威胁人的生命。温度如果超过建筑构件所承受的温度时，会毁掉建筑结构。

（3）烟气。火灾过程燃烧产生的烟气包括完全燃烧产物和不完全燃烧产物，会造成人员烟气窒息。不少新型合成材料在燃烧后会产生毒性很大的烟气，有的甚至含有剧毒成分，近几年烟气中毒成为火灾致死的主要原因，超过烟气窒息。

（4）缺氧。燃烧消耗氧气的能力要远远大于人的呼吸能力，在通风不畅的情况下，随着燃烧的进行，燃烧产物不断增加，氧气浓度会不断减少。如果氧气的浓度低于逃生人员所需要的极限浓度时，必须会使人员呼吸困难，甚至发生窒息，从而威胁生命。

5. 爆炸

爆炸是物质发生急剧的物理、化学变化，在瞬间释放出大量能量并伴有巨大声响的过程。爆炸可以是一个物理过程，也可以是一个化学反应过程。爆炸现象的一个最主要的特征是爆炸过程中压力急剧升高。

(1) 爆炸的分类。按爆炸速度分类，可分为轻爆、爆炸和爆轰。按照能量的来源，爆炸可以分为三类，即物理爆炸、化学爆炸和核爆炸。

①物理爆炸。物理爆炸是由系统释放物理能引起的爆炸，如压力容器的破裂形成爆炸。物理爆炸是机械能或电能的释放和转化过程，参与爆炸的物质只是发生物理状态或压力的变化，其性质和化学成分不发生改变。

②化学爆炸。化学爆炸是由于物质的化学变化引起的爆炸，如气体混合物的爆炸、炸药爆炸等。化学爆炸时，参与爆炸的物质在瞬间发生分解或化合，变成新的爆炸产物。

③核爆炸。核爆炸是核裂变、核聚变反应所释放出的巨大核能引起的爆炸。核爆炸反应释放的能量比炸药爆炸时放出的化学能大得多，同时产生极强的冲击波，化学爆炸和核爆炸反应都是在微秒量级的时间内完成的。

(2) 爆炸极限。可燃气体、蒸气或粉尘与空气的混合物，并不是在任何浓度下遇火源都可以发生爆炸，而必须在一定的浓度范围内才能遇火源发生爆炸，这个浓度范围称为爆炸极限。

爆炸极限包括爆炸上限和爆炸下限。燃烧上限是指可燃气体、蒸气或粉尘与空气组成的混合物，能使火焰传播的最高浓度。爆炸下限是指可燃气体、蒸气或粉尘与空气组成的混合物，能使火焰传播的最低浓度。

6. 爆炸的危害

爆炸一般发生时间比较短，所造成的破坏也在瞬间完成，因此很难防范。爆炸通常伴随发热、发光、压力上升、冲击波和电离等现象，具有很大的破坏作用。主要破坏形式有直接的破坏作用、冲击波的破坏作用、造成火灾等。

(1) 直接的破坏作用。机械设备、装置、容器等爆炸后产生许多碎片，飞出后会在相当大的范围内造成危害。

(2) 冲击波的破坏作用。爆炸产生的冲击波传播速度极快，在传播过程中，可以对周围环境中的机械设备和建筑物产生破坏作用，造成人员伤亡。冲击波还可以在它的作用区域内产生震荡作用，使物体因震荡而松散，甚至遭到破坏。

(3) 造成火灾。爆炸发生后，爆炸气体产物的扩散只发生在极其短促的瞬间，对一般可燃物来说，不足以造成起火燃烧，但是爆炸时产生的高温高压和喷溅出的火苗，也可能把其他易燃物点燃引起火灾。

7. 火灾与爆炸的相互转换

(1) 火灾向爆炸的转化。当发生火灾时有可燃物和助燃物发生混合的现象，或火灾的高温将压力容器加热，使得其中的压力升高，引起爆炸。

(2) 爆炸向火灾的转换。爆炸时产生的高温，会把附近的可燃气体、易燃或可燃液体的蒸气点燃，也可能把其他易燃物点燃引起火灾；爆炸抛出的易燃物或灼热的碎片也可能把附近的可燃物点燃，发生爆炸引发火灾。

二、防火防爆的原理与基本技术措施

1. 防火防爆的原理

(1) 防火原理。引发火灾也就是燃烧的条件，即：可燃物、氧化剂和点火源三者同时存在，并且相互作用。因此只要采取措施避免或消除燃烧三要素中的任何一个要素，就可以避免发生火灾事故。

(2) 防爆原理。引发爆炸的条件是：爆炸品（内含还原剂和氧化剂）或可燃物（可燃气、蒸气或粉尘）与空气混合物和起爆能量同时存在、相互作用。因此只要采取措施避免爆炸品或爆炸混合物与起爆能量中的任何一方，就不会发生爆炸。

2. 防止产生燃烧的基本技术措施

(1) 消除着火源。可燃物（作为能源和原材料）以及氧化剂（空气）广泛存在于生产和生活中，因此，消除着火源是防火措施中最基本的措施。消除着火源的措施很多，如安装防爆灯具、禁止烟火、接地避雷、静电防护、隔离和控温、电气设备的安装应由电工安装维护保养、避免插座负荷过大等。

(2) 控制可燃物。消除燃烧三个基本条件中的任何一条，如消除火源，均能防止火灾的发生。如果采取措施消除燃烧条件中的两个基本条件，则更具安全可靠性。控制可燃物的措施主要有：以难燃或不燃材料代替可燃材料，如用水泥代替木材建筑房屋；降低可燃物质（可燃气体、蒸气和粉尘）在空气中的浓度，如在车间或库房采取全面通风或局部排风，使可燃物不易积聚，从而不会超过最高允许浓度；防止可燃物的跑、冒、滴、漏；对那些相互作用能产生可燃气体的物品，加以隔离、分开存放等；保持工作场地整洁，避免积聚杂物、垃圾。

易燃物的存放量和地点须符合法规和标准，并要远离火源。

(3) 隔绝空气。在必要时可以使生产置于真空条件下进行，或在设备容器中充装惰性介质保护，如在检修焊补（动火）燃料容器前，用惰性介质置换；隔绝空气储存，如钠存于煤油中，磷存于水中，二硫化碳用水封存放等。

(4) 防止形成新的燃烧条件。设置阻火装置，如在乙炔发生器上设置水封回火防止器，一旦发生回火，可阻止火焰进入乙炔罐内，或阻止火焰在管道里的蔓延。在车间或仓库里筑防火墙或防火门，或建筑物之间留防火间距，一旦发生火灾，不便形成新的燃烧条件，从而防止火灾范围扩大。

3. 防止爆炸的基本技术措施

(1) 以爆炸危险性小的物质代替危险性大的物质，所用的材料都是难燃烧或不燃烧物质，所用的材料都是不容易爆炸的，则爆炸危险性也会大大减少。

(2) 加强通风排气。对于可能产生爆炸混合物的场所，良好的通风可以降低可燃气体（蒸气）或粉尘的浓度；对于易燃易爆固体，储存或加工场所应配置良好的通风设施，使起爆能量不易积累；对于易燃易爆液体，除降低其蒸气和空气的混合物的浓度外，也可使起爆能量不易积累。

(3) 隔离存放。对相互作用可能发生燃烧或爆炸的物品应采取分开存放、隔离等措施，如相互之间保持一定的安全距离，或采用特定的隔离材料将它们隔离开来。

(4) 采用密闭措施。对易燃易爆物质进行密闭存放可以防止这些物质与氧气的接触，并且还可以起到防止泄漏的作用。

(5) 充装惰性介质保护。对闪点较低或一旦燃烧或爆炸会出现严重后果的物质在生产或维修中应采取充装惰性介质的措施来保护，惰性介质可以起到冲淡混合浓度、隔绝空气的作用。

(6) 隔绝空气。对于一接触到空气就发生燃烧或爆炸的物质，则必须采取措施，使之隔绝空气，可以放进不会与其发生反应的物质中，如水、油等。

(7) 安装监测报警装置。在易燃易爆的场所安装相应的监测装置，一旦出现异常就立即通过报警器报警或将信息传递到监测人员的监控器上，以便操作人员及时采取防范措施。

三、灭火

1. 主要灭火方法

所有灭火的措施都是为了破坏燃烧的条件，根据这一原理，主要灭火方法分成以下 4 类。

(1) 隔离灭火法。把可燃物与点火源或助燃物隔离开来，燃烧反应就会自动中止。

例如当火灾发生时，关闭有关阀门，切断流向着火区的可燃气体和液体的通道；拆除与火源相连的易燃建筑物，形成阻止火焰蔓延的空间地带。

(2) 窒息灭火法。大多可燃物的燃烧都必须在其最低氧气浓度以上进行，否则燃烧不能持续进行。因此，通过降低燃烧物周围的氧气浓度可以起到灭火的作用。

例如用石棉布、湿棉被、湿帆布等不燃或难燃材料覆盖燃烧物；用水蒸气或惰性气体灌注于容器、设备；封闭起火的建筑、设备的孔洞等。

(3) 冷却灭火法。对一般可燃物来说，能够持续燃烧的条件之一就是它们在火焰或热的作用下达到了各自的着火温度。因此，对一般可燃物火灾，将可燃物冷却到其燃点或闪点以下，燃烧反应就会中止。

用水冷却灭火是常用的灭火方法，固体二氧化碳灭火效果更好。二氧化碳灭火剂喷出－18℃的雪花状固体二氧化碳，在汽化时吸收大量的热，从而降低燃烧区的温度，使燃烧停止。

(4) 抑制灭火法。使用灭火剂与链式反应的中间体自由基反应，从而使燃烧的链式反应中断，燃烧不能持续进行。常用的干粉灭火剂、卤代烷灭火剂的主要灭火原理就是化学抑制作用。

2. 常用灭火剂

能够有效地破坏燃烧条件，抑制燃烧或中止燃烧的物质，称为灭火剂。常用的灭火剂有5大类十多个品种。不同的火灾，燃烧物质的性质都不同，需要的灭火剂肯定也不同，因此需要正确选择灭火剂的种类，这样才能发挥灭火剂的效能，更好地灭火，否则适得其反，造成更大的损失。常见的灭火剂有以下5种。

(1) 水灭火剂。水主要依靠冷却和窒息作用进行灭火，但是下列火灾不能用水来扑救：密度小于水或不溶于水的易燃液体的火灾，如汽油、煤油、柴油、苯等；遇水燃烧物的火灾，如金属钾、钠、铝粉、电石等，使用砂土灭火效果较好；电气火灾，未切断电源前不能用水扑救，容易造成触电；精密仪器设备和贵重文件档案的火灾，因为淋湿后会造成损坏；灼热的金属和其他物体火灾，因为一旦遇水会爆炸；强酸火灾，因为可能会使酸飞溅伤人。

(2) 干粉灭火剂。干粉灭火剂是一种干燥易于流动的粉末。干粉灭火剂主要是化学抑制和窒息作用灭火，主要通过在加压气体的作用下喷出的粉雾与火焰接触、混合时发生的物理、化学作用灭火。干粉灭火剂的主要缺点是易对精密仪器造成污染。

(3) 泡沫灭火剂。泡沫灭火剂是通过与水混合，采用机械或化学反应的方法产生泡沫的灭火剂。泡沫灭火剂的灭火机理主要是冷却、窒息作用，即在着火的燃烧物表面上形成一个连续的泡沫层，通过泡沫本身和析出的混合液对燃烧物表面进行冷却，以及通过泡沫层的覆盖作用使燃烧物与氧隔绝而灭火。

(4) 二氧化碳灭火剂。二氧化碳比空气重，不燃烧也不助燃。二氧化碳灭火剂是一种气体灭火剂，是将液态二氧化碳充装在灭火器内。固体二氧化碳（干冰）温度可达到－78.5℃，喷到可燃物上面后，能使其温度下降，并隔绝空气和降低空气中的含氧量，使火熄灭。二氧化碳灭火原理主要依靠窒息作用和部分冷却作用。

二氧化碳灭火剂适用范围：各种易燃液体火灾、电气设备、精密仪器、贵重生产设备、图书档案等火灾。

二氧化碳灭火剂不适用范围：金属及其氧化物的火灾；本身含氧的化学物质的火灾，如硝化棉、赛璐珞、火药等。

3. 灭火器

(1) 灭火器的类型和型号。按灭火器内所充装的灭火剂分为泡沫、干粉、卤代烷、二氧化碳、酸碱、清水等；按其移动方式分为手提式和推车式；按驱动灭火剂动力来源分为储气瓶式、储压式、化学反应式。

我国灭火器的型号是由类、组、特征代号及主要参数等部分组成。我们常见的灭火器有MP型、MPT型、MF型、MFT型、MFB型、MY型、MYT型、MT型、MTT型。其中第一个字母M表示灭火器；第二个字母F表示干粉，P表示泡沫，Y表示卤代烷，T表示二氧化碳；有第三个字母T的表示推车式，B表示背负式，没有第三个字母的表示手提式。

(2) 常用灭火器的使用

①泡沫灭火器

手提式化学泡沫灭火器使用方法：手提筒体上部的提环，迅速奔赴火场。应注意在奔跑过程中不得使灭火器过分倾斜，更不可颠倒，以免两种药剂混合而提前喷出。当距离着火点10 m左右时，立即将筒体颠倒，一只手紧握提环，另一只手扶住筒体的底圈，让射流对准燃烧物。在扑救可燃液体火灾时，如呈流淌状燃烧，则泡沫应由远向近喷射，使泡沫完全覆盖在燃烧液面上；如在容器内燃烧，应将泡沫射向容器内壁，使泡沫沿着内壁流淌，逐步覆盖着火液面。切忌直接对准液面喷射，以免由于射流的冲击，反而将燃烧的液体冲散或冲出容器，扩大燃烧范围。在扑救固体物质的初起火灾时，应将射流对准最外猛烈燃烧处。灭火时，随着有效喷射距离的缩短，使用者应逐渐向燃烧区靠近，并始终将泡沫溅射在燃烧物上，直至扑灭。使用时始终保持倒置状态，否则将会中断喷射；不可将筒底对着下巴或其他人，否则容易伤人。

②干粉灭火器

手提式灭火器使用方法是先拔去保险销，一只手握住喷嘴，另一手提起提环（或提把），按下压柄就可喷射。扑救地面油火时，要采取平射的姿势，左右摆动，由近及远，快速推进。在使用前，先将筒体上下颠倒几次，使干粉松动，然后再开气喷粉，则效果更佳。

使用推车式灭火器时，将其后部向着火源（在室外应置于上风方向），先取下喷枪，展开出粉管（切记不可有拧折现象），再提起进气压杆，使二氧化碳进入储罐，当表压升至0.7～1 MPa时，放下进气压杆停止进气。这时打开开关，喷出干粉，由近及远扑灭。扑救油类火灾时，不要使干粉气流直接冲击油渍，以免溅起油使火势蔓延。

使用背负式灭火器时，应站在距火焰边缘5～6 m处，右手紧握干粉枪握把，左手扳动转换开关到“3”号位置（喷射顺序为3、2、1），打开保险机，将喷枪对准火源，扣扳机，干粉即可喷出。如喷完一瓶干粉未能将火扑灭，可将转换开关拨到“2”号或“1”号的位置，连续喷射，直到射完为止。

③二氧化碳灭火器

使用手轮式灭火器时，应手提提把，翘起喷嘴，打开启闭阀。使用鸭嘴式灭火器时，用右手拔出鸭嘴式开关的保险销，握住喷嘴根部，左手将上鸭嘴往下压，二氧化碳即可从喷嘴喷出。

④消火栓系统

消火栓系统包括水枪、水带和消火栓。使用时，将水带的一头与消火栓连接，另一头连接水枪，现有的水带水枪接口均为卡口式的，连接中应注意槽口，然后打开室内消火栓开关，即可由水枪开关来控制射水。

四、危险化学品类火灾的扑救

1. 危险化学品火灾的扑救要求

（1）扑救人员应占领上风或侧风地点。

（2）火场一线人员应采取针对性防护措施，如穿戴防护服、佩戴防护面具或面罩等。应尽量佩带隔绝式面具，因为一般防护面具对一氧化碳无效。

（3）首先应迅速查明燃烧物品、范围和周边物品的主要危险特性，以及火势蔓延的主要途径。

（4）尽快选择最适当的灭火剂和灭火方法。如果该场所内的危险化学品品种较为固定，平时就应有针对性地配备灭火剂和消防设施。

（5）在平时，针对发生爆炸、喷溅等特别危险情况，拟定紧急应对（包括撤退）方案，并进行演练。

2. 压缩或液化气体火灾的扑救要点

一般情况下，压缩或液化气体是储存在钢瓶中，或者通过管道输送。其中钢瓶内气体压力较高，受热或受火焰烤时发生爆裂，大量气体泄出或燃烧爆炸，或使人中毒，危险性较大。另外，如果气体泄出后遇火源已形成稳定燃烧时，其危险性比气体泄出未燃时危险性要小得多。

（1）切记不要盲目灭火。首先要堵漏或截断气源（如关阀门等）。在此之前，应保持泄出气体稳定燃烧。否则，大量可燃气泄出，与空气混合，遇火源就会发生爆炸，后果更为严重。

（2）灭火时要先积极抢救受伤及被困人员，并扑灭火场外围的可燃物火势，切断火势蔓延途径。

（3）如果火场中有受到火焰辐射热威胁的压力容器，首先必须尽量在水枪掩护下疏散到安全地点，不能疏散的应部署足够的水枪进行冷却保护。

（4）如果确认无法截断泄漏气源，则需冷却着火容器及周围容器和可燃物品，或将后两者撤离火场，控制着火范围，直至容器内可燃气烧尽，火自行熄灭。

（5）现场指挥应密切注意各种危险征兆，当有容器爆裂危险时，及时做出正确判断，下达撤退命令并组织现场人员尽快撤离。

3. 易燃液体火灾的扑救要点

易燃液体通常也是储存在容器内或用管道输送，但一般都是常压状态，有些还是敞口的，只有反应釜（锅、炉等）及输送管道内的液体压力较高。液体无论是否着火，如果泄漏或溢出，都将沿着地面（或水面）流淌漂散；而且易燃液体火灾还有着火液体比重和水溶性等涉及能否用水或普通泡沫灭火剂扑救等问题，以及是否可能发生危险性很大的沸溢及喷溅问题。一般可燃液体火灾的扑救要点如下。

（1）首先，切断火势蔓延途径，控制燃烧范围，并积极抢救受伤及被困人员。一方面着火容器、设备有管道与外界相通的，要截断其与外界的联系；另一方面如果有液体泄漏应堵漏或者在外围修防火堤。

（2）及时了解和掌握着火液体的品名、密度、水溶性，以及有无毒害、腐蚀、沸溢、喷溅等危险性；还应正确判断着火面积，以便采取相应的灭火和防护措施。

（3）小面积液体火灾，一般可用雾状水扑救，泡沫、干粉、二氧化碳、卤代烷灭火更有效。

（4）大面积液体火灾则必须根据其密度、水溶性和燃烧面积大小，选择适当的灭火剂扑救：比水轻而不溶于水的液体（如汽油、苯等），一般可用普通蛋白泡沫或轻水泡沫扑救；比水重而不溶于水的液体（如二硫化碳）着火时可用水扑救，用泡沫也有效；具有水溶性的液体，最好用抗溶性泡沫扑救。扑救以上三类液体火灾时，都需要用水冷却容器设备外壁。如果采用干粉或卤代烷灭火剂时，灭火效果要视燃烧面积大小和燃烧条件而定。

（5）扑救具有毒性、腐蚀性或燃烧产物具有毒性的易燃液体火灾时，救火人员必须佩戴防护面具，采取防护措施。

（6）扑救具有沸溢、喷溅危险的液体（原油、重油等）火灾时，如有条件，可采用防止发生放水、搅拌等措施；现场指挥发现危险征兆，应迅速做出正确判断，及时下达撤退命令，避免人员与装备损失。

4. 爆炸品火灾的扑救要点

由于爆炸品是瞬间爆炸，往往同时引发火灾，危险性、破坏性极大，给扑救带来很大困难。因此，应该在保证扑救人员安全的前提下，把握以下要点。

（1）采取一切可能的措施，全力制止再次爆炸。

（2）应迅速组织力量及时疏散火场周围的易爆、易燃物品，使火区周边现场为一个隔离带。切忌用砂、土盖、压爆炸物品，以免增加其爆炸时的爆炸威力。

（3）灭火人员要利用现场的有利地形或采取卧姿行动，尽可能地采取自我保护措施。

（4）如有发生再次爆炸的征兆或危险时，指挥员应迅即作出正确判断，下达命令，组织人员撤退。

5. 遇湿易燃物品火灾的扑救要点

遇湿易燃物品（如金属钠、钾及液态三乙基铝等）能与水或湿气发生化学反应，这类物品在达到一定数量时，绝对禁止用水、泡沫、酸碱等湿性灭火剂扑救，这就为其在发生火灾时的扑救带来很大困难。通常情况下遇湿易燃物品火灾的扑救要点如下。

（1）首先要了解遇湿易燃物品的品名、数量，是否与其他物品混存，燃烧范围及火势蔓延途径等。

（2）如果只有极少量（一般在50 g以内）遇湿易燃物品着火，则无论是否与其他物品混存，仍可以用大量水或泡沫扑救。水或泡沫刚一接触着火物品时，瞬间可能会使火势增大，但少量物品燃尽后，火势就会减小或熄灭。

（3）如果遇湿易燃物品数量较多，而且未与其他物品混存，则绝对禁止用水、泡沫、酸碱等湿性灭火剂扑救，而应该用干粉、二氧化碳、卤代烷扑救，只有轻金属（如钾、钠、铝、镁等）用后两种灭火剂无效。固体遇湿易燃物品应该用水泥（最常用）、干砂、干粉、硅藻土及蛭石等覆盖。对遇湿易燃物品中的粉尘如镁粉、铝粉等，切忌喷射有压力的灭火剂，以防将粉尘吹扬起来，与空气形成爆炸性混合物而导致爆炸。

（4）如遇有较多的遇湿易燃物品与其他物品混存，则应先查明是哪类物品着火，遇湿易燃物品的包装是否损坏。如果可以确认遇湿易燃物品尚未着火，包装也未损坏，应立即用大量水或泡沫扑救，扑灭火势后立即组织力量将遇湿易燃物品疏散到安全地点。如果确认遇湿易燃物品已经着火或包装已经损坏，则应禁止用水或湿性灭火剂扑救，若是液体应该用干粉等灭火剂扑救；若是固体应该用水泥、干沙扑救；如遇钾、钠、铝、镁等轻金属火灾，最好用石墨粉、氯化钠以及专用的轻金属灭火剂扑救。

（5）如果其他物品火灾威胁到相邻的较多遇湿易燃物品，应考虑其防护问题。可先用油布、塑料布或其他防水布将其遮盖，然后在上面盖上棉被并淋水；也可以考虑筑防水堤等措施。

6. 易燃固体、自燃物品火灾的扑救要点

相对于其他危险化学品而言，易燃固体、自燃物品火灾的扑救较为容易，一般都能用水和泡沫扑救。但是有少数物品的扑救比较特殊，需要注意。

（1）甲醚、二硝基萘、萘等能够升华的易燃固体，受热会放出易燃蒸气，在上层空间与空气形成爆炸性混合物，尤其在室内更容易发生爆燃。因此在扑救此类物品火灾时，应注意：不能以为扑灭明火即完成灭火工作，而要在扑救过程中不时向燃烧区域上空及周围喷射雾状水，并用水浇灭燃烧区域及周围的所有火源。

（2）黄磷是自燃点很低，在空气中极易氧化并自燃的物品。扑救黄磷火灾时，首先应切断火势蔓延途径，控制燃烧范围。对着火的黄磷应该用低压水或雾状水扑救。高压水流冲击能使黄磷飞溅，导致灾害扩大。已熔融黄磷流淌时，应该用泥土、沙袋等筑堤阻截并用雾状水冷却。对磷块和冷却后已凝固的黄磷，应该用钳子夹到储水容器中。

（3）少数易燃固体和自燃物品，如三硫化二磷、铝粉、烷基铝、保险粉等，不能用水和泡沫扑救，应根据具体情况分别处理，一般宜选用干砂和非压力喷射的干粉扑救。

7. 氧化剂和有机过氧化物火灾的扑救要点

从灭火角度来说，氧化剂和有机过氧化物是一个杂类。不同的氧化剂和有机过氧化物物态不同，危险特性不同，适用的灭火剂也不同。因此，扑救此类火灾比较复杂，其扑救要点如下。

（1）首先要迅速查明着火的氧化剂和有机过氧化物以及其他燃烧物品的品名、数量、主要危险特性，燃烧范围、火势蔓延途径，能否用水和泡沫扑救等情况。

（2）能用水和泡沫扑救时，应尽力切断火势蔓延途径，孤立火区，限制燃烧范围；同时积极抢救受伤及受困人员。

（3）不能用水、泡沫和二氧化碳扑救时，应该用干粉扑救，或用水泥、干沙覆盖。用水泥、干沙覆盖时，应先从着火区域四周特别是下风方向或火势主要蔓延方向覆盖起，形成孤立火势的隔离带，然后逐步向着火点逼近。需要注意的是，由于大多数氧化剂和有机过氧化物遇酸会发生化学反应甚至爆炸；活泼金属过氧化物等一些氧化剂不能用水、泡沫和二氧化碳扑救。因此，专门生产、使用、储存、经营、运输此类物品的单位及场所不要配备酸碱灭火器，对泡沫和二氧化碳灭火剂也要慎用。

8. 毒害品、腐蚀品火灾的扑救要点

毒害品、腐蚀品火灾扑救不太困难，但此类物品对人体都有一定危害。毒害品主要经口、呼吸道或皮肤使人体中毒；腐蚀品是通过皮肤接触灼伤人体，所以在扑救此类火灾时要特别注意对人体的保护。

（1）灭火人员必须穿着防护服，佩戴防护面具。一般情况下穿着全身防护服即可，对有特殊要求的物品，应穿着专用防护服。在扑救毒害品火灾时，最好使用隔绝式氧气或空气面具。

（2）限制燃烧范围，积极抢救受伤及受困人员。

（3）喷射时应尽量使用低压水流或雾状水，避免毒害品和腐蚀品溅出；遇酸类或碱类腐蚀品，最好配制相应的中和剂进行中和。

（4）遇毒害品和腐蚀品容器设备或管道泄漏，在扑灭火势后应采取堵漏措施。

（5）浓硫酸遇水能释放大量的热，会导致沸腾飞溅，需要特别注意防护。扑救有浓硫酸的火灾时，如果浓硫酸数量不多，可用大量低压水快速扑救；如果浓硫酸数量很大，应先用二氧化碳、干粉、卤代烷等灭火，然后迅速将浓硫酸与着火物品分开。

9. 放射性物品火灾的扑救要点

放射性物品是一类能放射出能严重危害人体健康甚至生命的射线或中子流的特殊物品。扑救此类火灾必须采取防护射线照射的特殊措施。生产、使用、储存、经营及运输放射性物品的单位和有关消防部门要配备一定数量的防护装备和放射性测试仪器。此类火灾的扑救要点如下。

(1) 首先要派人测试火场范围和辐射（剂）量，测试人员应采取防护措施。

(2) 对辐射（剂）量超过 0.038 7 C/kg 的区域，灭火人员不能深入辐射区域实施扑救；对辐射（剂）量低于 0.038 7 C/kg 的区域，可快速用水或泡沫、二氧化碳、干粉、卤代烷扑救，并积极抢救受伤及受困人员。

(3) 对燃烧现场包装没有破坏的放射性物品，可在水枪掩护下设法疏散；无法疏散时，应就地冷却保护，防止扩大破损程度，增加辐射（剂）量。

(4) 对已破损的容器切忌搬动或用水流冲击，以防止放射性沾染范围扩大。

(5) 灭火人员必须穿戴防护服及配备必要的防护装备。

第五章 职业危害预防与管理

第一节 职业卫生概述

一、我国职业危害的现状

职业病防治事关劳动者身体健康和生命安全，事关经济发展和社会稳定的大局。党中央、国务院历来高度重视职业病防治工作。《职业病防治法》实施以来，各地区、各有关部门加大工作力度，开展职业病危害源头治理和重点职业病专项整治，规范用人单位职业健康管理和劳动用工管理，严肃查处危害劳动者身体健康和生命安全的违法行为，全社会职业病防治意识逐步增强，大中型企业职业卫生条件有了较大改善，职业病高发势头得到一定遏制。

但是，当前职业病防治形势依然严峻，突出问题是：一是职业病病人数量大。改革开放30年来，我国累计报告职业病50多万例，近年新发病例数仍呈上升趋势。由于职业病具有迟发性和隐匿性的特点，专家估计我国每年实际发生的职业病要大于报告数量。二是尘肺病、职业中毒等职业病发病率居高不下。尘肺病是我国最主要的职业病，约占职业病病人总数的80%，近年平均每年报告新发病例1万多例。三是职业病危害范围广。煤炭、冶金、化工、建材、汽车制造、医药等行业不同程度地存在职业病危害。许多中小企业工作场所劳动条件恶劣，劳动者缺乏必要的职业病防护。四是对劳动者健康损害严重。尘肺病等慢性职业病一旦发病往往难以治愈，伤残率高，严重影响劳动者身体健康甚至危及生命安全。五是群发性职业病事件时有发生。近几年发生的河北省高碑店市农民工苯中毒、福建省仙游县和安徽省凤阳县农民工矽肺病等事件，一次性造成几十人甚至上百人患病，已成为影响社会稳定的公共卫生问题。

产生上述问题的原因：一是用人单位责任不落实。一些用人单位没有真正树立以人为本的思想，对职业病危害的认识不足，对劳动者健康重视不够，防治主体责任不落实，没有采取有效的综合治理措施，违法行为大量存在。二是政府监管存在薄弱环节。一些地方没有处理好经济发展与保护劳动者健康的关系，职业病防治未能纳入地方经济社会发展规划，监管机构不健全，基层监管力量薄弱，部门之间工作衔接不够，没有形成合力。部分地方和部门监管措施不到位，执法不够严格，对违法行为处理不力。三是防治工作基础比较薄弱。许多工业企业特别是中小企业生产工艺落后，设施、设备简陋，职业病防治管理水平低，投入不足。职业病防治相关法律法规和技术标准不够完善，信息网络不健全，职业病预防、控制技术急需提高，宣传教育培训力度不够，应急救援能力有待加强。

我国长期处于社会主义初级阶段，工业生产装备水平不高和工艺技术相对落后的状况将长期存在，在煤炭、冶金、化工等职业病危害较严重的行业，改善工作环境需要一个过程。在城镇化、工业化过程中，大量农民进城就业，他们流动性大，健康保护意识不强，职业病防护技能缺乏，加大了职业病防治监管的难度。随着经济和科技的发展，新技术、新工艺、新材料广泛应用，新的职业危害风险以及职业病不断出现，防治工作面临新的挑战。

二、职业卫生的概念

1. 职业卫生

《职业安全卫生术语》（GB/T15236—2008）中将职业卫生定义为：以职工的健康在职业

活动过程中免受有害因素侵害为目的的工作领域及在法律、技术、设备、组织制度和教育等方面所采取的相应措施。

2. 职业性有害因素按照其来源可分为生产工艺过程中产生的有害因素、劳动过程中的有害因素和生产环境中的有害因素三大类。

(1) 生产工艺过程中产生的有害因素（不断变化）

1) 化学因素

①有毒物质：如铅、汞、苯、氯、一氧化碳、有机磷农药等。

②生产性粉尘：如矽尘、石棉尘、煤尘、水泥尘、有机粉尘等。

2) 物理因素

①异常气象条件：如高温和热辐射、低温等。

②异常气压：如高气压、低气压等。

③噪声、振动、超声波、次声波等。

④非电离辐射：如可见强光、紫外线、红外线、射频、微波、激光等。

⑤电离辐射：如 X 射线、γ 射线等。

3) 生物因素

如炭疽杆菌、布氏杆菌、森林脑炎病毒及蔗渣上的霉菌等；医务工作者接触的传染性病源，如SARS病毒。

(2) 劳动过程中的有害因素

1) 劳动组织和制度的不合理，如劳动时间过长、劳动休息制度不健全或不合理等。

2) 劳动中的精神（心理）过度紧张。

3) 劳动强度过大或劳动安排不当，如安排的作业与劳动者的生理状况不相适应，或生产定额过高，或超负荷的加班加点等。

4) 个别器官或系统过度紧张，如由于光线不足而引起的视力紧张等。

5) 不良体位：长时间处于某种姿势，或使用不合理的工具设备等。

(3) 工作环境的有害因素

1) 自然环境中的因素，如炎热季节的太阳辐射。

2) 厂房建筑或布局不合理，如将有毒或无毒的工段安排在同一车间。

3) 不合理的生产过程。

4) 生产场所设计不符合卫生要求或卫生标准，如厂房矮小、狭窄，车间布置不合理（有毒和无毒工段安排在一个车间）等。

5) 缺乏必要的卫生工程技术设施，如没有通风换气或照明设备，或未加净化而排放污水；缺乏防尘、防毒、防暑降温、防噪声等措施、设备或有而不完善、效果不好。

6) 安全防护设备和个人防护用品方面有缺陷。

在实际的生产场所中，这些有害因素常常不是单一存在的，往往同时存在着多种有害因素，这对劳动者的健康将产生联合的、危害更大的影响。

3. 根据《职业病危害因素分类目录》（卫法监发〔2002〕63 号令），职业病危害因素分为十大类：①粉尘类（13 种）；②放射性物质类（电离辐射）（11 种）；③化学物质类（56 种）；④物理因素（4 种）；⑤生物因素（3 种）；⑥导致职业性皮肤病的危害因素（8 种）；⑦导致职业性眼病的危害因素（3 种）；⑧导致职业性耳鼻喉口腔病的危害因素（3 种）；⑨导致职业性肿瘤的职业危害因素（8 种）；⑩其他职业危害因素（5 种）。

4. 职业接触限值（OEL）

《工作场所有害因素职业接触限值》（GBZ 2—2007）将职业接触限值（Occupational Exposure Limit，OEL）定义为：劳动者在职业活动中长期反复接触，对绝大多数接触者的健康不引起有害作用的容许接触水平。化学有害因素的职业接触限值包括加权平均容许浓度、最高容许接触浓度、短时间接触容许浓度和超限倍数四类。

时间加权平均容许浓度（Permissible Concentration-Time Weighted Average，PC-TWA）指以时间为权数规定的 8 小时工作日、40 小时工作周的平均容许接触浓度。

短时间接触容许浓度（Permissible Concentration-Short Term Exposure Limit，PC-STEL）指在 PC-TWA 前提下容许短时间（15 分钟）接触的浓度。

最高容许浓度（Maximum Allowable Concentration，MAC）指工作地点在一个工作日内任何时间有毒化学物质均不应超过的浓度。

超限倍数（excursion limits）指对未制定 PC-STEL 的化学有害因素，在符合 8 小时时间加权平均容许浓度的情况下，任何一次短时间（15 分钟）接触的浓度均不应超过 PC-TWA 的倍数值。

5. 职业禁忌症

《职业病防治法（修订）》将职业禁忌症定义为：劳动者从事特定职业或者接触特定职业病危害因素时，比一般职业人群更易于遭受职业病危害和罹患职业病或者可能导致原有自身疾病病情加重，或者在从事作业过程中诱发可能导致对他人生命健康构成危险的疾病的个人特殊生理或者病理状态。

6. 职业病

《职业病防治法（修订）》将职业病定义为：企业、事业单位和个体经济组织等用人单位的劳动者在职业活动中，因接触粉尘、放射性物质和其他有毒、有害因素而引起的疾病。职业病的分类和目录由国务院卫生行政部门会同国务院安全生产监督管理部门、劳动保障行政部门制定、调整并公布。

卫生部、原劳动和社会保障部于 2002 年发布的《关于印发〈职业病目录〉的通知》（卫法监发〔2002〕108 号）将 10 类共 115 种职业病列为法定职业病，包括：①尘肺（13 种）；②职业性放射性疾病（11 种）；③化学因素所致职业中毒（56 种）；④物理因素所致职业病（5 种）；⑤生物因素所致职业病（3 种）；⑥职业性皮肤病（8 种）；⑦职业性眼病（3 种）；⑧职业性耳鼻喉口腔疾病（3 种）；⑨职业性肿瘤（8 种）；⑩其他职业病（5 种）。

三、职业卫生工作方针和原则

《职业病防治法》立法目的是为了预防、控制和消除职业病危害，防治职业病，保护劳动者健康及其相关权益，促进经济社会发展。职业病防治工作坚持预防为主、防治结合的方针，建立用人单位负责、行政机关监管、行业自律、职工参与和社会监督的机制。职业病防治工作应该遵循“三级预防”原则，实行分类管理、综合治理，不断提高职业病防治管理水平。

一级预防亦称病因预防：即从根本上消除和控制职业病危害因素，防止职业病的发生。①技术措施：以无毒物质代替有毒物质；使用远距离操作或自动化、半自动化操作，防止有害物质跑、冒、滴、漏；加强通风、除尘、排毒措施。②组织措施：合理组织、安排劳动过程，建立、健全劳动制度，贯彻执行国家制定的卫生法规。③卫生保健措施：做好就业前体格检查，发现易感者和就业禁忌症；做好卫生宣传、健康教育；注意平衡膳食和保健食品供给；加强锻炼，提高机体抵抗力。

二级预防又称临床前期预防。通过早期发现、早期诊断、早期治疗防止病损的发展。对职业接触人群，开展普查、筛检、定期健康检查，明确诊断，及时治疗。定期对生产环境进行监测，发现问题立即采取防制对策。

三级预防又称临床预防。使患者在明确诊断后，得到及时、合理的处理，防止疾病恶化及复发，防止劳动能力丧失。对慢性职业病患者，通过医学监护，预防并发症和伤残。通过功能性和心理康复治疗，使患者病而不残，残而不废，达到延长寿命的目的。

第二节 常见有毒有害因素预防

生产环境和劳动过程中的危害因素，对人体的健康是有害的，有些容易引起职业病；有些会产生急性中毒，甚至会丧失生命。在危害因素环境中进行的作业可称为有毒有害作业。

生产环境和劳动过程中的危害因素可以分为化学性因素、物理性因素和生物性因素三个方面。化学性因素包括毒物、粉尘等；物理性因素包括噪声、振动、高温、电离辐射等；生物性因素包括致病微生物和寄生虫等。常见有毒有害因素包括生产性毒物、生产性粉尘、生产性噪声、振动和高温作业等。

一、生产性毒物

1. 生产性毒物的种类

生产性毒物可能存在于生产过程的各个环节，生产中的原料、辅料、半成品、成品、副产品、废弃物等，都可能是生产性毒物的来源。生产性毒物的种类一般分为如下几种。

(1) 原料和生产辅助材料：在工业生产中有的工艺所使用的原料本身就是有毒物质，例如，油漆中的溶剂（苯及同系物），压铸铅字用的铅，金属热处理中表面氰化处理所使用的氰化物等。

(2) 成品、半成品或副产品：在冶炼工业和化学工业中最为常见，例如铅、汞的开采和冶炼，氯、氨、二氧化碳、二硫化碳等生产的成品、半成品或副产品具有毒性。

(3) 中间体及反应产物：有时原料和产品无毒，而中间体和反应产物有毒，如煤及有机物燃烧不完全产生的一氧化碳等。

(4) 废气、废水、废渣：在工业生产中，可能产生各种各样的有害物质，它们以固态、液态或气态的形式存在于工业生产的废气、废水和废渣中，造成环境污染，直接或间接危害人类，如铅在熔融时产生的铅蒸气、矿石在粉碎时产生的硅等。

2. 生产性毒物侵入人体的途径

生产性毒物侵入人体主要有呼吸道、皮肤和消化道等 3 条途径。在生产条件下毒物主要通过呼吸道和皮肤进入人体。

(1) 从呼吸道侵入：气体、蒸气、雾和粉尘状态的化学物质，可经呼吸道侵入人体，这是毒物侵入人体最常见而且是较危险的一种情况。因为整个呼吸道黏膜都有吸收毒物的能力，毒物经呼吸道吸收不经肝脏解毒，故有三个特点：呼吸面广、发病快、毒性大。因此中毒剂量相对较小。吸收量多少，与呼吸深度、速度、劳动强度、气温、湿度等因素有关。

(2) 从皮肤侵入：毒物经过皮肤进入人体主要有两条途径，一条是通过表皮屏障及可承受的毛囊进入；另一条途径是通过毛囊透过皮脂腺细胞和毛囊壁直接进入真皮乳头毛细血管而被血液吸收。

(3) 从消化道侵入：毒物单纯由消化道进入而引起的职业中毒的情况，是较为少见的，虽然次要，但也有这样的案例。常见的是在有毒车间内饮食、吸烟，留在口唇上和污染在手上的毒物，因在饮食前不洗手、不漱口就会被带到体内，日积月累，可使体内毒物的数量达到引起中毒的浓度。也有因误食毒物引起中毒的。

3. 生产性毒物对人体的危害

生产性毒物进入人体后，可以损害几乎所有的人体组织和器官，导致多种疾病甚至造成急性中毒死亡，有些可产生遗传后果。按接触毒物时间的长短、剂量大小和发病缓急不同，中毒表现为急性、亚急性和慢性三种类型。对人体的危害具体症状如下。

（1）神经系统。慢性中毒早期常见神经衰弱综合征和精神症状，一般为功能性改变，脱离接触后可逐渐恢复。铅、锰中毒可损伤运动神经、感觉神经引起周围神经炎。震颤常见于锰中毒或急性一氧化碳中毒后遗症。重症中毒可发生脑水肿。

（2）呼吸系统。一次吸入某些气体可引起窒息，长期吸入刺激性气体能引起慢性呼吸道炎症，可出现鼻炎、咽炎、气管炎等上呼吸道炎症。吸入大量刺激性气体可引起严重的呼吸道病变，如化学性肺水肿和肺炎。

（3）血液系统。许多毒物对血液系统能够造成损害。根据不同的毒物作用，常表现为贫血、出血、溶血、高铁血红蛋白及白血病等。铅可引起低血色素贫血。苯及三硝基甲苯等毒物可抑制骨髓的造血功能，表现为白细胞和血小板减少，严重者发展为再生障碍性贫血。一氧化碳与血液中的血红蛋白结合形成碳氧血红蛋白，使组织缺氧。

（4）消化系统。汞盐、砷等毒物经口进入时，会出现腹痛、恶心、呕吐与出血性肠胃炎等症状。铅中毒时会出现剧烈的持续性的腹绞痛，并有口腔溃疡、牙龈肿胀、牙齿松动等症状。长期吸入酸雾，可导致牙釉质破坏、脱落，称为酸蚀症。吸入大量氟气，牙齿上会出现棕色斑点，牙质脆弱，称为氟斑牙。许多损害肝脏的毒物如四氯化碳、溴苯、三硝基甲苯等，会引起急性或慢性肝病。

（5）泌尿系统。汞、铀、砷化氢、乙二醇等会引起中毒性肾病，如急性肾功能衰竭、肾病综合症和肾小管综合症等。

（6）其他。生产性毒物还会引起皮肤、眼睛、骨骼病变。许多化学物质会引起接触性皮炎、毛囊炎。接触铬的工人，皮肤易发生溃疡，如长期接触焦油、沥青、砷等可引起皮肤黑变病，可诱发皮肤癌。

酸、碱等腐蚀性化学物质会引起刺激性眼炎，严重者会导致化学性灼伤。溴甲烷、有机汞、甲醇等中毒，会造成视神经萎缩，以至失明。有些工业毒物还会诱发白内障。

4. 预防措施

（1）消除毒物。从生产工艺流程中消灭有毒物质，用无毒物或低毒物代替有毒原料，改革能产生有害因素的工艺过程，改造技术设备，实现生产的密闭化、连续化、机械化和自动化，使作业人员脱离或减少直接接触有害物质。

（2）密闭、隔离。密闭、隔离有害物质污染源，控制有害物质逸散。对逸散到作业场所的有害物质采取通风措施，控制有害物质的飞扬、扩散。

（3）加强个人防护。在存在有毒有害物质的作业场所作业，应使用防护服、防护面具、防毒面罩、防尘口罩等个人防护用具。

（4）提高机体抗御力。对于在有害物质作业场所的作业人员，应享受必要的保健待遇，加强营养和锻炼。加强对有害物质的监测，控制有害物质的最高浓度低于国家有关标准。对接触有害物质人员定期进行健康检查，必要时实行转岗、换岗作业。

（5）其他。加强对有毒有害物质及预防措施的宣传教育。建立健全安全生产责任制、卫生责任制和岗位责任制。

5. 个体防护措施

凡是接触毒物的作业都应按规定采取有针对性的个人防护和养成良好的卫生习惯。比如，不准在作业场所吸烟、吃东西、班后洗澡等。

在作业场所，按规定使用保护用品，主要有防护服、防尘口罩和防毒面具等。为防止毒物经皮肤侵入，要选择适当的防护服，防护服要有专用柜存放，禁止穿防护服去食堂、浴室、宿舍等。防护用品要经常清洗、保持清洁，必要时进行化学处理。不准将工作服带回家，这样不仅保护操作者自身，而且也能避免家庭成员，特别是儿童间接受伤害。

二、生产性粉尘

粉尘是长时间漂浮于空气中的固体颗粒，在生产过程中产生的粉尘称为生产性粉尘。

1. 生产性粉尘的主要产生过程

在生产过程中，产生粉尘的作业很多，主要如下：

(1) 粉状物料的生产、运输、成型、包装过程，如矿石的开采、破碎、筛选、运输过程，用压砖机对模具中粉状物料冲压成型的过程。

(2) 固体物料的破碎过程，例如用球磨机磨碎物料、用粉碎机粉碎饲料等过程。

(3) 金属物质的熔炼和焊接过程，例如铅的熔化过程、出钢过程、焊接过程等。

(4) 物质燃烧和加热过程，例如物质燃烧后放出的烟尘等过程。

2. 对人体的危害

(1) 长期接触生产性粉尘的作业人员，因长期吸入粉尘，肺内粉尘的积累逐渐增多，达到一定数量时即可引发尘肺病。尘肺是生产性粉尘对人体的最主要的危害之一，长期吸入游离二氧化硅粉尘可引发矽肺，长期吸入金属性粉尘如锰尘等，可引发锰肺等各种金属肺。

(2) 长期吸入煤尘可引发煤肺等。

(3) 长期接触生产性粉尘还可引发鼻炎、咽炎、支气管炎等呼吸道疾病以及皮肤黏膜损害、皮疹、皮炎、眼结膜炎，例如吸入石灰粉尘可引起鼻黏膜损伤。

(4) 吸入毛、麻等纤维性粉尘可引起气管炎、支气管炎；在阳光下接触沥青烟尘，可引起光感性皮炎、眼结膜炎等。

(5) 吸入有害物质粉尘还可引起急性或慢性职业中毒，例如焊接作业长期吸入锰尘，可引发锰中毒，铅熔炼作业人员易发生铅中毒等。

3. 对生产的危害

作业场所空气中的粉尘附着于高级、精密仪器、仪表，可使这些设备的精确度下降；附着于机器设备的传动、运转部位，使磨损加剧，使用寿命缩短；粉尘可能使某些化工产品、机械产品、电子产品，如油漆、胶片、微型轴承、电机、集成电路等，质量下降；使人在生产过程中视线受影响，使工作效率降低。

4. 对环境的危害

漂浮于空气中的粉尘可使其他有害物质附着于其上，形成严重的大气污染。生物体吸入可引起各种疾病，文物、古迹、建筑物表面会被腐蚀、污染。另外，大量粉尘悬浮于空气中，会降低大气的能见度，促使烟雾形成，使太阳的热辐射受到影响。

5. 主要综合防尘措施

(1) 工艺改革。以低粉尘、无粉尘物料代替高粉尘物料，以不产尘设备、低产尘设备代替高产尘设备是减少或消除粉尘污染的根本措施。

（2）密闭尘源。使用密闭的生产设备或者将敞口设备改成密闭设备，是防止和减少粉尘外逸，减少作业场所空气污染的重要措施。

（3）通风排尘。设备无法密闭或密闭后仍有粉尘外逸时，要采取通风的方法，将产尘点的含尘气体直接抽走，确保作业场所空气中粉尘浓度符合国家卫生标准。

（4）个人防护措施。在粉尘无法控制或高浓度粉尘条件下作业，必须合理、正确地使用防尘口罩、防尘服等个人防护用品及用具。

（5）卫生保健措施。定期对接触粉尘人员进行体检，对从事特殊作业的人员应发放保健津贴，有作业禁忌症的人员，不得从事接尘作业。

（6）维护检查。加强对使用的各种除尘设备的检查、维护，确保设备良好、高效运行。

三、生产性噪声

噪声是由很多不协调的基音及其谐音一起形成的无规律、杂乱的声音，生产性噪声对从业人员人体会产生危害。

1. 生产性噪声分类

生产性噪声种类繁多，一般可分为空气动力性、机械性和电磁性 3 类。

①空气动力性噪声，如各种风机噪声、燃气轮机噪声、高压排气锅炉放空时产生的噪声。

②机械性噪声，如织布机噪声、球磨机噪声、剪板机噪声、机床噪声等。

③电磁性噪声，如发电机噪声、变压器噪声等。

2. 生产性噪声对人体的危害

（1）损害听觉。短时间暴露在噪声下，可引起以听力减弱、听觉敏感性下降为表现的听觉疲劳。长期在噪声的作用下，可引发永久性耳聋。

（2）引起各种病症。长时间接触高声级噪声，除引起职业性耳聋外，还可引发消化不良、食欲不振、恶心、呕吐、头痛、心跳加快、血压升高、失眠等身体病症。

（3）引起事故。强烈噪声可导致某些机器、设备、仪表的损坏或精度下降；在某些场所，强烈的噪声会掩盖警告声响等，引发设备损坏或人员伤亡事故。

3. 预防噪声危害的措施

（1）消声。控制和消除噪声源是控制和消除噪声的根本措施，改革工艺过程和生产设备，以低声或无声设备或工艺代替产生强噪声的设备和工艺，将噪声源远离工人作业区和居民区均是噪声控制的有效手段。

（2）控制噪声的传播。用吸声材料、吸声结构和吸声装置将噪声源封闭，防止噪声传播。常用的有隔声墙、隔声罩、隔声地板、门窗等。用吸声材料铺装室内墙壁或悬挂于室内空间，可以吸收辐射和反射的声能，降低传播中噪声的强度，常用的吸声材料有玻璃棉、矿渣棉、毛毡、泡沫塑料、棉絮等。合理规划厂区、厂房。在产生强烈噪声的作业场所周围，应设置良好的绿化防护带，如车间墙壁、顶面、地面等应设吸声材料。

（3）采用合理的防护措施。合理使用耳塞，根据耳道大小选择合适的耳塞，对高频噪声的阻隔效果更好。合理安排工作时间，工作中穿插休息时间，在休息时段离开噪声环境。限制噪声作业的工作时间，可减轻噪声对人体的危害。

（4）卫生保健措施。接触噪声的人员应进行定期体验。以听力检查为重点，对于已经出现听力下降者，应加以治疗和观察，重症患者应调离岗位。就业前体检或定期体检中发现有明显的听觉器官疾病、心血管病、神经系统器质性疾病者不得参加接触强烈噪声的工作。

四、振动

振动是指物体在外力作用下以中心位置为基准呈往返振荡的现象。

1. 生产性振动源

在生产过程中，由于设备运转、撞击或运输工具行驶等产生的振动称为生产性振动。生产过程中经常接触的振动源有：

①风动工具，如铆钉机、凿岩机、风铲、风钻等。

②电动工具，如电钻、冲击钻、砂轮、电锤等。

③运输工具，蒸汽机车、内燃机车、汽车等。

④农业机械，拖拉机、收割机、脱粒机等。

2. 生产性振动对人体的危害

在生产过程中，按振动作用于人体的方式，可将其分为局部振动和全身振动。一些工种所受的振动以局部振动为主，一些工种所受的振动以全身振动为主，有些工种作业同时受两种振动的作用。局部振动是生产中最常见和危害性较大的振动，对人体的危害有：

①神经系统。表现为大脑皮层功能下降，条件反射潜伏期延长或缩短，皮肤感觉迟钝，触觉、温热觉、痛觉、振动觉功能下降等。

②心血管系统，出现心动过缓、窦性心律不齐、传导阻滞等病症。

③肌肉系统。有握力下降、肌肉萎缩、肌纤维颤动和疼痛等症状。

④骨组织。可引起骨和关节改变，出现骨质增生、骨质疏松、关节变形、骨硬化等病症。

⑤听觉器官。表现为听力损失和语言能力下降。

全身振动常引起足部周围神经和血管变化，出现足痛，易疲劳、腿部肌肉触痛，脸色苍白、出冷汗、恶心、呕吐、头痛、头晕、食欲不振、胃机能障碍、肠蠕动不正常等症状。

3. 防止振动危害的措施

（1）局部振动的减振措施

①改革工艺。用液压机、焊接和高分子黏连工艺代替铆接工艺，用液压机代替锻压机等可以大大减少振动的发生源。

②改革工作制度，专人专机，合理使用减振个人用品。

③建立合理的劳动制度，限制作业人员每日接触振动的时间。

（2）全身振动的减振措施

①在有可能产生较大振动设备的周围设置隔离地沟，衬以橡胶、软木等减振材料，以确保振动不能外传。

②对振动源采取减振措施，如用弹簧等减振阻尼器，减少振动的传递距离；为汽车等运输工具的座椅加泡沫垫等，减弱运行中由于各种原因传来的振动。

③利用尼龙机件代替金属机件，可减低机器的振动。

④及时检修机器，可以防止因零件松动引起的振动，消除机器运行中的空气流和涡流等。

五、高温作业

高温作业主要是由在生产过程中能够产生和散发热量的生产设备、产品或工件等生产性热源造成，夏季露天作业，是造成高温作业的原因之一。高温作业几乎遍布于工业生产的所有行业，主要的高温作业工种涉及炼钢、炼铁、造纸、塑料生产、水泥生产等。

工业企业和服务行业工作地点中具有生产性热源，当室外实际达到本地区夏季室外通风设计计算温度的气温时，其工作地点气温高于室外气温 2℃及其以上的作业称为高温作业。

1. 高温作业对人体的危害和中暑

(1) 高温作业对人体的危害。

①对循环系统的影响。高温作业时，皮肤血管扩张，大量出汗使血液浓缩，造成心脏活动增加、心跳加快、血压升高、心血管负担增加。

②对消化系统的影响。高温对唾液分泌有抑制作用。胃液分泌减少，胃蠕动减慢，造成食欲不振；大量出汗和氯化物的丧失，使胃液酸度降低，易造成消化不良。此外，高温可使小肠的运动减慢，形成其他胃肠道疾病。

③对泌尿系统的影响。高温下，人体的大部分体液由汗腺排出，从而使尿液浓缩，肾脏负担加重。

④对神经系统的影响。在高温及热辐射作用下，肌肉的工作能力、动作的准确性、协调性、反应速度及注意力降低。

(2) 中暑。中暑是在高温、高湿或强辐射气象条件下发生的，以体温调节障碍为主的急性疾病。按发病机理，中暑可分为四种类型，即热射病、热痉挛、日射病和热衰竭。通常的中暑一般为以上4种类型的综合征。

中暑根据病症的程度可分为先兆中暑、轻症中暑和重症中暑。

①先兆中暑。在高温作业场所工作一定时间后，出现大量出汗、口渴、头昏、耳鸣、胸闷、心悸、恶心、全身疲乏、四肢无力、注意力不集中等症状，体温正常或略升高。如能及时离开高温环境，经休息短时间内症状可消失。

②轻症中暑。除先兆中暑症状外，尚有下列症状：体温在38℃以上，有面色潮红、皮肤灼热等现象；有面色苍白、恶心、呕吐、大量出汗、皮肤湿冷、血压下降、脉搏细弱而快等呼吸、循环衰竭的早期表现。脱离高温环境，轻症中暑可在4～5 h内恢复。

③重症中暑。除上述症状外，表现为出现突然昏倒或痉挛，或皮肤干燥无汗、体温在40℃以上。

(3) 中暑的处置措施。对于先兆中暑和轻症中暑，应首先将患者移至阴凉通风处休息，擦去汗液，给予适量的清凉含盐饮料，并可选服人丹、十滴水等药物，一般患者可逐渐恢复。如有循环衰竭倾向，需立即给予对症治疗。对于重症中暑，必须采取紧急措施抢救。对昏迷者，治疗以迅速降温为主，对循环衰竭或患热痉挛者，以调节水、电解质平衡和防治休克为主。

2. 防暑降温的主要措施

(1) 合理的劳动休息制度。高温下作业应尽量缩短工作时间，可采取实行小换班、增加工作休息次数、延长午休时间等方法。休息地点应远离热源，应备有清凉饮料、风扇、洗澡设备等。有条件的可在休息室安装空调或采取其他的防暑降温措施。

(2) 改革工艺过程。合理设计或改革生产工艺过程，改进生产设备和操作方法，尽量实现机械化、自动化、仪表控制，消除高温和热辐射对人的危害。

(3) 隔热。水隔热效果最好，能最大限度地吸收辐射热。利用石棉、玻璃纤维等导热系数小的材料包敷热源也有较好的效果。

(4) 通风。利用自然通风或机械通风的方法，交换车间内外的空气。

(5) 供给含盐饮料。向高温作业人员提供足量合乎卫生要求的含盐饮料，以补充人体所需的水分和盐分。

(6) 发放保健食品。高温环境下作业，能量消耗增加，应增加蛋白质、热量、维生素等的摄入，以减轻疲劳，提高工作效率。

(7) 加强个人防护。高温作业的工作服应结实、耐热、宽大、便于操作，按不同作业需要，及时供给工作帽、防护眼镜、隔热面罩、隔热靴等。

(8) 医疗预防。高温作业人员应进行就业前和入暑前体检，凡有心血管系统疾病、高血压、溃疡病、肺气肿、肝病、肾病等疾病的人员不宜从事高温作业。

第三节　生产经营单位职业卫生管理

用人单位应当建立、健全职业病防治责任制，加强对职业病防治的管理，提高职业病防治水平，对本单位产生的职业病危害承担责任。用人单位的主要负责人对本单位的职业病防治工作全面负责。

一、前期预防

1. 制度保障

用人单位应当依照法律、法规要求，严格遵守国家职业卫生标准，落实职业病预防措施，从源头上控制和消除职业病危害。

产生职业病危害的用人单位的设立除应当符合法律、行政法规规定的设立条件外，其工作场所还应当符合下列职业卫生要求：①职业病危害因素的强度或者浓度符合国家职业卫生标准；②有与职业病危害防护相适应的设施；③生产布局合理，符合有害与无害作业分开的原则；④有配套的更衣间、洗浴间、孕妇休息间等卫生设施；⑤设备、工具、用具等设施符合保护劳动者生理、心理健康的要求；⑥法律、行政法规和国务院卫生行政部门、安全生产监督管理部门关于保护劳动者健康的其他要求。

2. 职业病危害项目申报制度

用人单位工作场所存在职业病目录所列职业病的危害因素的，应当及时、如实向所在地安全生产监督管理部门申报危害项目，接受监督。生产经营单位申报职业危害时，应当提交《作业场所职业危害申报表》和下列有关资料：①生产经营单位的基本情况；②产生职业危害因素的生产技术、工艺和材料的情况；③作业场所职业危害因素的种类、浓度和强度的情况；④作业场所接触职业危害因素的人数及分布情况；⑤职业危害防护设施及个人防护用品的配备情况；⑥对接触职业危害因素从业人员的管理情况；⑦法律、法规和规章规定的其他资料。

作业场所职业危害每年申报一次。《作业场所职业危害申报管理办法》（国家安监总局令第27号）规定，生产经营单位下列事项发生重大变化的，应当按照规定向原申报机关申报变更：①进行新建、改建、扩建、技术改造或者技术引进的，在建设项目竣工验收之日起30日内进行申报；②因技术、工艺或者材料发生变化导致原申报的职业危害因素及其相关内容发生重大变化的，在技术、工艺或者材料变化之日起15日内进行申报；③生产经营单位名称、法定代表人或者主要负责人发生变化的，在发生变化之日起15日内进行申报。生产经营单位终止生产经营活动的，应当在生产经营活动终止之日起15日内向原申报机关报告并办理相关手续。

3. 职业卫生“三同时”

新建、扩建、改建建设项目和技术改造、技术引进项目（以下统称建设项目）可能产生职业病危害的，建设单位在可行性论证阶段应当向安全生产监督管理部门提交职业病危害预评价报告。安全生产监督管理部门应当自收到职业病危害预评价报告之日起三十日内，作出审核决定并书面通知建设单位。未提交预评价报告或者预评价报告未经安全生产监督管理部门审核同意的，有关部门不得批准该建设项目。职业病危害预评价报告应当对建设项目可能产生的职业病危害因素及其对工作场所和劳动者健康的影响作出评价，确定危害类别和职业病防护措施。

建设项目的职业病防护设施所需费用应当纳入建设项目工程预算，并与主体工程同时设计，同时施工，同时投入生产和使用。

职业病危害严重的建设项目的防护设施设计，应当经安全生产监督管理部门审查，符合国家职业卫生标准和卫生要求的，方可施工。

建设项目在竣工验收前，建设单位应当进行职业病危害控制效果评价。建设项目竣工验收时，其职业病防护设施经安全生产监督管理部门验收合格后，方可投入正式生产和使用。

二、劳动过程中的防护与管理

1. 硬件保障

生产经营单位应当保障职业病防治所需的资金投入，不得挤占、挪用，并对因资金投入不足导致的后果承担责任；必须采用有效的职业病防护设施，并为劳动者提供个人使用的职业病防护用品；应当优先采用有利于防治职业病和保护劳动者健康的新技术、新工艺、新设备、新材料；使用可能产生职业病危害的设备的，应当提供中文说明书，并在设备的醒目位置设置警示标识和中文警示说明；使用可能产生职业病危害的化学品、放射性同位素和含有放射性物质的材料的，应当提供中文说明书；国内首次使用或者首次进口与职业病危害有关的化学材料，使用单位或者进口单位要向有关主管部门报送该化学材料的毒性鉴定以及其他资质材料；不得生产、经营、进口和使用国家明令禁止使用的可能产生职业病危害的设备或者材料；不得将产生职业病危害的作业转移给不具备职业病防护条件的单位和个人；不具备职业病防护条件的单位和个人不得接受产生职业病危害的作业。

2. 职业危害因素检测

生产经营单位应当实施由专人负责的职业病危害因素日常监测，并确保监测系统处于正常运行状态；工作场所职业病危害因素必须符合国家职业卫生标准和卫生要求，否则必须停止作业采取相应治理措施，符合标准要求后方可重新作业；定期对工作场所进行职业病危害因素检测、评价。检测、评价结果存入用人单位职业卫生档案，定期向所在地安全生产监督管理部门报告并向劳动者公布。

3. 作业场所职业卫生管理

生产经营单位必须采用有效的职业病防护设施，并为劳动者提供个人使用的职业病防护用品；对可能发生急性职业损伤的有毒、有害工作场所，用人单位应当设置报警装置，配置现场急救用品、冲洗设备、应急撤离通道和必要的泄险区；对放射工作场所和放射性同位素的运输、贮存，用人单位必须配置防护设备和报警装置，保证接触放射线的工作人员佩戴个人剂量计。

对职业病防护设备、应急救援设施和个人使用的职业病防护用品，用人单位应当进行经常性的维护、检修，定期检测其性能和效果，确保其处于正常状态，不得擅自拆除或者停止使用。

4. 生产经营单位的告知义务

应当在醒目位置公布有关职业病防治的规章制度、操作规程、职业病危害事故应急救援措施和工作场所职业病危害因素检测结果；订立劳动合同（含聘用合同，下同）时，应当将工作过程中可能产生的职业病危害及其后果、职业病防护措施和待遇等如实告知劳动者，并在劳动合同中写明，不得隐瞒或者欺骗；将从业人员在上岗前、在岗期间和离岗时的职业健康检查结果书面告知劳动者；对于患职业病或职业禁忌症的劳动，生产经营单位有告知义务。

5. 职业健康监护

生产经营单位单位应当对劳动者进行上岗前的职业卫生培训和在岗期间的定期职业卫生培训，普及职业卫生知识，督促劳动者遵守职业病防治法律、法规、规章和操作规程，指导劳动者正确使用职业病防护设备和个人使用的职业病防护用品；对从事接触职业病危害的作业的劳动者，应按照规定组织上岗前、在岗期间和离岗时的职业健康检查；不得安排未经上岗前职业健康检查的劳动者从事接触职业病危害的作业；不得安排有职业禁忌的劳动者从事其所禁忌的作业；对在职业健康检查中发现有与所从事的职业相关的健康损害的劳动者，应当调离原工作岗位，并妥善安置；对未进行离岗前职业健康检查的劳动者不得解除或者终止与其订立的劳动合同；应当为劳动者建立职业健康监护档案，并按照规定的期限妥善保存；劳动者离开用人单位时，有权索取本人职业健康监护档案复印件，用人单位应当如实、无偿提供，并在所提供的复印件上签章；不得安排未成年人从事接触职业病危害的作业；不得安排孕期、哺乳期的女职工从事对本人和胎儿、婴儿有危害的作业。

三、职业病诊断与职业病病人保障

生产经营单位应当如实提供职业病诊断、鉴定所需的劳动者职业史和职业病危害接触史、工作场所职业病危害因素检测结果等资料；劳动者和有关机构也应当提供与职业病诊断、鉴定有关的资料。

劳动者无法提供由生产经营单位掌握管理的与仲裁主张有关的证据的，仲裁庭应当要求生产经营单位在指定期限内提供；生产经营单位在指定期限内不提供的，应当承担不利后果。

生产经营单位和医疗卫生机构发现职业病病人或者疑似职业病病人时，应当及时向所在地卫生行政部门和安全生产监督管理部门报告；确诊为职业病的，用人单位还应当向所在地劳动保障行政部门报告。

生产经营单位应当及时安排对疑似职业病病人进行诊断；在疑似职业病病人诊断或者医学观察期间，不得解除或者终止与其订立的劳动合同；疑似职业病病人在诊断、医学观察期间的费用，由生产经营单位承担；应当保障职业病病人依法享受国家规定的职业病待遇；应当按照国家有关规定，安排职业病病人进行治疗、康复和定期检查；对不适宜继续从事原工作的职业病病人，应当调离原岗位，并妥善安置；对从事接触职业病危害的作业的劳动者，应当给予适当岗位津贴。

职业病病人的诊疗、康复费用，伤残以及丧失劳动能力的职业病病人的社会保障，按照国家有关工伤保险的规定执行；职业病病人除依法享有工伤保险外，依照有关民事法律，尚有获得赔偿的权利的，有权向生产经营单位提出赔偿要求；劳动者被诊断患有职业病，但生产经营单位没有依法参加工伤保险的，其医疗和生活保障由该用人单位承担。

第四节 职业卫生监督管理机制

目前，我国职业病防治形势十分严峻，亟待加强政府监管，以尽快遏制职业病多发的势头。《职业病防治法》正在修订过程中，也需要就有关职责分工问题进一步加以明确。中央编办于 2010 年 10 月 8 日印发了《关于职业卫生监管部门职责分工的通知》（中央编办发〔2010〕104 号），规定了国务院有关部门在职业卫生监管方面的职责分工。《通知》印发后，各有关部门将在职业病防治工作部际联席会议框架下，进一步加强沟通协调，密切配合，切实加强职业卫生监管工作，最大限度地降低职业病对劳动者健康造成的危害。各部门的职能分工如下：

卫生部：（一）负责会同安全监管总局、人力资源社会保障部等有关部门拟订职业病防治法律法规、职业病防治规划，组织制定发布国家职业卫生标准。（二）负责监督管理职业病诊断与鉴定工作。（三）组织开展重点职业病监测和专项调查，开展职业健康风险评估，研究提出职业病防治对策。（四）负责化学品毒性鉴定、个人剂量监测、放射防护器材和含放射性产品检测等技术服务机构的资质认定和监督管理；审批承担职业健康检查、职业病诊断的医疗卫生机构并进行监督管理，规范职业病的检查和救治；会同相关部门加强职业病防治机构建设。（五）负责医疗机构放射性危害控制的监督管理。（六）负责职业病报告的管理和发布，组织开展职业病防治科学研究。（七）组织开展职业病防治法律法规和防治知识的宣传教育，开展职业人群健康促进工作。

安全监管总局：（一）起草职业卫生监管有关法规，制定用人单位职业卫生监管相关规章。组织拟订国家职业卫生标准中的用人单位职业危害因素工程控制、职业防护设施、个体职业防护等相关标准。（二）负责用人单位职业卫生监督检查工作，依法监督用人单位贯彻执行国家有关职业病防治法律法规和标准情况。组织查处职业危害事故和违法违规行为。（三）负责新建、改建、扩建工程项目和技术改造、技术引进项目的职业卫生“三同时”审查及监督检查。负责监督管理用人单位职业危害项目申报工作。（四）负责依法管理职业卫生安全许可证的颁发工作。负责职业卫生检测、评价技术服务机构的资质认定和监督管理工作。组织指导并监督检查有关职业卫生培训工作。（五）负责监督检查和督促用人单位依法建立职业危害因素检测、评价、劳动者职业健康监护、相关职业卫生检查等管理制度；监督检查和督促用人单位提供劳动者健康损害与职业史、职业危害接触关系等相关证明材料。（六）负责汇总、分析职业危害因素检测、评价、劳动者职业健康监护等信息，向相关部门和机构提供职业卫生监督检查情况。

人力资源社会保障部：（一）负责劳动合同实施情况监管工作，督促用人单位依法签订劳动合同。（二）依据职业病诊断结果，做好职业病人的社会保障工作。

全国总工会：依法参与职业危害事故调查处理，反映劳动者职业健康方面的诉求，提出意见和建议，维护劳动者合法权益。

第六章　生产经营单位应急管理

加强应急管理，是关系国家经济社会发展全局和人民群众生命财产安全的大事，是全面落实科学发展观、构建社会主义和谐社会的重要内容，是各级政府坚持以人为本、执政为民、全面履行政府职能的重要体现。当前，我国现代化建设进入新的阶段，改革和发展处于关键时期，影响公共安全的因素增多，各类突发公共事件时有发生。同时，我国应急管理工作基础仍然比较薄弱，体制、机制、法制尚不完善，生产经营单位预防和处置突发公共事件的能力有待提高。因此建立完善生产经营单位安全生产预警机制，有效标示和提取隐患信息，提前进行预测报警，使生产经营单位及时、有针对性地采取预防措施，从而减少事故发生。

第一节　事故预警的基础知识

预警是指在事故发生前进行预先警告，即对将来可能发生的危险进行事先的预报，提请相关当事人注意。机制，是指有机体或其他自然和人造系统内各要素的构建、相互作用的方式和条件，以及系统与环境之间通过物质、能量和信息交换所产生的双向作用。

预警机制则是指能灵敏、准确地告示危险前兆，并能及时提供警示，使机构能采取有关措施的一种制度，其作用在于超前反馈、及时布置、防患于未然，最大限度地降低由于事故发生对生命造成的侵害、对财产造成的损失。完善的事故预警机制建立在预警系统基础之上，而预警系统主要由预警分析系统和预控对策系统两部分组成。

1. 事故预警的目标、任务与特点

事故预警的目标是通过对生产活动和安全管理进行监测与评价，警示生产过程中所面临的危害程度。

事故预警需要完成的任务是针对各种事故征兆的监测、识别、诊断与评价，及时报警，并根据预警分析的结果对事故征兆的不良趋势进行矫正、预防与控制。事故预警在完成上述任务的基础上，还要体现与其他预测工作不同的特征。

(1) 快速性。即建立的预警系统能够灵敏快速地进行信息收集、传递、处理、识别和发布，这一系统的任何一个环节都必须建立在“快速”的基础上，失去了快速性，事故预警就失去了意义。

(2) 准确性。工业生产过程中的信息复杂多变，事故预警不仅要求快速收集和处理信息，更重要的是要对复杂多变的信息作出准确的判断。判断是否正确，关系到整个预警的成败。

(3) 公开性。即事故信息一经确认，就必须客观、如实地向企业和社会公开发布。因为控制事故发展和应急救援需要企业、社会的力量。由于事故的发生取决于人、机、环境、管理等多种复杂因素的影响，公开影响事故发生的各种信息一是有利于社会监督，二是有利于企业及时采取有效措施，控制事故发生。

(4) 完备性。预警系统应能全面收集与事故相关的各类信息，据此从不同角度、不同层面全过程地分析事故的发展态势。

(5) 连贯性。要想使预警分析不致因孤立片面而得出错误的结论，每一次的分析应以上次的分析为基础，紧密衔接，才能确保预警分析的连贯和准确。

预警机制作为一种制度，需要利用高科技手段，将监测到的各种异常信息在事故发生前进行预告。这要求报警、接警、处警的部门和第一响应队伍明确预警的方式、方法、程序和监督措施。

2. 建立事故预警的原则和要求

构建事故预警需要遵循及时、全面、高效和引导的原则。

(1) 及时性原则

实行事故预警的出发点是“居安思危”，即事故还在孕育和萌芽的时期，就能够通过细致的观察和研究，防微杜渐，提早作好各种防范的准备。预警系统只有及时地监测出异常情况，并将它及时报告，才能及时采取有效措施，最大限度减少经济损失和人员伤亡。

(2) 全面性原则

预警就是要对生产活动的各个领域进行全面监测，及时发现各个领域的异常情况，尽最大努力保证生命财产的安全，这是建立预警机制的宗旨。全面性原则主要体现在监测、识别、判断、评价和对策预警操作系统方面。

(3) 高效性原则

鉴于事故的不确定性和突发性，预警机制必须以高效率为重要原则。唯有如此，才能对各种事故进行及时预告，并制订合理适当的应急救援措施。

(4) 引导性原则

预警正是在某种灾害、突发公共事件降临之前，提醒或引导人们应该怎么做或应该采取什么态度去应付和处理，这样既减少了因盲从跟风带来的被动和生命财产的损失，又体现了对公民的基本权利的尊重。

3. 预警管理体系的建立

事故的发生和发展是由于人的不安全行为、物的不安全状态、环境的不安全因素以及管理的缺陷等方面相互作用的结果，因此在事故预警管理战略上，应针对事故特点建立事故预警管理体系。各种类型事故预警的管理过程可能不同，但预警的模式具有一致性。一个完整的预警管理体系应由外部环境预警系统、内部管理预警系统、预警信息管理系统和事故预警系统构成。

(1) 外部环境预警系统

①自然环境突变的预警

自然灾害的突然发生，人类活动对自然环境造成的破坏，都会导致严重的安全事故。因此，对自然环境突变的监测和警报是预警管理体系的基本内容之一。

②政策法规变化的预警

国家有关政策与法规的变动，对生产管理的影响是直接的。国家对行业政策的调整、法规体系的修正和变更，对安全生产管理的影响非常大，应经常予以监测。

③技术变化的预警

现代安全生产的一个重要标志是对科学技术进步的依赖越来越大。例如大型复杂化工生产线，不仅涉及各种化工技术，而且也需要有防火防爆技术、计算监测技术、辨识诊断技术等。因而应当关注技术创新、技术标准变动的预警。

(2) 内部管理预警系统

①质量管理预警

企业质量管理的目的是生产出合格的产品（工程），基本任务是确定企业的质量目标，制定企业规划和建立健全企业的质量保证体系。质量管理预警就是针对生产过程中存在的质量问题进行预警。质量管理预警系统应当建立在管理信息系统、数据库技术、专家系统技术以及质量安全监控于一体的智能化管理系统之上。

②设备管理预警

设备管理预警对象是各种生产设备的维修、操作、保养等活动。该系统主要功能是对设备资料数据的搜集和整理、设备使用情况的检查和评价、设备维修及时性评价、设备检修质量合格率的监督、设备工作时对环境污染的安全度评价、设备管理的预警对策等。

③人的行为活动管理预警

事故发生诱因之一是人的不安全行为，人的行为活动预警对象主要是思想上的疏忽、知识和技能欠缺、性格上的缺陷、心理和生理弱点等。该预警系统的主要功能是收集有关人的活动信息，进行识别与选择，对人的行为活动进行评价与分析，对人的不良行为进行预警。

(3) 预警信息管理系统

预警信息管理系统以管理信息系统为基础，专用于预警管理的信息管理，主要是监测外部环境与内部管理的信息。预警信息的管理包括信息收集、处理、辨伪、存储、推断等过程。

(4) 事故预警系统

事故预警系统是综合运用事故致因理论和安全生产管理原理，以事故预防和控制为目的，通过对生产活动和安全管理过程中各种事故征兆的监测、识别、诊断与评价，根据事故的可能性和严重程度给出安全风险预警级别，并根据预警分析的结果对事故征兆的不良趋势进行矫正、预防与控制。当事故难以控制时，发出警告，并提供对策、措施和建议。

第二节 预警系统的建立与实现

建立预警系统需要遵循以准确、客观的统计资料为基础，以国家的法律法规为依据，以系统实用性与可操作性为出发点，兼顾硬件系统建设与软件系统结合的原则。

1. 预警系统的组成及功能

预警系统主要由预警分析系统和预控对策系统两部分组成。预警分析系统主要包括监测系统、预警信息系统、预警评价指标体系系统、预测评价系统等组成。预控对策系统根据具体警情确定控制方案。其中监测系统、预警信息系统、预警评价指标体系系统、预测评价系统完成预警功能，预控对策系统完成对事故的控制功能。

(1) 监测系统

监测系统是预警系统的硬件部分，功能是采用各种监测手段获得有关信息和运行数据。此系统采集监测对象（如温度、压力、液位等）传感器的输出信号，这些信号通过传输设施送入计算机进行处理，处理结果输出到操作控制台的显示器等外围设备上。监测系统主要完成实时信息采集，并将采集信息存入计算机，供预警信息系统分析使用。

(2) 预警信息系统

预警信息系统负责对信息的存储、处理和识别。事故预警的主要依据是与事故有关的外部环境与内部管理的原始信息。预警信息系统完成将原始信息向征兆信息转换的功能。原始信息包括历史信息、现实和实时信息，同时包括国内外相关的事故信息。

预警信息系统主要由信息网、中央处理系统和信息推断系统组成。信息网的作用是进行信息搜集、统计与传输。中央信息处理系统的功能是储存和处理从信息网传入的各种信息，进行综合、甄别和简化。信息推断系统是对经过处理的信息进行判断，并进行事故征兆的推断。

(3) 预警评价指标体系系统

预警评价指标体系系统主要完成指标的选取、预警准则和阈值的确定。建立预警评价指标体系的目的是使信息定量化、条理化和可操作化。预警指标从技术层次可以分为潜在指标和显现指标两类。潜在指标主要用于对潜在因素或征兆信息定量化，显现指标则主要用于显现因素或现状信息的定量化。在实际预警指标选取上主要考虑人、机、环境、管理等方面的有关因素。

(4) 预测评价系统

预测评价系统主要完成评价对象的选择，根据预警准则、选择预警评价方法，给出评价结果，根据危险级别状态，进行报警。对评价对象经过监测、识别、诊断、预测等活动过程后，预警系统需要对整个生产活动的安全状况做出评估，即预警系统信号输出和预警级别的给出。它是预警活动的重要成果之一。预警信号一般采用国际通用的颜色表示不同的安全状况，按照事故的严重性和紧急程度，颜色依次为蓝色、黄色、橙色、红色，分别代表安全、一般、严重和特别严重四种级别（Ⅳ、Ⅲ、Ⅱ、Ⅰ级）。对于预警管理活动，蓝色和黄色应用价值最大。四级预警如下：

Ⅰ级预警，表示安全状况特别严重，用红色表示；

Ⅱ级预警，表示受到事故的严重威胁，用橙色表示；

Ⅲ级预警，表示处于事故的上升阶段，用黄色表示；

Ⅳ级预警，表示生产活动处于正常状态，用蓝色表示。

严重程度等级根据有关行业标准和实际情况可分为多级，事故发生的可能性根据历年有关统计和生产状况不同设定不同级别。

2. 预警系统的实现

完善的预警系统为实现事故预警提供了物质基础。预警系统通过预警分析和预控对策实现事故的预警和控制，预警分析完成监测、识别、诊断与评价功能，而预控对策完成对事故征兆的不良趋势进行纠错和治错的功能。

(1) 监测

监测是预警活动的前提，监测的任务包括两个方面：一是对生产中的薄弱环节和重要环节进行全方位、全过程的监测；二是对大量的监测信息进行处理（整理、分类、存储、传输），建立信息档案，进行历史的和技术的比较，即通过对历史数据、即时数据的整理、分析、存储，建立预警信息档案及数据库，信息档案中的信息和数据是整个预警系统共享的，它将监测信息及时、准确地输入下一预警环节。

(2) 识别

识别是运用评价指标体系对监测信息进行分析，以识别生产活动中各类事故征兆、事故诱因，以及将要发生的事故活动趋势。识别的主要任务是应用“适宜”的识别指标，判断已经发生的异常征兆和可能的连锁反应。

(3) 诊断

对已被识别的各种事故现象，进行成因过程的分析和发展趋势预测，可以明确哪些现象是主要的，哪些现象是从属的、附生的。诊断的主要任务是在诸多致灾因素中找出危险性最高、危害程度最严重的主要因素，并对其成因进行分析，对发展过程及可能的发展趋势进行准确定量的描述。

(4) 评价

对已被确认的主要事故征兆进行描述性评价，以明确生产活动在这些事故征兆现象冲击下会遭受什么样的打击，判断此时生产所处状态是正常、警戒，还是危险、极度危险、危机状态，并把握其发展趋势，在必要时准确报警。其风险可能是静态的，可能是动态的。有的是比较明显的，有的是潜在的。一方面可通过感性认识和历史经验来判断，另一方面则是通过对各种客观的事故记录进行整理、分析和归纳，必要时咨询专家的意见。

(5) 监测、识别、诊断、评价的关系

监测、识别、诊断、评价这四个预警活动环节，是前后顺序的因果关系。监测活动是预警系统活动开展的前提，没有明确和准确的监测信息，后三个环节的活动就是盲目的，甚至是无意义的。识别活动是至关重要的环节，它对实现事故现象的判别，使企业生产安全管理在繁杂多变的致灾因素中能确定预警工作重点。也使诊断和评价活动有明确的目标。诊断活动和评价活动是技术性的分析过程，它对主要事故现象的成因与过程分析，以及对事故损失后果的评价，可使企业在采取预控对策或者危机管理对策时有科学的判识依据。整个预警活动过程，呈现一种前后有序、因果关联的关系。其中，监测活动的监测信息系统，是整个预警管理系统所共享的，识别、诊断、评价这三个环节的预警活动结果将以信息方式存入到监测系统中。

第三节　预警控制

预警的目标是实现对各种事故现象的早期预防与控制，并能对事故实施危机管理。控制是预警的落脚点。预控对策一般包括组织准备、日常监控和事故管理三个活动阶段。

1. 组织准备

组织准备是指开展预警分析和对策行动的组织保障活动，它包括为了整个预警机制的运行而制定并实施的制度、标准、规章，目的在于为预控对策的实施提供有保障的组织环境。

组织准备有两个特定任务，一是确定预警系统的组织构成、职能分配及运行方式，二是为事故状态时的管理提供组织训练与对策准备。组织准备活动服务于整个预警的组织管理过程。组织准备体现在以下方面。

(1) 预警功能的组织管理体系

为使预警机制真正能得以有效实施，有必要就企业原有经营管理系统的职能结构进行一定的重组与改造，形成一个具有预警功能的体系。这一新组织功能体系，融合企业安全管理与实践于一体，集企业正常活动的防错、纠错和生产事故状态时的预警方法于一身，将处理过程所产生的不可靠性，置于有效监测与控制之下，使企业生产活动在有序的均衡态中实现自组织状态，最终保证企业安全生产。

(2) 预警机构

为了保证预警机制高效运转，促进安全管理的预控工作，企业应对原有安全监察机构进行改造，成立安全预警机构，增加预警管理职能。

预警机构的基本工作目标是保证企业的生产经营在安全的轨道上运行，同时指导企业各关键岗位的“预警预控”工作，模拟未来可能发生的企业危机制定危机应对方案等。预警机构的职能可分为单指标监控、综合监控和事故危机监控。

2. 日常监控

日常监控是对预警分析所确定的主要事故征兆（现象）进行特别监视与控制的管理活动。由于预警活动所确立的事故现象往往对安全生产全局有重大影响作用，因此要进行及时跟踪监测。同时，由于事故现象是变化发展的，可能产生难以迅速控制的局势，所以，在日常监控过程中还要预测事故未来发展的严重程度及可能出现的危机结果，以防患于未然。

3. 事故的危机管理

事故的危机管理是日常监控活动无法有效扭转危险状态的发展，企业生产活动陷入危机状态时采取的一种特殊性质的管理，只有在特殊情况下才采用的特别管理方式。它是在企业生产安全管理系统已无法控制事故状态或企业领导层基本丧失指挥能力的情况下，以特别的危机计划、特别领导小组、紧急救援体系等介入企业领导管理过程。一旦危机状态恢复到可控状态，危机管理的任务即告完成，由日常监控环节继续履行预控对策的任务。

4. 预警分析与预控对策的关系

预警分析的活动内容主要是对系统隐患的辨识，预控对策的活动内容是对事故征兆的不良趋势进行纠错、治错的管理活动，两者相辅相成。

(1) 预警分析与预控对策的基本关系

预警分析过程的四个环节和预控对策活动的三个环节，是明确的时间顺序关系和逻辑顺序关系。预警分析是事故预警管理系统完成其职能的基础，预控对策是其职能活动的目标，两者缺少任何一个方面，事故预警管理系统的职能便不能成立。两种活动中的有关环节是任何时期内进行预警不可缺少的，缺少一个，其过程就是不完整的，其职能实现就是残缺的。

(2) 预警分析与预控对策的沟通

在预警分析活动和预控对策中，监测活动环节和组织准备环节所建立信息和对策都是整个预警系统所共享的。而且，预控中的对策要纳入预警系统的监测信息库，它为监测过程中对监测结果进行科学分类、处理、储存提供判识的背景。两个活动之间的信息沟通主要是监测信息系统的运行。而这个信息系统，又是企业生产活动整体的管理信息系统的一个有机部分，它使预警系统的活动同企业生产活动整体的安全管理融为一体。

第四节　事故应急救援体系

随着现代工业的发展，生产经营过程中存在的巨大能量和有害物质，一旦发生重大事故，往往造成惨重的生命伤亡、财产损失和环境破坏。当事故或灾害不可能完全避免的时候，建立重大事故应急救援体系，组织及时有效的应急救援行动，已成为抵御事故风险或控制灾害蔓延、减轻危害后果的关键甚至是唯一手段。

一、事故应急救援的基本任务

事故应急救援的总目标是通过有效的应急救援行动，尽可能地减轻事故的危害后果，包括人员伤亡、财产损失和环境破坏等。事故应急救援的基本任务包括下述几个方面。

1. 组织营救受害人员

抢救受害人员是应急救援的首要任务。在应急救援行动中，要组织营救受害人员，组织撤离或者采取其他措施保护危害区域内的其他人员。快速、有序、有效地实施现场急救与安全转送伤员是降低伤亡率、减少事故损失的关键。由于重大事故发生突然、扩散迅速、涉及范围广、危害大，应及时指导和组织群众采取各种措施进行自身防护，必要时迅速撤离危险区或可能受到危害的区域。在撤离过程中，应积极组织群众开展自救和互救工作。

2. 迅速控制事态

迅速控制事态并对事故造成的危害进行检测、监测，确定事故的危害区域、危害性质及危害程度。及时控制造成事故的危险源是应急救援工作的重要任务，只有及时控制住危险源，防止事故的继续扩展，才能及时有效进行救援。特别对发生在城市或人口稠密地区的化学事故，应尽快组织工程抢险队与事故单位技术人员一起及时控制事故继续扩展。

3. 消除危害后果，做好现场恢复

针对事故对人体、动植物、土壤、空气等造成的现实危害和可能的危害，迅速采取封闭、隔离、洗消、监测等措施，防止对人的继续危害和对环境的污染。及时清理废墟和恢复基本设施，将事故现场恢复至相对稳定的基本状态。

4. 查清事故原因，评估危害程度

事故发生后应及时调查事故的发生原因和事故性质，评估事故的危害范围和危险程度，查明人员伤亡情况，做好事故原因调查，并总结救援工作中的经验和教训。

二、事故应急救援的特点

重大事故往往具有发生突然、扩散迅速、危害范围广的特点，为尽可能降低重大事故的后果及影响，减少因此而导致的人员及财产损失，要求应急救援行动必须做到迅速、准确和有效。

迅速，就是要求建立快速的应急响应机制，能迅速准确地传递事故信息，迅速地调集所需的大规模应急力量、设备和物资等资源，迅速地建立起统一指挥与协调系统，开展救援活动。

准确，要求有相应的应急决策机制，能基于事故的规模、性质、特点、现场环境等信息，正确地预测事故的发展趋势，准确地对应急救援行动和战术进行决策。

有效，主要指应急救援行动的有效性，很大程度它取决于应急准备的充分与否，包括应急队伍的建设与训练、应急设备（施）物资的配备与维护、预案的制定与落实，以及有效的外部增援机制等。

三、事故应急救援的相关法律法规要求

近年来我国政府相继颁布了一系列有关事故应急救援的法律法规，如《安全生产法》、《职业病防治法（修订）》、《消防法（修订）》、《突发事件应对法》、《危险化学品安全管理条例》、《特种设备安全监察条例》、《国务院关于特大安全事故行政责任追究的规定》、《生产安全事故报告和调查处理条例》、《国务院关于全面加强应急管理工作的意见》、《国务院关于进一步加强企业安全生产工作的通知》、《突发事件应急演练指南》、《生产经营单位生产安全事故应急预案评审指南（试行）》、《生产安全事故应急预案管理办法》等。

《安全生产法》第十七条规定，生产经营单位的主要负责人负责组织制定并实施本单位的生产安全事故应急救援预案；第三十三条规定，生产经营单位对重大危险源应当登记建档，进行定期检测、评估、监控，并制定应急预案，告知从业人员和相关人员在紧急情况下应当采取的应急措施；县级以上地方各级人民政府应当组织有关部门制定本行政区域内特大生产安全事故应急救援预案，建立应急救援体系。

《职业病防治法（修订）》第二十一条规定，生产经营单位应当建立、健全职业病危害事故应急救援预案。

《消防法（修订）》第十六条规定，机关、团体、企业、事业等单位应当履行落实消防安全责任制，制定本单位的消防安全制度、消防安全操作规程，制定灭火和应急疏散预案的职责；第二十条规定，举办大型群众性活动，承办人应当依法向公安机关申请安全许可，制定灭火和应急疏散预案并组织演练。

《危险化学品安全管理条例》第七十条规定，危险化学品单位应当制定本单位危险化学品事故应急预案，配备应急救援人员和必要的应急救援器材、设备，并定期组织应急救援演练；第七十一条规定，发生危险化学品事故，事故单位主要负责人应当立即按照本单位危险化学品应急预案组织救援，并向当地安全生产监督管理部门和环境保护、公安、卫生主管部门报告。

《特种设备安全监察条例》第六十五条规定，特种设备安全监督管理部门应当制定特种设备应急预案。特种设备使用单位应当制定事故应急专项预案，并定期进行事故应急演练。压力容器、压力管道发生爆炸或者泄漏，在抢险救援时应当区分介质特性，严格按照相关预案规定程序处理，防止二次爆炸。第六十六条规定，特种设备事故发生后，事故发生单位应当立即启动事故应急预案，组织抢救。

《使用有毒物品作业场所劳动保护条例》第十六条规定，从事使用高毒物品作业的用人单位，应当配备应急救援人员和必要的应急救援器材、设备，制定事故应急救援预案，并根据实际情况变化对应急救援预案适时进行修订，定期组织演练。事故应急救援预案和演练记录应当报当地卫生行政部门、安全生产监督管理部门和公安部门备案。

《突发事件应对法》明确规定了在突发事件的预防与应急准备、监测与预警、应急处置与救援、事后恢复与重建等活动中，政府、单位及个人的权利与义务。

《生产安全事故应急预案管理办法》和《生产经营单位生产安全事故应急预案评审指南（试行）》为生产安全事故应急预案管理提供有力依据。

《国务院关于进一步加强企业安全生产工作的通知》（国发〔2010〕23号）中要求：加快国家安全生产应急救援基地建设；建立完善企业安全生产预警机制；完善企业应急预案；企业应急预案要与当地政府应急预案保持衔接，并定期进行演练。

四、事故应急管理

事故应急管理是对重大事故的全过程管理，贯穿于事故发生前、中、后的各个过程，充分体现了“预防为主，常备不懈”的应急思想。应急管理是一个动态的过程，包括预防、准备、响应和恢复四个阶段。尽管在实际情况中，这些阶段往往是交叉的，但每一阶段都有自己明确的目标，而且每一阶段又是构筑在前一阶段的基础之上，因而预防、准备、响应和恢复的相互关联，构成了应急管理的循环过程。

1. 预防

在应急管理中预防有两层含义，一是事故的预防工作，通过安全管理和安全技术等手段，来尽可能地防止事故的发生，实现本质安全；二是在假定事故必然发生的前提下，通过预先采取的预防措施，来达到降低或减缓事故的影响或后果严重程度。从长远观点来看，低成本高效率的预防措施是减少事故损失的关键。

2. 准备

应急准备是应急管理过程中一个极其关键的过程。它针对可能发生的事故，为迅速有效地开展应急行动而预先所做的各种准备，包括应急体系的建立、有关部门和人员职责的落实、预案的编制、应急队伍的建设、应急设备（施）与物资的准备和维护、预案的演习、与外部应急力量的衔接等，其目标是保持重大事故应急救援所需的应急能力。

3. 响应

应急响应是在事故发生后立即采取的应急与救援行动，包括事故的报警与通报、人员的紧急疏散、急救与医疗、消防和工程抢险措施、信息收集与应急决策及外部救援等，其目标是尽可能地抢救受害人员、保护可能受威胁的人群，尽可能控制并消除事故。

4. 恢复

恢复工作应在事故发生后立即进行，它首先使事故影响区域恢复到相对安全的基本状态，然后逐步恢复到正常状态。要求立即进行的恢复工作，包括事故损失评估、原因调查、清理废墟等，在短期恢复中应注意的是避免出现新的紧急情况；长期恢复包括厂区重建和受影响区域的重新规划和发展，在长期恢复工作中，应汲取事故和应急救援的经验教训，开展进一步的预防工作和减灾行动。

五、事故应急救援体系的建立

事故应急救援工作是一个系统工程，它不是仅仅依靠某一部门或某一个方面就能够实现的，应当建立起完善的应急救援体系，根据应急救援工作的特点和需求，合理地规划和完善其各个组成部分。

1. 事故应急救援体系的基本构成

由于潜在的重大事故风险多种多样，每一类事故灾难的具体相应措施可能千差万别，但其基本应急模式是一致的，应急救援体系的构建应贯彻顶层设计和系统论的思想，以事件为中心，以功能为基础，分析和明确应急救援工作的各项需求，在应急能力评估和应急资源统筹安排的基础上，科学地建立规范化、标准化的应急救援体系，保障各级应急救援体系的统一和协调。

（1）应急救援中心。应急救援中心是整个应急救援系统的重心，主要负责协调事故应急救援期间各个机构的运作，统筹安排整个应急救援行动，为现场应急救援提供各种信息支持；实施场外应急力量、救援装备、器材、物品等的迅速调度和增援，保证行动快速、有序、有效地进行。

（2）应急救援专家组。该专家组对应急准备和应急救援起着重要的参谋作用，包括对潜在重大危险的评估、应急资源的配备、事态及发展趋势的预测、应急力量的重新调整和布置、个人防护、公众疏散、抢险、现场恢复等行动提出决策性的建议。

（3）医疗救治组织。主要负责设立现场医疗急救站，对伤员进行现场分类和急救处理，并及时转院进行治疗，对现场救援人员进行医学监护等。

（4）消防与抢险组织。主要由公安消防队、专业抢险队、军队防化兵等组成。其职责是尽可能、尽快地控制并消除事故，营救受伤人员。

（5）监测组织。主要负责迅速测定事故的危害区域范围及危害性质，监测空气、水、食物、设备（施）的污染情况等。

（6）公众疏散组织。主要负责根据现场指挥部发布的警报和防护措施，引导必须撤离的居民有秩序地撤离至安全区或安置区，组织好特殊人群的疏散安置工作，维护安全区或安置区内的秩序和治安等。

（7）警戒与治安组织。主要负责对危害区域外围的交通路口实施封锁，阻止事故危害区外的公众进入，及时疏散交通阻塞，对重要目标实施保护，维护社会治安等。

（8）洗消去污组织。主要对受污染的人员或设备、器材进行消毒，对建筑物表面进行消毒，降低有毒有害物的空气浓度，减小扩散范围等。

（9）后勤保障组织。主要负责应急救援所需的各种设施、设备、物资以及生活、医药等的后勤保障等。

（10）信息发布中心。负责事故和救援信息的统一发布，以及及时准确地向公众发布有关保护措施的紧急公告，消除群众对事故的恐慌等。

企业的应急救援体系构成基本上应参考上述要求进行。

2. 事故应急救援体系响应机制

重大事故应急救援体系应根据事故的性质、严重程度、事态发展趋势和控制能力实行分级响应机制，对不同的响应级别，相应地明确事故的通报范围、应急中心的启动程度、应急力量的出动和设备、物资的调集规模、疏散的范围、应急总指挥的职位等。典型的响应级别通常可划分三级。

（1）一级紧急情况。必须利用所有有关部门及一切资源的紧急情况，或者需要各个部门同外部机构联合起来处理各种紧急情况，通常要宣布进入紧急状态。在该级别中，作出主要决定的职责通常是紧急事务管理部门。现场指挥部可在现场作出保护生命和财产以及控制事态所必需的各种决定。解决整个紧急事件的决定，应该由紧急事务管理部门负责。

（2）二级紧急情况。需要两个或更多个部门响应的紧急情况。该事故的救援需要有关部门的协作，并且提供人员、设备或其他资源。该级响应需要成立现场指挥部来统一指挥现场的应急救援行动。

（3）三级紧急情况。能由一个部门正常可利用的资源处理的紧急情况。正常可利用的资源指在该部门权力范围内通常可以利用的应急资源，包括人力和物力等。必要时，该部门可以建立一个现场指挥部，所需的后勤支持、人员或其他资源增援由本部门负责解决。

3. 事故应急救援体系的响应程序

事故应急救援体系的响应程序按过程可分为接警、响应级别确定、应急启动、救援行动、应急恢复和应急结束等过程。

（1）接警与响应级别确定。接到事故报警后，按照工作程序，对警情作出判断，初步确定相应的响应级别。如果事故不足以启动应急救援体系的最低响应级别，响应关闭。

（2）应急启动。应急响应级别确定后，按所确定的响应级别启动应急程序，如通知应急中心有关人员到位、开通信息与通讯网络、通知调配救援所需的应急资源（包括应急队伍和物资、装备等）、成立现场指挥部等。

（3）救援行动。有关应急队伍进入事故现场后，迅速开展事故侦测、警戒、疏散、人员救助、工程抢险等有关应急救援工作，专家组为救援决策提供建议和技术支持。当事态超出响应级别，无法得到有效控制时，向应急中心请求实施更高级别的应急响应。

（4）应急恢复。救援行动结束后，进入临时应急恢复阶段，包括现场清理、人员清点和撤离、警戒解除、善后处理和事故调查等。

（5）应急结束。执行应急关闭程序，由事故总指挥宣布应急结束。

六、事故应急预案演练

事故应急预案演练是检验、评估和保持应急能力的一个重要手段。其重要作用突出地体现在：可在事故真正发生前暴露预案和程序的缺陷；发现应急资源的不足（包括人力和设备等）；改善各应急部门、机构、人员之间的协调；增强应对突发重大事故的信心和应急意识；提高应急人员的熟练程度和技术水平；进一步明确各自的岗位与职责；提高各级预案之间的协调性；提高整体应急反应能力。

1. 应急演练类型

对应急预案的完整性和周密性进行评估，可采用不同规模的应急演练方法，如桌面演练、功能演练和全面演练等。

（1）桌面演练。是指由应急组织的代表或关键岗位人员参加的，按照应急预案及其标准工作程序讨论紧急情况时应采取行动的演练活动。桌面演练的主要特点是对演练情景进行口头演练，一般是在会议室内举行。主要目的是锻炼参演人员解决问题的能力，以及解决应急组织相互协作和职责划分的问题。桌面演练一般仅限于有限的应急响应和内部协调活动，应急人员主要来自本地应急组织，事后一般采取口头评论形式收集参演人员的建议，并提交一份简短的书面报告，总结演练活动和提出有关改进应急响应工作的建议。桌面演练方法成本较低，主要用于为功能演练和全面演练作准备。

(2) 功能演练。功能演练是指针对某项应急响应功能或其中某些应急响应行动举行的演练活动。功能演练一般在应急指挥中心进行，并可同时开展现场演练，调用有限的应急设备，主要目的是针对应急响应功能，检验应急人员以及应急体系的策划和响应能力。功能演练比桌面演练规模要大，需动员更多的应急人员和机构，因而协调工作的难度也随着更多应急响应组织的参与而加大。演练完成后，除采取口头评论形式外，还应提交有关演练活动的书面汇报，提出改进建议。

(3) 全面演练。全面演练指针对应急预案中全部或大部分应急响应功能，检验、评价应急组织应急运行能力的演练活动。全面演练一般要求持续几个小时，采取交互式方式进行，演练过程要求尽量真实，调用更多的应急人员和资源，并开展人员、设备及其他资源的实战性演练，以检验相互协调的应急响应能力。与功能演练类似，演练完成后，除采取口头评论、书面汇报外，还应提交正式的书面报告。

2. 应急演练实施过程

由于应急演练是由许多机构和组织共同参与的一系列行为和活动，因此，应急演练的组织与实施是一项非常复杂的任务，建立应急演练策划小组（或领导小组）是成功组织开展应急演练工作的关键。应急演练的过程可划分为演练准备、演练实施和演练总结三个阶段。

(1) 演练准备阶段。主要是确定演练日期，确定演练目标和演练范围，编写演练方案，确定演练现场规则，指定评价人员，安排后勤工作，准备和分发评价人员工作文件，培训评价人员，讲解演练方案与演练活动。

(2) 演练实施阶段。主要是记录参演组织的演练表现。

(3) 演练总结阶段。主要是评价人员访谈演练参与人员，汇报与协商，编写书面评价报告，演练参与人员自我评价，举行公开会议，通报不足项，编写演练总结报告，评价和报告补救措施，追踪整改项的纠正。

3. 应急演练结果评价

应急演练结束后应对演练的效果作出评价，并提交演练报告，详细说明演练过程中发现的问题。按对应急救援工作及时有效性的影响程度，演练过程中发现的问题，可划分为不足项、整改项和改进项。

(1) 不足项。不足项是指演练过程中观察或识别出的应急准备缺陷，可能导致在紧急事件发生时，不能确保应急组织或应急救援体系有能力采取合理应对措施，保护公众的安全与健康。不足项应在规定的时间内予以纠正。演练过程中发现的问题确定为不足项时，策划小组负责人应对该不足项进行详细说明，并给出应采取的纠正措施和完成时限。

(2) 整改项。整改项指演练过程中观察或识别出的，单独不可能在应急救援中对公众的安全与健康造成不良影响的应急准备缺陷。整改项应在下次演练前予以纠正。在两种情况下，整改项可列为不足项：一是某个应急组织中存在两个以上整改项，共同作用可影响保护公众安全与健康能力的；二是某个应急组织在多次演练过程中，反复出现前次演练发现的整改项问题的。

(3) 改进项。改进项指应急准备过程中应予改善的问题。改进项不同于不足项和整改项，它不会对人员的生命健康安全产生严重的影响，视情况予以改进，不必要求一定予以纠正。

第五节 事故应急预案编制

生产经营单位安全生产事故应急预案是国家安全生产应急预案体系的重要组成部分。制订生产经营单位安全生产事故应急预案是贯彻落实“安全第一、预防为主、综合治理”方针，规范生产经营单位应急管理工作，提高应对风险和防范事故的能力，保证职工安全健康和公众生命安全，最大限度地减少财产损失、环境损害和社会影响的重要措施。

一、应急预案的目的和作用

事故应急预案主要目的有两点：①采取预防措施将事故控制在局部，消除蔓延条件，阻止突发性重大或连锁事故发生；②能在事故发生后迅速控制和处理事故，尽可能减轻事故对人员及财产的影响，保障人民生命和财产安全。

应急预案是应急救援体系的主要组成部分，是应急救援工作的核心内容之一，是及时、有效、有序地开展应急救援工作的重要保障，其作用主要表现在：①应急预案明确了应急救援的范围和体系，使应急准备和应急管理不再是无据可依、无章可循，尤其是培训和演习工作的开展；②制定应急预案有利于做出及时的应急响应，降低事故的危害程度；③事故应急预案成为各类突发重大事故的应急基础。通过编制基本应急预案，可保证应急预案足够灵活，对那些事先无法预料到的突发事件或事故，也可以起到基本的应急指导作用，成为开展应急救援的“底线”。在此基础上，可以针对特定危害编制专项应急预案，有针对性地制定应急措施、进行专项应急准备和演习；④当发生超过应急能力的重大事故时，便于与上级应急部门的协调；⑤有利于提高风险防范意识。

二、策划应急预案应考虑的因素

编制应急预案前应进行合理策划，做到重点突出，反映主要的重大事故风险，并避免预案相互孤立、交叉和矛盾。策划重大事故应急预案时应充分考虑下列因素：①重大危险普查的结果，包括重大危险源的数量、种类及分布情况，重大事故隐患情况等；②本地区的地质、气象、水文等不利的自然条件（如地震、洪水、台风等）及其影响；③本地区以及国家和上级机构已制定的应急预案的情况；④本地区以往灾难事故的发生情况；⑤功能区布置及相互影响情况；⑥周边重大危险可能带来的影响；⑦国家及地方相关法律法规的要求。

三、应急预案的层次

基于可能面临多种类型的突发事故或灾害，为保证各种类型预案之间的整体协调性和层次，并实现共性与个性、通用性与特殊性的结合，对应急预案合理地划分层次，是将各种类型应急预案有机组合在一起的有效方法。应急预案可分为 3 个层次，如图 4 所示。

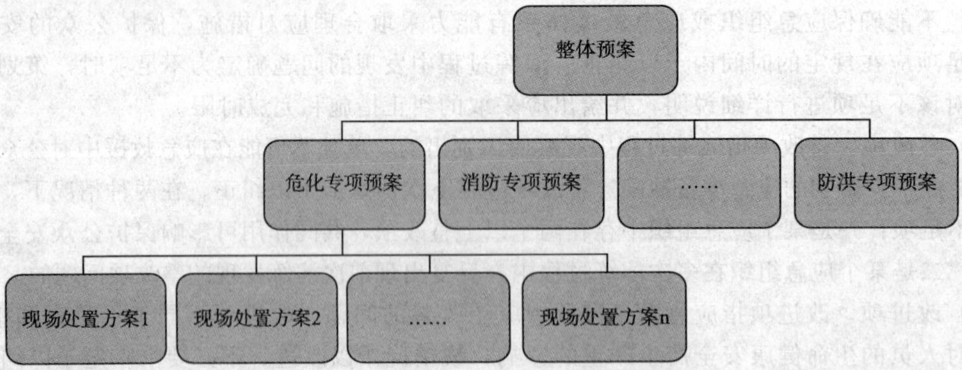

图 4　应急预案的 3 个层次

1. 综合应急预案

综合应急预案从总体上阐述了事故的应急方针、政策，应急组织结构及相关应急职责，应急行动、措施和保障等基本要求和程序，是应对各类事故的综合性文件。主要内容应包括：总则、生产经营单位概况、组织机构及职责、预防与预警、应急响应、信息发布、后期处置、保障措施、培训与演练、奖惩、附则等11部分。

2. 专项应急预案

专项应急预案是针对具体的事故类别（如火灾、危险化学品泄露等）、危险源和应急保障而制定的计划或方案，是综合应急预案的组成部分，应按照综合应急预案的程序和要求制定，并作为综合应急预案的附件。专项应急预案应制定明确的救援程序和具体的应急救援程序。主要内容应包括：事故类型和危害程度分析、应急处置基本原则、组织机构及职责、预防与预警、信息报告程序、应急处置、应急物质与装备等7部分。

3. 现场处置应急方案

现场应急处置方案是在专项预案的基础上，根据具体情况而编制，针对具体的装置、场所或设施、岗位所制定的应急处置措施。现场处置方案应具体、简单、针对性强，应根据风险评估及危险性控制措施逐一编制，做到事故相关责任人应知应会，熟练掌握，并通过应急演练，做到迅速反应、正确处置。现场处置方案的另一特殊形式为单项预案，可以对大型公共聚集活动（如经济、文化、体育、民俗、娱乐、集会等活动）或高风险的建设施工或维修活动（如人口高密度区建筑物的定向爆破、生命线施工维护等活动）而指定的临时性营救行动方案（随着活动的结束，预案的有效性随之终结）。现场处置方案的主要内容应包括：事故特征、应急组织与职责、应急处置、注意事项等4部分。

除了上述三个主体部分外，生产经营单位应急预案应有充足的附件支持，主要包括：有关应急部门、组织或人员的联系方式；重要物资装备的名录或清单；规范化格式文本；关键的路线、标识和图纸；相关应急预案名录；有关协议或备忘录（包括与相关应急救援部门签订的应急支援协议或备忘录等）。

四、事故应急预案编制的基本要求

编制应急预案必须以客观的态度，在客观调查的基础上，以各相关方共同参与的方式，开展科学分析和论证，按照科学的编制程序，扎实开展应急预案编制工作，使应急预案中的内容符合客观情况，为应急预案的落实和有效应用奠定基础。应急预案编制的基本要求如下：

1. 预案要有针对性

应急预案是针对可能发生的突发事件，为迅速、有序地开展应急行动而预先制定的行动方案。因此，应急预案应结合危险分析的结果，针对重大危险源、可能发生的各类安全事件、关键的岗位和地点、薄弱环节以及重要的工程进度编制，确保其有效性。

2. 预案要有科学性

应急预案制定工作是一项科学性很强的工作，编制应急预案也必须以科学的态度，在全面调查研究的基础上，实行领导和专家相结合的方式，开展科学分析和论证，制定出科学的决策程序、处置方案和手段先进的应急反应方案，使应急预案真正具有科学性。

3. 预案要有可操作性

应急预案应具有实用性或可操作性。即发生生产安全事故时，有关应急组织、人员可以按照应急预案的规定迅速、有序、有效地开展应急与救援行动，降低事故损失。为确保应急预案实用、可操作，应急预案编制机构应充分分析、评估本地可能存在的重大危险及其后果，并结合自身应急资源、能力的实际，对应急过程的一些关键信息（如潜在重大危险及后果分析、支持保障条件、决策、指挥与协调机制等）进行详细而系统的描述。同时，各责任方应确保生产安全事故应急所需要的人力、设施和设备、财政支持，以及其他必要资源。

4. 预案要有完整性

应急预案内容应完整，包含实施应急响应行动所需要的所有基本信息。应急预案的完整性还体现在功能（职能）完整、应急过程完整、适用范围完整。

5. 预案要有符合性

应急预案中的内容应符合国家相关法律、法规、国家标准的要求。应急预案的编制工作必须遵守相关法律法规的规定，同时，编制生产安全事故应参考相关的法律法规。

6. 预案要有可读性

应急预案应当包含应急所需的所有基本信息。这些信息如果组织不善可能会影响预案执行的有效性，因此预案中信息的组织应有利于使用和获取，并具备相当的可读性，且易于查询、语言简洁，通俗易懂，层次及结构清晰。

《生产经营单位安全生产事故应急预案编制导则》（AQ/T 9002—2006）明确规定了生产经营单位生产安全事故应急预案应包含的内容和编制要求，为应急预案的规范化建设提供了依据。本局有关法律法规及该导则的要求，编制应急预案时应进行合理策划，做到重点突出，反应主要的重大事故风险，并避免预案相互孤立、交叉和矛盾。导则规定编制应急预案应做好以下准备工作：①全面分析本单位危险因素、可能发生的事故类型及事故的危害程度；②排查事故隐患的种类、数量和分布情况，并在隐患治理的基础上，预测可能发生的事故类型及其危害程度；③确定事故危险源，进行风险评估；④针对事故危险源和存在的问题，确定相应的防范措施；⑤客观评价本单位应急能力；⑥充分借鉴国内外同行业事故教训及应急工作经验。

《生产安全事故应急预案管理办法》（国家安监总局令第 17 号）规定：应急预案编制应当符合下列基本要求：①符合有关法律、法规、规章和标准的规定；②结合本地区、本部门、本单位的安全生产实际情况；③结合本地区、本部门、本单位的危险性分析情况；④应急组织和人员的职责分工明确，并有具体的落实措施；⑤有明确、具体的事故预防措施和应急程序，并与其应急能力相适应；⑥有明确的应急保障措施，并能满足本地区、本部门、本单位的应急工作要求；⑦预案基本要素齐全、完整，预案附件提供的信息准确；⑧预案内容与相关应急预案相互衔接。

五、事故应急预案的基本结构

不同的应急预案由于各自所处的层次和适用的范围不同，因而在内容的详略程度和侧重点上会有所不同，但都可以采用相似的基本结构。图 5 所示的“1＋4”预案编制结构，是由一个基本预案加上应急功能设置、特殊风险管理、标准操作程序和支持附件构成的。

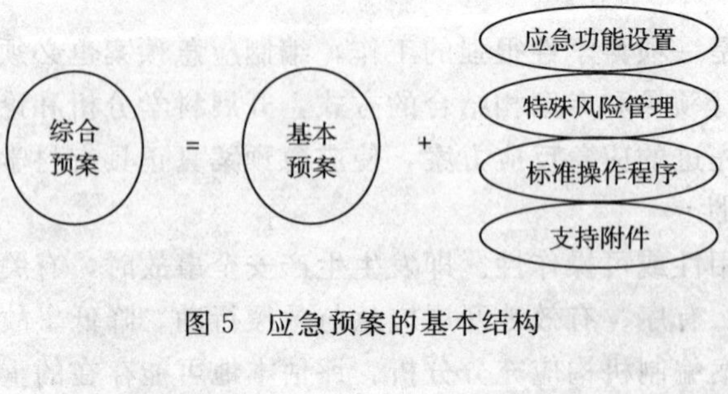

图 5　应急预案的基本结构

1. 基本预案

基本预案是应急预案的总体描述，主要阐述应急预案所要解决的紧急情况、应急的组织体系、方针、应急资源、应急的总体思路，并明确各应急组织在应急准备和应急行动中的职责以及应急预案的演练和管理等规定。

2. 应急功能设置

应急功能是指针对各类重大事故应急救援中通常采取的一系列的基本应急行动和任务，如指挥和控制、警报、通讯、人群疏散与安置、医疗、现场管制等。因此，设置应急功能时，应针对潜在重大事故的特点综合分析并将其分配给相关部门。对每一项应急功能都应明确其针对的形势、目标、负责机构和支持机构、任务要求、应急准备和操作程序等。应急预案中包含的应急功能的数量和类型，主要取决于所针对的潜在重大事故危险的类型，以及应急的组织方式和运行机制等具体情况。表 2 直观地描述了应急功能与相关应急机构的关系。

表 2　应急功能矩阵表

部门	应急功能							
	接警与通知	警报和应急公告	事态检测与评估	警戒与监管	人群疏散	医疗与卫生	消防和抢险	……
应急中心	R	R	S		S			
生产		S	S		S		S	
消防	S	S	S	S	S	S	R	
保卫	S			R	R	S	S	
卫生			S			R		
安环	S	S	R		S	S	S	
技术			S				S	
……								

注：R—负责部门；S—支持部门

3. 特殊风险管理

特殊风险指根据某类事故灾难、灾害的典型特征，需要对其应急功能做出针对性安排的风险。应说明处置此类风险应该设置的专有应急功能或有关应急功能所需的特殊要求，明确这些应急功能的责任部门、支持部门、有限介入部门以及它们的职责和任务，为制定该类风险的专项预案提出特殊要求和指导。

4. 标准操作程序

由于基本预案、应急功能设置并不说明各项应急功能的实施细节，因此各应急功能的主要责任部门必须组织制定相应的标准操作程序，为应急组织或个人提供履行应急预案中规定职责和任务的详细指导。标准操作程序应保证与应急预案的协调和一致性，其中重要的标准操作程序可作为应急预案附件或以适当方式引用。

5. 支持附件

支持附件主要包括应急救援的有关支持保障系统的描述及有关的附图表，如危险分析附件，通讯联络附件，法律法规附件，机构和应急资源附件，教育、培训、训练和演习附件，技术支持附件，协议附件，其他支持附件等。

从广义上来说，应急预案是一个由各级文件构成的文件体系，它不仅是应急预案本身，也包括针对某个特定的应急任务或功能所制定的工作程序等。一个完整的应急预案的文件体系可包括预案、程序、指导书、记录等，是一个 4 级文件体系。

六、事故应急预案管理的步骤

事故应急预案管理的步骤如下：

1. 应急预案编制工作组

结合本单位部门职能分工，成立以单位主要负责人为领导的应急预案编制工作组，明确编制任务、职责分工，制定工作计划。

2. 资料收集

收集应急预案编制所需的各种资料（相关法律法规、应急预案、技术标准、国内外同行业事故案例分析、本单位技术资料等）。

3. 危险源与风险分析

在危险因素分析及事故隐患排查、治理的基础上，确定本单位的危险源、可能发生事故的类型和后果，进行事故风险分析，并指出事故可能产生的次生、衍生事故，形成分析报告，分析结果作为应急预案的编制依据。

4. 应急能力评估

对本单位应急装备、应急队伍等应急能力进行评估，并结合本单位实际，加强应急能力建设。

5. 应急预案编制

针对可能发生的事故，按照有关规定和要求编制应急预案。应急预案编制过程中，应注重全体人员的参与和培训，使所有与事故有关人员均掌握危险源的危险性、应急处置方案和技能。应急预案应充分利用社会应急资源，与地方政府预案、上级主管单位以及相关部门的预案相衔接。

6. 应急预案评审与发布

应急预案编制完成后，应进行评审。评审由本单位主要负责人组织有关部门和人员进行。外部评审由上级主管部门或地方政府负责安全管理的部门组织审查。评审后，按规定报有关部门备案，并经生产经营单位主要负责人签署发布。

七、事故应急预案的主要内容

完整的应急预案应当包括以下内容：

1. 应急预案概况

应急预案概况主要描述生产经营单位概况以及危险特性状况等，同时对紧急情况下应急事件、适应范围提供建议并作必要说明，如明确应急方针与原则，作为应急救援工作的纲领。

2. 预防程序

预防程序是对潜在事故、可能发生的次生与衍生事故进行分析并说明所采取的预防和控制事故的措施。

3. 准备程序

准备程序应说明应急行动前所需采取的准备工作，包括应急组织及其职责权限、应急队伍建设和人员培训、应急物资的准备、预案的演练、公众的应急知识培训、签订互助协议等。

4. 应急程序

在应急救援过程中，存在一些必需的核心功能和任务，如接警与通知、指挥与控制、警报和紧急公告、通讯、事态监测与评估、警戒与治安、人群疏散与安置、医疗与卫生、公共关系、应急人员安全、消防和抢险、泄漏物控制等，无论何种应急过程都必须围绕上述功能和任务开展。应急程序主要指实施上述核心功能和任务的程序和步骤。

5. 恢复程序

程序恢复是说明事故现场应急行动结束后所采取的清除和恢复行动。现场恢复是在事故被控制后进行的短期恢复，从应急过程来说这意味着应急救援工作的结束，并进入到另一个工作阶段，即将现场恢复到一个基本稳定的状态。经验教训表明，在现场恢复过程中往往仍存在着潜在的危险，如余烬复燃、受损建筑物坍塌等，所以应充分考虑现场恢复过程中可能的危险。该部分主要内容包括：宣布应急救援结束的程序；撤离和交接的程序；恢复正常状态的程序；现场清理和受影响区域的连续性检测；事故调查与后果评价。

6. 预案管理与评审改进

应急预案是应急救援工作的指导性文件。应当对预案的制定、修改、更新、批准和发布作出明确的管理规定，保证定期应急演练、应急救援后对应急员进行评审和改进。针对各种实际情况的变化以及预案应用中所暴露出的缺陷，持续改进，不断完善应急预案体系。

以上六个方面内容相互之间既相对独立，又紧密联系，形成了一个有机联系并持续改进的体系结构。这些要素是重大事故应急预案编制所应当设计的基本方面，在编制时，可根据职能部门的设置和职责分配等具体情况，将要素进行合并或增加，以便更符合实际需求。

第六节 应急预案的演练

一、应急演练的定义、目的和要求

应急演练是指各级人民政府及其部门、企事业单位、社会团体等组织相关单位及人员，针对特定的突发事件假想情景，按照应急预案所规定职责和程序，在特定的时间和地域，执行应急响应任务的训练活动。应急演练是各类事故及灾害应急准备过程中的一项重要工作，对于评估应急准备状况，检验应急人员实际操作水平，发现并及时修改应急预案中的缺陷和不足等具有重要意义。

应急演练的目的是通过培训、评估、改进等手段提高保护人民群众生命财产安全和环境的综合应急能力，说明应急预案的各部分或整体是否能有效付诸实施，验证应急预案应对可能出现的各种紧急情况的适应性，找出应急准备工作中可能需要改善的地方，确保建立和保持可靠的通讯渠道及应急人员的协同性，确保所有应急组织都熟悉并能够履行他们的职责，找出需要改善的潜在问题。

应急演练的原则如下：

(1) 结合实际、合理定位。紧密结合应急管理工作实际，明确演练目的，根据资源条件确定演练方式和规模。

(2) 着眼实战、讲求实效。以提高应急指挥人员的指挥协调能力、应急队伍的实战能力为着眼点。重视对演练效果及组织工作的评估、考核，总结推广好经验，及时整改存在的问题。

(3) 精心组织、确保安全。围绕演练目的，精心策划演练内容，科学设计演练方案，周密组织演练活动，制订并严格遵守有关安全措施，确保演练参与人员及演练装备设施的安全。

(4) 统筹规划、厉行节约。统筹规划应急演练活动，适当开展跨地区、跨部门、跨行业的综合性演练，充分利用现有资源，努力提高应急演练效益。

二、应急演练的类型

(1) 按组织形式划分，应急演练可分为桌面演练和实战演练。

①桌面演练。桌面演练是指参演人员利用地图、沙盘、流程图、计算机模拟、视频会议等辅助手段，针对事先假定的演练情景，讨论和推演应急决策及现场处置的过程，从而促进相关人员掌握应急预案中所规定的职责和程序，提高指挥决策和协同配合能力。桌面演练通常在室内完成。

②实战演练。实战演练是指参演人员利用应急处置涉及的设备和物资，针对事先设置的突

发事件情景及其后续的发展情景，通过实际决策、行动和操作，完成真实应急响应的过程，从而检验和提高相关人员的临场组织指挥、队伍调动、应急处置技能和后勤保障等应急能力。实战演练通常要在特定场所完成。

（2）按内容划分，应急演练可分为单项演练和综合演练。

①单项演练。单项演练是指只涉及应急预案中特定应急响应功能或现场处置方案中一系列应急响应功能的演练活动。注重针对一个或少数几个参与单位（岗位）的特定环节和功能进行检验。

②综合演练。综合演练是指涉及应急预案中多项或全部应急响应功能的演练活动。注重对多个环节和功能进行检验，特别是对不同单位之间应急机制和联合应对能力的检验。

（3）按目的与作用划分，应急演练可分为检验性演练、示范性演练和研究性演练。

①检验性演练。检验性演练是指为检验应急预案的可行性、应急准备的充分性、应急机制的协调性及相关人员的应急处置能力而组织的演练。

②示范性演练。示范性演练是指为向观摩人员展示应急能力或提供示范教学，严格按照应急预案规定开展的表演性演练。

③研究性演练。研究性演练是指为研究和解决突发事件应急处置的重点、难点问题，试验新方案、新技术、新装备而组织的演练。

不同类型的演练相互结合，可以形成单项桌面演练、综合桌面演练、单项实战演练、综合实战演练、示范性单项演练、示范性综合演练等。

三、应急演练的规则

演练组织单位要根据实际情况，并依据相关法律法规和应急预案的规定，制订年度应急演练规划，按照“先单项后综合、先桌面后实战、循序渐进、时空有序”等原则，合理规划应急演练的频次、规模、形式、时间、地点等。

四、应急演练的组织机构

演练应在相关预案确定的应急领导机构或指挥机构领导下组织开展。演练组织单位要成立由相关单位领导组成的演练领导小组，通常下设策划部、保障部和评估组。对于不同类型和规模的演练活动，其组织机构和职能可以适当调整。根据需要，可成立现场指挥部。

1. 演练领导小组

演练领导小组负责应急演练活动全过程的组织领导，审批决定演练的重大事项。演练领导小组组长一般由演练组织单位或其上级单位的负责人担任；副组长一般由演练组织单位或主要协办单位负责人担任；小组其他成员一般由各演练参与单位相关负责人担任。在演练实施阶段，演练领导小组组长、副组长通常分别担任演练总指挥、副总指挥。

2. 策划部

策划部负责应急演练策划、演练方案设计、演练实施的组织协调、演练评估总结等工作。策划部设总策划、副总策划，下设文案组、协调组、控制组、宣传组等。

（1）总策划。总策划是演练准备、演练实施、演练总结等阶段各项工作的主要组织者，一般由演练组织单位具有应急演练组织经验和突发事件应急处置经验的人员担任；副总策划协助总策划开展工作，一般由演练组织单位或参与单位的有关人员担任。

（2）文案组。在总策划的直接领导下，负责制定演练计划、设计演练方案、编写演练总结报告以及演练文档归档与备案等；其成员应具有一定的演练组织经验和突发事件应急处置经验。

（3）协调组。负责与演练涉及的相关单位以及本单位有关部门之间的沟通协调，其成员一般为演练组织单位及参与单位的行政、外事等部门人员。

（4）控制组。在演练实施过程中，在总策划的直接指挥下，负责向演练人员传送各类控制消息，引导应急演练进程按计划进行。其成员最好有一定的演练经验，也可以从文案组和协调组抽调，常称为演练控制人员。

（5）宣传组。负责编制演练宣传方案，整理演练信息、组织新闻媒体和开展新闻发布等。其成员一般是演练组织单位及参与单位宣传部门的人员。

3. 保障部

保障部负责调集演练所需物资装备，购置和制作演练模型、道具、场景，准备演练场地，维持演练现场秩序，保障运输车辆，保障人员生活和安全保卫等。其成员一般是演练组织单位及参与单位后勤、财务、办公等部门人员，常称为后勤保障人员。

4. 评估组

评估组负责设计演练评估方案和编写演练评估报告，对演练准备、组织、实施及其安全事项等进行全过程、全方位评估，及时向演练领导小组、策划部和保障部提出意见、建议。其成员一般是应急管理专家、具有一定演练评估经验和突发事件应急处置经验专业人员，常称为演练评估人员。评估组可由上级部门组织，也可由演练组织单位自行组织。

5. 参演队伍和人员

参演人员包括应急预案规定的有关应急管理部门（单位）工作人员、各类专兼职应急救援队伍以及志愿者队伍等。

参演人员承担具体演练任务，针对模拟事件场景作出应急响应行动。有时也可使用模拟人员替代未现场参加演练的单位人员，或模拟事故的发生过程，如释放烟雾、模拟泄露等。

五、应急演练的准备

1. 制定演练计划

演练计划由文案组编制，经策划部审查后报演练领导小组批准。主要内容包括：

（1）确定演练目的，明确举办应急演练的原因、演练要解决的问题和期望达到的效果等。

（2）分析演练需求，在对事先设定事件的风险及应急预案进行认真分析的基础上，确定需调整的演练人员、需锻炼的技能、需检验的设备、需完善的应急处置流程和需进一步明确的职责等。

（3）确定演练范围，根据演练需求、经费、资源和时间等条件的限制，确定演练事件类型、等级、地域、参演机构及人数、演练方式等。演练需求和演练范围往往互为影响。

（4）安排演练准备与实施的日程计划，包括各种演练文件编写与审定的期限、物资器材准备的期限、演练实施的日期等。

（5）编制演练经费预算，明确演练经费筹措渠道。

2. 设计演练方案

演练方案由文案组编写，通过评审后由演练领导小组批准，必要时还需报有关主管单位同意并备案。主要内容包括：

（1）定演练目标

演练目标是需完成的主要演练任务及其达到的效果，一般说明“由谁在什么条件下完成什么任务，依据什么标准，取得什么效果”。演练目标应简单、具体、可量化、可实现。一次演练一般有若干项演练目标，每项演练目标都要在演练方案中有相应的事件和演练活动予以实现，并在演练评估中有相应的评估项目判断该目标的实现情况。

（2）设计演练情景与实施步骤

演练情景要为演练活动提供初始条件，还要通过一系列的情景事件引导演练活动继续，直至演练完成。演练情景包括演练场景概述和演练场景清单。

①演练场景概述。要对每一处演练场景概要说明，主要说明事件类别、发生的时间地点、发展速度、强度与危险性、受影响范围、人员和物资分布、已造成的损失、后续发展预测、气象及其他环境条件等。

②演练场景清单。要明确演练过程中各场景的时间顺序列表和空间分布情况。演练场景之间的逻辑关联依赖于事件发展规律、控制消息和演练人员收到控制消息后应采取的行动。

(3) 设计评估标准与方法

演练评估是通过观察、体验和记录演练活动，比较演练实际效果与目标之间的差异，总结演练成效和不足的过程。演练评估应以演练目标为基础。每项演练目标都要设计合理的评估项目方法、标准。根据演练目标的不同，可以用选择项（如：是/否判断，多项选择）、主观评分（如：1—差、3—合格、5—优秀）、定量测量（如：响应时间、被困人数、获救人数）等方法进行评估。

为便于演练评估操作，通常事先设计好评估表格，包括演练目标、评估方法、评价标准和相关记录项等。有条件时还可以采用专业评估软件等工具。

(4) 编写演练方案文件

演练方案文件是指导演练实施的详细工作文件。根据演练类别和规模的不同，演练方案可以编为一个或多个文件。编为多个文件时可包括演练人员手册、演练控制指南、演练评估指南、演练宣传方案、演练脚本等，分别发给相关人员。对涉密应急预案的演练或不宜公开的演练内容，还要制订保密措施。

①演练人员手册。内容主要包括演练概述、组织机构、时间、地点、参演单位、演练目的、演练情景概述、演练现场标识、演练后勤保障、演练规则、安全注意事项、通信联系方式等，但不包括演练细节。演练人员手册可发放给所有参加演练的人员。

②演练控制指南。内容主要包括演练情景概述、演练事件清单、演练场景说明、参演人员及其位置、演练控制规则、控制人员组织结构与职责、通信联系方式等。演练控制指南主要供演练控制人员使用。

③演练评估指南。内容主要包括演练情况概述、演练事件清单、演练目标、演练场景说明、参演人员及其位置、评估人员组织结构与职责、评估人员位置、评估表格及相关工具、通信联系方式等。演练评估指南主要供演练评估人员使用。

④演练宣传方案。内容主要包括宣传目标、宣传方式、传播途径、主要任务及分工、技术支持、通信联系方式等。

⑤演练脚本。对于重大综合性示范演练，演练组织单位要编写演练脚本，描述演练事件场景、处置行动、执行人员、指令与对白、视频背景与字幕、解说词等。

(5) 演练方案评审

对综合性较强、风险较大的应急演练，评估组要对文案组制订的演练方案进行评审，确保演练方案科学可行，以确保应急演练工作的顺利进行。

3. 演练动员与培训

在演练开始前要进行演练动员和培训，确保所有演练参与人员掌握演练规则、演练情景和各自在演练中的任务。

所有演练参与人员都要经过应急基本知识、演练基本概念、演练现场规则等方面的培训。对控制人员要进行岗位职责、演练过程控制和管理等方面的培训；对评估人员要进行岗位职责、演练评估方法、工具使用等方面的培训；对参演人员要进行应急预案、应急技能及个体防护装备使用等方面的培训。

4. 应急演练保障

（1）人员保障

演练参与人员一般包括演练领导小组、演练总指挥、总策划、文案人员、控制人员、评估人员、保障人员、参演人员、模拟人员等，有时还会有观摩人员等其他人员。在演练的准备过程中，演练组织单位和参与单位应合理安排工作，保证相关人员参与演练活动的时间；通过组织观摩学习和培训，提高演练人员素质和技能。

（2）经费保障

演练组织单位每年要根据应急演练规划编制应急演练经费预算，纳入该单位的年度财政（财务）预算，并按照演练需要及时拨付经费。对经费使用情况进行监督检查，确保演练经费专款专用、节约高效。

（3）场地保障

根据演练方式和内容，经现场勘察后选择合适的演练场地。桌面演练一般可选择会议室或应急指挥中心等；实战演练应选择与实际情况相似的地点，并根据需要设置指挥部、集结点、接待站、供应站、救护站、停车场等设施。演练场地应有足够的空间，良好的交通、生活、卫生和安全条件，尽量避免干扰公众生产生活。

（4）物资和器材保障

根据需要，准备必要的演练材料、物资和器材，制作必要的模型设施等，主要包括：

①信息材料：主要包括应急预案和演练方案的纸质文本、演示文档、图表、地图、软件等。

②物资设备：主要包括各种应急抢险物资、特种装备、办公设备、录音摄像设备、信息显示设备等。

③通信器材：主要包括固定电话、移动电话、对讲机、海事电话、传真机、计算机、无线局域网、视频通信器材和其他配套器材，尽可能使用已有通信器材。

④演练情景模型：搭建必要的模拟场景及装置设施。

（5）通信保障

应急演练过程中应急指挥机构、总策划、控制人员、参演人员、模拟人员等之间要有及时可靠的信息传递渠道。根据演练需要，可以采用多种公用或专用通信系统，必要时可组建演练专用通信与信息网络，确保演练控制信息的快速传递。

（6）安全保障

演练组织单位要高度重视演练组织与实施全过程的安全保障工作。大型或高风险演练活动要按规定制定专门应急预案，采取预防措施，并对关键部位和环节可能出现的突发事件进行针对性演练。根据需要为演练人员配备个体防护装备，购买商业保险。对可能影响公众生活、易于引起公众误解和恐慌的应急演练，应提前向社会发布公告，告示演练内容、时间、地点和组织单位，并做好应对方案，避免造成负面影响。

演练现场要有必要的安保措施，必要时对演练现场进行封闭或管制，保证演练安全进行。演练出现意外情况时，演练总指挥与其他领导小组成员会商后可提前终止演练。

六、应急演练的实施

1. 演练启动

演练正式启动前一般要举行简短仪式，由演练总指挥宣布演练开始并启动演练活动。

2. 演练执行

(1) 演练指挥与行动

①演练总指挥负责演练实施全过程的指挥控制。当演练总指挥不兼任总策划时，一般由总指挥授权总策划对演练过程进行控制。

②按照演练方案要求，应急指挥机构指挥各参演队伍和人员，开展对模拟演练事件的应急处置行动，完成各项演练活动。

③演练控制人员应充分掌握演练方案，按总策划的要求，熟练发布控制信息，协调参演人员完成各项演练任务。

④参演人员根据控制消息和指令，按照演练方案规定的程序开展应急处置行动，完成各项演练活动。

⑤模拟人员按照演练方案要求，模拟未参加演练的单位或人员的行动，并作出信息反馈。

(2) 演练过程控制

总策划负责按演练方案控制演练过程。

①桌面演练过程控制

在讨论桌面演练中，演练活动主要是围绕对所提出问题进行讨论。由总策划以口头或书面形式，部署引入一个或若干个问题。参演人员根据应急预案及有关规定，讨论应采取的行动。

在角色扮演或推演式桌面演练中，由总策划按照演练方案发出控制消息，参演人员接收到事件信息后，通过角色扮演或模拟操作，完成应急处置活动。

②实战演练过程控制

在实战演练中，要通过传递控制消息来控制演练进程。总策划按照演练方案发出控制消息，控制人员向参演人员和模拟人员传递控制消息。参演人员和模拟人员接收到信息后，按照发生真实事件时的应急处置程序，或根据应急行动方案，采取相应的应急处置行动。

控制消息可由人工传递，也可以用对讲机、电话、手机、传真机、网络等方式传送，或者通过特定的声音、标志、视频等呈现。演练过程中，控制人员应随时掌握演练进展情况，并向总策划报告演练中出现的各种问题。

(3) 演练解说

在演练实施过程中，演练组织单位可以安排专人对演练过程进行解说。解说内容一般包括演练背景描述、进程讲解、案例介绍、环境渲染等。对于有演练脚本的大型综合性示范演练，可按照脚本中的解说词进行讲解。

(4) 演练记录

演练实施过程中，一般要安排专门人员，采用文字、照片和音像等手段记录演练过程。文字记录一般可由评估人员完成，主要包括演练实际开始与结束时间、演练过程控制情况、各项演练活动中参演人员的表现、意外情况及其处置等内容，尤其是要详细记录可能出现的人员“伤亡”（如进入“危险”场所而无安全防护，在规定的时间内不能完成疏散等）及财产“损失”等情况。

照片和音像记录可安排专业人员和宣传人员在不同现场、不同角度进行拍摄，尽可能全方位反映演练实施过程。

(5) 演练宣传报道

演练宣传组按照演练宣传方案作好演练宣传报道工作。认真做好信息采集、媒体组织、广播电视节目现场采编和播报等工作，扩大演练的宣传教育效果。对涉密应急演练要做好相关保密工作。

3. 演练结束与终止

演练完毕，由总策划发出结束信号，演练总指挥宣布演练结束。演练结束后所有人员停止演练活动，按预定方案集合进行现场总结讲评或者组织疏散。保障部负责组织人员对演练现场进行清理和恢复。

演练实施过程中出现下列情况，经演练领导小组决定，由演练总指挥按照事先规定的程序和指令终止演练：（1）出现真实突发事件，需要参演人员参与应急处置时，要终止演练，使参演人员迅速回归其工作岗位，履行应急处置职责；（2）出现特殊或意外情况，短时间内不能妥善处理或解决时，可提前终止演练。

七、应急演练评估与总结

1. 演练评估

演练评估是在全面分析演练记录及相关资料的基础上，对比参演人员表现与演练目标要求，对演练活动及其组织过程作出客观评价，并编写演练评估报告的过程。所有应急演练活动都应进行演练评估。

演练结束后可通过组织评估会议、填写演练评价表和对参演人员进行访谈等方式，也可要求参演单位提供自我评估总结材料，进一步收集演练组织实施的情况。

演练评估报告的主要内容一般包括演练执行情况、预案的合理性与可操作性、应急指挥人员的指挥协调能力、参演人员的处置能力、演练所用设备装备的适用性、演练目标的实现情况、演练的成本效益分析、对完善预案的建议等。

2. 演练总结

演练总结可分为现场总结和事后总结。

（1）现场总结。在演练的一个或所有阶段结束后，由演练总指挥、总策划、专家评估组长等在演练现场有针对性地进行讲评和总结。内容主要包括本阶段的演练目标、参演队伍及人员的表现、演练中暴露的问题、解决问题的办法等。

（2）事后总结。在演练结束后，由文案组根据演练记录、演练评估报告、应急预案、现场总结等材料，对演练进行系统和全面的总结，并形成演练总结报告。演练参与单位也可对本单位的演练情况进行总结。

演练总结报告的内容包括：演练目的，时间和地点，参演单位和人员，演练方案概要，发现的问题与原因，经验和教训，以及改进有关工作的建议等。

3. 成果运用

对演练暴露出来的问题，演练单位应当及时采取措施予以改进，包括修改完善应急预案、有针对性地加强应急人员的教育和培训、对应急物资装备有计划地更新等，并建立改进任务表，按规定时间对改进情况进行监督检查。

4. 文件归档与备案

演练组织单位在演练结束后应将演练计划、演练方案、演练评估报告、演练总结报告等资料归档保存。

对于由上级有关部门布置或参与组织的演练，或者法律、法规、规章要求备案的演练，演练组织单位应当将相应资料报有关部门备案。

5. 考核与奖惩

演练组织单位要注重对演练参与单位及人员进行考核。对在演练中表现突出的单位及个人，可给予表彰和奖励；对不按要求参加演练，或影响演练正常开展的，可给予相应批评。

第七章　生产安全事故调查与分析

《生产安全事故报告和调查处理条例》（以下简称《条例》）于 2007 年 3 月 28 日国务院第 172 次常务会议通过，自 2007 年 6 月 1 日起施行。《条例》出台的目的是规范生产安全事故的报告和调查处理，落实生产安全事故责任追究制度，防止和减少生产安全事故。《条例》适用范围为：生产经营活动中发生的造成人身伤亡或者直接经济损失的生产安全事故的报告和调查处理，适用本条例；环境污染事故、核设施事故、国防科研生产事故的报告和调查处理不适用本条例。《条例》对事故报告、事故调查、事故处理和法律责任做出了明确规定。

第一节　生产安全事故分类与等级

事故是以人体为主，在与能量系统有关的系列上，突然发生的与人的希望和意志相反的事件，也可以定义为个人或集体在时间的进程中，在为了实现某一意图而采取行动的过程中，突然发生了与人的意志相反的情况，迫使这种行动暂时或永久停止的事件。

一、事故的分类

有关事故的分类问题，由于研究的目的不同，角度不同，分类的方法也就有所不同。目前主要有以下几种分类方法。

1. 依照造成事故的责任分

依照造成事故的责任不同分为责任事故和非责任事故两大类。

（1）责任事故

责任事故是指由于人们违背自然或客观规律，违反法律、法规、规章和标准等行为造成的事故。

（2）非责任事故

非责任事故是指遭遇不可抗拒的自然因素或目前科学无法预测的原因造成的事故。

2. 依照事故造成的后果分

依照事故造成的后果不同分为伤亡事故、一般事故和物质遭受损失的事故三大类。

（1）伤亡事故

伤亡事故简称伤害，是个人或集体在行动过程中，接触了与周围条件有关的外来能量，该能量作用于人体，致使人体生理机能出现部分的或全部丧失的现象。这种事故的后果，严重时会决定一个人一生的命运，所以习惯称为不幸事故。人体本身就是一个能量体系，把能量吸收在人体的生理结构中，并通过自身的新陈代谢消耗能量以进行各种活动，当人的行为超出了正常状态，且与生产设备的能量流动发生接触、碰撞以致遭受打击而蒙受伤害。这时也就妨碍了人行动的正常进行。

（2）一般事故

一般事故是指人身没有受到伤害，受伤轻微，停工短暂或与人的生理机能障碍无关的事故。由于传给人体的能量很小，尚不足以构成伤害，习惯上称为微伤；另一种是对人身而言的未遂事故，也称为无伤害事故。事故发生时，其结果到底是伤亡事故，还是一般事故，完全是一个受偶然性支配的、只有毫厘之差的问题，两者的分界线是不鲜明的。把两者分开的可能性，从本质上说是一个偶然性的问题。

（3）物质遭受损失的事故

指在根据不同目的并为了实现这一目的而创造的人工环境的生产现场，有时供给它的动力不符合要求，致使能量突然逸散而发生了物质的破坏、倒塌、火灾、爆炸等现象，以致迫使生产过程停顿，并造成财产损失的事故。

3. 依照事故监督管理的行业分

依照事故监督管理的行业的不同分为企业职工伤亡事故（工矿商贸企业伤亡事故）、道路交通事故、火灾事故、特种设备事故、水上交通事故、铁路交通事故、民航飞行事故、农业机械事故、渔业船舶事故等。

4. 依照造成人身伤害的原因分

依照造成人身伤害的原因不同分为 20 类。

（1）物体打击：指失控物体的重力或惯性力造成的人身伤害事故。适用于落下物、飞来物、滚石、崩块所造成的伤害。如砖头、工具从建筑物等高处落下，打桩、锤击造成物体飞溅等，都属于此类伤害。但不包括因爆炸引起的物体打击。

（2）车辆伤害：指由运动中的机动车辆引起的机械伤害事故。适用于机动车辆在行驶中的挤、压、撞车或倾覆等事故，以及在行驶中上下车、搭乘矿车或放飞车、车辆运输挂钩事故、跑车事故。

（3）机械伤害：指由运动中的机械设备引起伤害的事故。适用于在使用、维修机械设备与工具引起的绞、碾、碰、割、戳、切等伤害。如工件或刀具飞出伤人，切屑伤人，手或身体被卷入，手或其他部位被刀具碰伤，被转动的机构缠住等。

（4）起重伤害：指从事起重作业时引起的机械伤害事故。适用于各种起重作业中发生的脱钩砸人，钢丝绳断裂抽人，移动吊物撞人，绞入钢丝绳或滑车等伤害。同时包括起重设备在使用、安装过程中的倾翻事故及提升设备过卷、蹲罐等事故。

（5）触电：指电流流经人体，造成生理伤害的事故。适用于触电、雷击伤害。如人体接触带电的设备金属外壳、裸露的临时线、漏电的手持电动工具，起重设备误触高压线或感应带电，雷击伤害，触电坠落等事故。

（6）淹溺：是指人落入水中，水侵入呼吸系统造成伤害的事故。用于船舶、排筏、设施在航行、停泊、作业时发生的落水事故。

（7）灼烫：指因接触酸、碱、蒸汽、热水或因火焰、高温、放射线引起的皮肤及其他器官、组织损伤的事故。适用于烧伤、烫伤、化学灼伤、放射性皮肤损伤等伤害。不包括电烧伤以及火灾事故引起的烧伤。

（8）火灾：是指造成人身伤亡的企业火灾事故。不包括非企业原因造成的火灾事故，如居民火灾蔓延到企业的事故。

（9）高处坠落：指作业人员在工作面上失去平衡，在重力作用下坠落引起的伤害事故。适用于脚手架、平台、房顶、桥梁、山崖等高于地面的坠落，也适用于由地面踏空失足坠入洞、坑、沟、升降口、漏斗等情况。

（10）坍塌：指建筑物、构筑物、堆置物等倒塌以及土石塌方引起的伤害事故。适用于因设计或施工不合理而造成的倒塌，以及土方、岩石发生的塌陷事故。如建筑物倒塌，脚手架倒塌，挖掘沟、坑、洞时土石的塌方等事故。

（11）冒顶片帮：是指矿井工作面、巷道侧壁由于支护不当、压力过大造成的坍塌，称为片帮；顶板垮落称为冒顶。二者同时发生，称为冒顶片帮。适用于矿山、地下开采、掘进及其他坑道作业发生的坍塌事故。

(12) 透水：指矿山、地下开采或其他坑道作业时，意外水源造成的伤亡事故。适用于井巷与含水岩层、地下含水带、溶洞或与被淹巷道、地面水域相通时，涌水成灾的事故。不适用于地面水害事故。

(13) 放炮：是指施工时，放炮作业造成的伤亡事故。适用于各种爆破作业，如采石、采矿、采煤、开山、修路、拆除建筑物等工程进行的放炮作业引起的伤亡事故。

(14) 瓦斯爆炸：指可燃性气体瓦斯、煤尘与空气混合形成了浓度达到燃烧极限的混合物，接触火源时，引起的化学性爆炸事故。主要适用于煤矿，同时也适用于空气不流通，瓦斯、煤尘积聚的场合。

(15) 火药爆炸：指火药与炸药在生产、运输、储藏的过程中发生的爆炸事故。适用于火药与炸药在加工、配料、运输、储藏、使用过程中，由于震动、明火、摩擦、静电作用，或因炸药的热分解作用，发生的化学性爆炸事故。

(16) 锅炉爆炸：是指锅炉发生的物理性爆炸事故。适用于使用工作压力大于0.7大气压、以水为介质的蒸汽锅炉，但不适用于铁路机车、船舶上的锅炉以及列车电站和船舶电站的锅炉。

(17) 容器爆炸：指压力容器破裂引起的气体爆炸，即物理性爆炸，包括容器内盛装的可燃性液化气，在容器破裂后，立即蒸发，与周围的空气混合形成爆炸性气体混合物，遇到火源时产生的化学爆炸，也称容器的二次爆炸。

(18) 其他爆炸：凡不属于上述爆炸的事故均列入其他爆炸。

(19) 中毒和窒息事故：中毒是指人接触有毒物质引起的人体急性中毒事故，如误食有毒食物，呼吸有毒气体；窒息是指因为氧气缺乏，发生突然晕倒，甚至死亡的事故，如在废弃的坑道、竖井、涵洞、地下管道等不通风的地方工作，发生的伤害事故。两种现象合为一体，称为中毒和窒息事故。

(20) 其他伤害：凡不属于上述伤害的事故均称为其他伤害。如扭伤、跌伤、冻伤、野兽咬伤、钉子扎伤等。

二、普通生产安全事故的等级划分

生产安全事故等级，是指根据生产安全事故造成的人员伤亡或者直接经济损失严重程度划分的事故等级。这种事故等级的划分，主要是为了便于生产安全事故报告和调查处理工作的分级管理。根据《生产安全事故报告和调查处理条例》第三条的有关规定，生产安全事故一般分为以下四个等级。

1. 特别重大事故

(1) 一次造成30人以上（含30人）死亡；

(2) 一次造成100人以上（含100人）重伤（包括急性工业中毒）；

(3) 一次造成1亿元以上（含1亿元）直接经济损失。

2. 重大事故

(1) 一次造成10～29人死亡；

(2) 一次造成50～99人重伤（包括急性工业中毒）；

(3) 一次造成5 000万～1亿元直接经济损失。

3. 较大事故

(1) 一次造成 3～9 人死亡;

(2) 一次造成 10～49 人重伤(包括急性工业中毒);

(3) 一次造成 1 000 万～5 000 万元直接经济损失。

4. 一般事故

(1) 一次造成 1～2 人死亡;

(2) 一次造成 1～9 人重伤(包括急性工业中毒);

(3) 一次造成 100 万～1 000 万元直接经济损失。

需要说明的是,《生产安全事故报告和调查处理条例》在规定事故一般分为上述四个等级的同时,也规定针对一些行业或者领域事故的实际情况,国务院安全生产监督管理部门可以会同国务院有关部门,制定事故等级划分的补充性规定。这样规定,体现了原则性和灵活性的统一,符合实际情况。

第二节　生产安全事故报告

一、事故报告的时限和部门

事故发生后,事故现场有关人员应当立即向本单位负责人报告;单位负责人接到报告后,应当于 1 小时内向事故发生地县级以上人民政府安全生产监督管理部门和负有安全生产监督管理职责的有关部门报告。情况紧急时,事故现场有关人员可以直接向事故发生地县级以上人民政府安全生产监督管理部门和负有安全生产监督管理职责的有关部门报告。如果事故现场条件特别复杂,难以准确判定事故等级,情况十分危急,上一级部门没有足够能力开展应急救援工作,或者事故性质特殊,社会影响特别重大时,可以越级上报事故。

安全生产监督管理部门和负有安全生产监督管理职责的有关部门接到事故报告后,应当依照下列规定上报事故情况,并通知公安机关、劳动保障行政部门、工会和人民检察院:

(一)特别重大事故、重大事故逐级上报至国务院安全生产监督管理部门和负有安全生产监督管理职责的有关部门;

(二)较大事故逐级上报至省、自治区、直辖市人民政府安全生产监督管理部门和负有安全生产监督管理职责的有关部门;

(三)一般事故上报至设区的市级人民政府安全生产监督管理部门和负有安全生产监督管理职责的有关部门。

安全生产监督管理部门和负有安全生产监督管理职责的有关部门依照前款规定上报事故情况,应当同时报告本级人民政府。国务院安全生产监督管理部门和负有安全生产监督管理职责的有关部门以及省级人民政府接到发生特别重大事故、重大事故的报告后,应当立即报告国务院。

安全生产监督管理部门和负有安全生产监督管理职责的有关部门逐级上报事故情况,每级上报的时间不得超过 2 小时。事故报告后出现新情况的,应当及时补报。自事故发生之日起 30 日内,事故造成的伤亡人数发生变化的,应当及时补报。道路交通事故、火灾事故自发生之日起 7 日内,事故造成的伤亡人数发生变化的,应当及时补报。

二、事故报告的报警方式

各级安全生产监督管理部门和负有安全生产监督管理职责的有关部门基本上都建立值班制

度，并向社会公布值班电话，受理事故报告和举报。值班电话可通过114查号台或者安全生产监督管理部门的官方网站查询。鼓励职工监督举报各类安全隐患，对举报者予以奖励。有关部门和地方要进一步畅通安全生产的社会监督渠道，设立举报箱，公布举报电话，接受人民群众的公开监督。国家安全生产监督管理总局事故举报电话：(010) 64294453、(010) 64237232，举报传真：(010) 64234662，也可以在国家安全生产监督管理总局官方网站（www. chinasafety. gov. cn）在线报告和举报。

12350是安全生产举报投诉特服电话。为进一步做好安全生产领域的举报投诉工作，鼓励人民群众积极举报安全生产事故隐患和各类非法违法生产建设经营行为，经向工业和信息化部申请，核配“12350”作为国家安全监管总局全国统一的安全生产举报投诉特服电话号码。“12350”特服电话接收的举报投诉范围：受理生产安全事故、重大安全隐患、非法违法生产建设经营等方面的举报投诉。“12350”投诉电话实行属地受理。在省级安全监管局设立“12350”举报投诉电话受理机构，负责受理本省（区、市）内的举报投诉。市（地）级以下安全监管部门设立受理机构事宜，由省级安全监管局根据本地区实际情况确定。在省（区、市）内使用特服号码的，直接拨打“12350”；跨省（区、市）投诉的，需在“12350”号码前加拨地区号。

三、生产安全事故报告的内容

报告事故应当包括下列内容：①事故发生单位概况；②事故发生的时间、地点以及事故现场情况；③事故的简要经过；④事故已经造成或者可能造成的伤亡人数（包括下落不明的人数）和初步估计的直接经济损失；⑤已经采取的措施；⑥其他应当报告的情况。

四、生产安全事故现场的应急处置

事故发生单位负责人接到事故报告后，应当立即启动事故相应应急预案，或者采取有效措施，组织抢救，防止事故扩大，减少人员伤亡和财产损失。事故发生地有关地方人民政府、安全生产监督管理部门和负有安全生产监督管理职责的有关部门接到事故报告后，其负责人应当立即赶赴事故现场，组织事故救援。

事故发生后，有关单位和人员应当妥善保护事故现场以及相关证据，任何单位和个人不得破坏事故现场、毁灭相关证据。因抢救人员、防止事故扩大以及疏通交通等原因，需要移动事故现场物件的，应当做出标志，绘制现场简图并做出书面记录，妥善保存现场重要痕迹、物证。

事故发生地公安机关根据事故的情况，对涉嫌犯罪的，应当依法立案侦查，采取强制措施和侦查措施。犯罪嫌疑人逃匿的，公安机关应当迅速追捕归案。

五、迟报、漏报、谎报和瞒报的认定

事故报告应当及时、准确、完整，任何单位和个人对事故不得迟报、漏报、谎报或者瞒报。《〈生产安全事故报告和调查处理条例〉罚款处罚暂行规定》（国家安监总局令第13号）中对迟报、漏报、谎报和瞒报做出了解释：（一）报告事故的时间超过规定时限的，属于迟报；（二）因过失对应当上报的事故或者事故发生的时间、地点、类别、伤亡人数、直接经济损失等内容遗漏未报的，属于漏报；（三）故意不如实报告事故发生的时间、地点、类别、伤亡人数、直接经济损失等有关内容的，属于谎报；（四）故意隐瞒已经发生的事故，并经有关部门查证属实的，属于瞒报。

第三节　生产安全事故的调查

生产安全事故的调查处理工作是一个极其严肃的问题，因此事故调查处理应当坚持实事求

是、尊重科学的原则，及时、准确地查清事故经过、事故原因和事故损失，查明事故性质，认定事故责任，总结事故教训，提出整改措施，并对事故责任者依法追究责任。

一、事故调查的主体

特别重大事故由国务院或者国务院授权有关部门组织事故调查组进行调查。重大事故、较大事故、一般事故分别由事故发生地省级人民政府、设区的市级人民政府、县级人民政府负责调查。省级人民政府、设区的市级人民政府、县级人民政府可以直接组织事故调查组进行调查，也可以授权或者委托有关部门组织事故调查组进行调查。未造成人员伤亡的一般事故，县级人民政府也可以委托事故发生单位组织事故调查组进行调查。

上级人民政府认为必要时，可以调查由下级人民政府负责调查的事故。自事故发生之日起30日内（道路交通事故、火灾事故自发生之日起7日内），因事故伤亡人数变化导致事故等级发生变化，依照本条例规定应当由上级人民政府负责调查的，上级人民政府可以另行组织事故调查组进行调查。

特别重大事故以下等级事故，事故发生地与事故发生单位不在同一个县级以上行政区域的，由事故发生地人民政府负责调查，事故发生单位所在地人民政府应当派人参加。

二、事故调查组的组成和职责

事故调查组的组成应当遵循精简、效能的原则。根据事故的具体情况，事故调查组由有关人民政府、安全生产监督管理部门、负有安全生产监督管理职责的有关部门、监察机关、公安机关以及工会派人组成，并应当邀请人民检察院派人参加。事故调查组可以聘请有关专家参与调查。

事故调查组成员应当具有事故调查所需要的知识和专长，并与所调查的事故没有直接利害关系。事故调查组组长由负责事故调查的人民政府指定。事故调查组组长主持事故调查组的工作。

事故调查组履行下列职责：①查明事故发生的经过、原因、人员伤亡情况及直接经济损失；②认定事故的性质和事故责任；③提出对事故责任者的处理建议；④总结事故教训，提出防范和整改措施；⑤提交事故调查报告。

三、事故调查组的职权和事故发生单位的义务

事故调查组有权向有关单位和个人了解与事故有关的情况，并要求其提供相关文件、资料，有关单位和个人不得拒绝。事故发生单位的负责人和有关人员在事故调查期间不得擅离职守，并应当随时接受事故调查组的询问，如实提供有关情况。事故调查中发现涉嫌犯罪的，事故调查组应当及时将有关材料或者其复印件移交司法机关处理。

事故调查中需要进行技术鉴定的，事故调查组应当委托具有国家规定资质的单位进行技术鉴定。必要时，事故调查组可以直接组织专家进行技术鉴定。技术鉴定所需时间不计入事故调查期限。

四、事故调查的纪律和期限

事故调查组成员在事故调查工作中应当诚信公正、恪尽职守，遵守事故调查组的纪律，保守事故调查的秘密。未经事故调查组组长允许，事故调查组成员不得擅自发布有关事故的信息。

事故调查组应当自事故发生之日起60日内提交事故调查报告；特殊情况下，经负责事故调查的人民政府批准，提交事故调查报告的期限可以适当延长，但延长的期限最长不超过60日。

事故调查报告应当包括下列内容：①事故发生单位概况；②事故发生经过和事故救援情况；③事故造成的人员伤亡和直接经济损失；④事故发生的原因和事故性质；⑤事故责任的认定以及对事故责任者的处理建议；⑥事故防范和整改措施。事故调查报告应当附具有关证据材料。事故调查组成员应当在事故调查报告上签名。

五、生产安全事故的批复和整改措施落实

重大事故、较大事故、一般事故，负责事故调查的人民政府应当自收到事故调查报告之日起 15 日内做出批复；特别重大事故，30 日内做出批复，特殊情况下，批复时间可以适当延长，但延长的时间最长不超过 30 日。

有关机关应当按照人民政府的批复，依照法律、行政法规规定的权限和程序，对事故发生单位和有关人员进行行政处罚，对负有事故责任的国家工作人员进行处分。事故发生单位应当按照负责事故调查的人民政府的批复，对本单位负有事故责任的人员进行处理。负有事故责任的人员涉嫌犯罪的，依法追究刑事责任。

事故发生单位应当认真吸取事故教训，落实防范和整改措施，防止事故再次发生。防范和整改措施的落实情况应当接受工会和职工的监督。安全生产监督管理部门和负有安全生产监督管理职责的有关部门应当对事故发生单位落实防范和整改措施的情况进行监督检查。

第四节　安全生产统计分析

事故统计分析的目的是通过合理地收集与事故有关的资料计方法，对大量重复显现的数字特征进行整理、加工、分析和推断事故发生的原因，为制定法规、加强工作决策、采取预防措施发挥重要作用。

一、事故统计分析步骤

事故统计分析一般分为资料搜集、资料整理、综合分析三个步骤。

1. 资料搜集

资料搜集又称统计调查，是根据统计分析的目的，对大量零星的原始材料进行技术分组。它是整个事故统计工作的前提和基础。资料搜集是根据事故统计的目的和任务，制定调查方案，确定调查对象和单位，拟定调查项目和表格，并按照事故统计工作的性质，选定方法。我国伤亡事故统计是一项经常性的统计工作，采用报告法，下级按照国家制定的报表制度，逐级将伤亡事故报表上报。

2. 资料整理

资料整理又称统计汇总，是将搜集的事故资料进行审核、汇总，并根据事故统计的目的和要求计算有关数值。汇总的关键是统计分组，就是按一定的统计标志，将分组研究的对象划分为性质相同的组。如按事故类别、事故原因等分组，然后按组进行统计计算。

3. 综合分析

综合分析是将汇总整理的资料及有关数值，填入统计表或绘制统计图，使大量的零星资料系统化、条理化、科学化，是统计工作的结果。事故统计结果可以用统计指标、统计表、统计图等形式表达。

二、事故统计指标体系

我国安全生产涉及工矿企业（包括商贸流通企业）、道路交通、火灾、水上交通、铁路交通、民航飞行、农业机械、渔业船舶等行业。各有关行业主管部门针对本行业特点，制定并实

施了各自的事故统计报表制度和统计指标体系来反映本行业的事故情况。指标通常分为绝对指标和相对指标。绝对指标是指反映伤亡事故全面情况的绝对数值．如事故起数、死亡人数、重伤人数、轻伤人数、直接经济损失、损失工作日等。相对指标是伤亡事故的两个相联系的绝对指标之比，表示事故的比例关系，如千人死亡率、千人重伤率、百万吨死亡率等。

目前，我国的生产安全事故统计指标体系分为四大类。

1. 综合类伤亡事故统计指标体系

综合类伤亡事故统计指标体系包括事故起数、死亡事故起数、死亡人数、受伤人数、直接经济损失、重大事故起数、重大事故死亡人数、特大事故起数、特大事故死亡人数、特别重大事故起数、特别重大事故死亡人数、重大事故率、特大事故率。

2. 工矿企业类伤亡事故统计指标体系

工矿企业类伤亡事故统计指标体系包括煤矿企业伤亡事故统计指标、金属和非金属矿企业（原非煤矿山企业）伤亡事故统计指标、工商企业（原非矿山企业）伤亡事故统计指标、建筑业伤亡事故统计指标、危险化学品伤亡事故统计指标、烟花爆竹伤亡事故统计指标。

3. 行业类统计指标体系

道路交通事故统计指标包括事故起数、死亡事故起数、死亡人数、受伤人数、直接财产损失、重大事故起数、重大事故死亡人数、特大事故起数、特大事故死亡人数、特别重大事故起数、特别重大事故死亡人数、万车死亡率、10 万人死亡率、生产性事故起数、生产性事故死亡人数、重大事故率、特大事故率。

火灾事故统计指标包括事故起数、死亡事故起数、死亡人数、受伤人数、直接财产损失、重大事故起数、重大事故死亡人数、特大事故起数、特大事故死亡人数、特别重大事故起数、特别重大事故死亡人数、百万人火灾发生率、百万人火灾死亡率、生产性事故起数、生产性事故死亡人数、重大事故率、特大事故率。

4. 地区安全评价类统计指标体系

包括死亡事故起数、死亡人数、直接经济损失、重大事故起数、重大事故死亡人数、特大事故起数、特大事故死亡人数、特别重大事故起数、特别重大事故死亡人数、亿元国内生产总值（GDP）死亡率、10 万人死亡率。

三、生产安全事故报表制度

真实完整地收集和记录每起事故数据，是进行统计分析的基础。每起事故所包含的信息量，对事故统计分析至关重要。事故所包含的信息量要能够体现事故致因的科学原理，体现判定事故原因的正确方法。《生产安全事故统计报表制度》（安监总统计〔2010〕62 号）对此做出了具体规定。

1. 统计目的

及时、全面掌握全国生产安全事故情况，深入分析全国安全生产形势，科学预测全国安全生产发展趋势，为安全生产监管、煤矿安全监察工作提供可靠的信息支持和科学的决策依据。

2. 统计范围

在中华人民共和国领域内从事生产经营活动中发生的造成人身伤亡或者直接经济损失的生产安全事故。

3. 统计的主要内容

①事故单位情况

包括事故单位地址、单位通讯地址、单位法人代码、从业人员数、单位规模、单位控股类型、主管部门、管理分类等。

②事故情况

包括事故发生地点、发生日期、发生时间、所属行业、事故类别、人员伤亡总数、事故原因、受害人损失工作日、直接经济损失（万元）、起因物、致害物、不安全行为等。

③事故概况

主要填写事故发生的经过、原因分析、事故教训、防范措施、结案处理情况及其他要说明的情况。

④人员情况

包括姓名、性别、年龄、工种、工龄、文化程度、职业、伤害程度、死亡日期、损失工作日等。

4. 主要指标解释

①轻伤：损失工作日低于105日的暂时性全部丧失劳动能力伤害。

②重伤：依据《企业职工伤亡事故分类标准》（GB 6441—86）和《事故伤害损失工作日标准》（GB/T 15499—1995），是指造成职工肢体残缺或视觉、听觉等器官受到严重损伤，一般能引起人体长期存在功能障碍，或劳动能力有重大损失的伤害。具体是指损失工作日等于和超过105日的永久性全部丧失劳动能力伤害。在30天内转为重伤的（因医疗事故而转为重伤的除外，但必须得到医疗事故鉴定部门的确认；道路交通、火灾事故自发生之日起7日内），均按重伤事故报告统计。如果来不及在当月统计，应在下月补报。超过30天的（道路交通、火灾事故自发生之日起7日内），不再补报和统计。

③急性工业中毒：是指人体因接触国家规定的工业性毒物、有害气体，一次吸入大量工业有毒物质使人体在短时间内发生病变，导致人员立即中断工作入院治疗的，列入急性工业中毒事故统计。

④死亡和失踪：在30天内死亡的（因医疗事故死亡的除外，但必须得到医疗事故鉴定部门的确认；道路交通、火灾事故自发生之日起7日内），均按死亡事故报告统计。如果来不及在当月统计的，应在下月补报。超过30天死亡的（道路交通、火灾事故自发生之日起7日内），不再进行补报和统计。失踪30天后（道路交通、火灾事故自发生之日起7日内），按死亡进行统计。

⑤亿元GDP生产安全事故死亡率。表示每生产亿元国内生产总值，因事故造成的死亡人数。是各类事故死亡人数与国内生产总值（GDP）的比率。计算公式为：

$$\text{亿元 GDP 生产安全事故死亡率}=\frac{\text{报告期内各类事故死亡人数（人）}}{\text{报告期内国内生产总值（元）}}\times 10^8$$

⑥工矿商贸就业人员10万人生产安全事故死亡率。表示工矿商贸每10万就业人员（二、三产业就业人员）中，因事故造成的死亡人数。是工矿商贸事故死亡人数与工矿商贸就业人数的比率。计算公式为：

$$\text{工矿商贸就业人员 10 万人生产安全事故死亡率}=\frac{\text{报告期内工矿商贸事故死亡人数（人）}}{\text{报告期内工矿商贸就业人数（人）}}\times 10^5$$

⑦道路交通万车死亡率。表示每1万辆机动车中因道路交通事故造成的死亡人数。是道路交通事故死亡人数与机动车数量的比率。计算公式为：

$$\text{道路交通万车死亡率}=\frac{\text{报告期内道路交通事故死亡人数（人）}}{\text{报告期内机动车数量（辆）}}\times 10^4$$

⑧煤矿百万吨死亡率。表示煤矿每生产1百万吨原煤因事故造成的死亡人数。是煤矿各类事故死亡人数（包括基建矿井等）与原煤产量的比率。计算公式为：

$$煤矿百万吨死亡率=\frac{报告期内煤矿事故死亡人数（人）}{报告期内原煤产量（吨）}\times 10^6$$

5. 其他问题

①跨地区进行生产经营活动的单位发生事故后，由事故发生地的安全生产监督管理部门负责统计。

②直接经济损失在100万元以下、没有造成人员伤亡的工矿商贸事故不列入统计范围。

③甲单位员工参加乙单位生产经营活动并由乙单位负责指挥的，发生事故后由乙单位统计，并通知甲单位。

④两个以上单位交叉作业时发生的事故，由负主要责任的单位统计。

⑤分承包工程单位在施工过程中发生事故的，凡分承包单位在经济上实行独立核算的，由分承包单位统计；没有实行独立核算的，由总承包单位统计；凡没有履行分包合同承包的，不管经济上是否独立核算，都由总承包单位统计。

⑥专业救护队救援人员、生产经营单位所属非专业救援人员或者其他公民参加事故抢险救灾时伤亡的，应纳入事故统计；武警、消防战士在事故抢险救灾时伤亡的，不纳入事故统计。

⑦单位员工参加社会上的抢险救灾时发生伤亡事故，不属本单位事故统计范围。

⑧单位员工在国外承包工程期间发生伤亡事故的，不纳入统计范围。

⑨非本单位员工以个人名义承包单位工程发生的事故，由发包单位统计。

⑩单位员工在单位外执行领导指派的任务时，因擅自做与任务无关的事情，如游泳、射猎、钓鱼、抓鸟等而发生的事故，不按该单位事故统计。

⑪停薪留职人员和已离退休的人员，被原单位或外单位聘用工作，发生伤亡事故，由工作单位按照本单位事故统计。

⑫单位员工利用业余时间以承包形式完成本单位临时任务发生伤亡事故，无论伤及本单位员工还是雇用外单位员工，均按本单位事故统计。

⑬借调外单位员工发生伤亡事故，不论其工资由哪个单位支付，借调时间长短，也不论双方单位的登记注册类型如何，均按借人单位事故统计。

⑭单位员工在病假、事假或公休假期间自行到外单位工作发生伤亡事故，由外工作单位统计。

⑮劳改系统生产经营单位人员或刑满就业、劳教期满企业留用人员及正在劳改、劳教中的人员发生的事故，均应按事故统计。

⑯单位员工在劳动过程中因病导致伤亡，经县级以上医院诊断、公安部门证明和安全生产监督管理部门调查属实的，不按事故统计。

⑰单位租赁及借用的各种运输车辆，包括司机或另聘司机，执行该单位的生产经营任务，发生的事故应按本单位事故统计。

⑱因设备、产品不合格或安装不合格等因素造成使用单位发生事故的，不论其责任在哪一方，均由使用单位统计。

⑲已报送快报信息的事故，必须进入当期统计。已纳入事故统计的事故，必须按照事故认定的有关规定，经批复同意方后可从事故统计中剔除。

⑳铁路企业发生的事故（不含铁路行车和路外事故），应统计在工矿商贸事故中。

㉑房屋建筑及市政工程事故和特种设备事故，应统计在工矿商贸事故中。

㉒政府机关、事业单位、人民团体发生的生产安全事故，应纳入统计。

四、伤亡事故统计分析方法

事故统计分析方法是以研究伤亡事故统计为基础的分析方法，伤亡事故统计有描述统计法和推理统计法两种方法。

描述统计法用于概括和描述原始资料总体的特征。它可以提供一种组织归纳和运用资料的方法。最常用的描述统计有频数分布、图形或图表、算数平均值及相关分析等。

推理统计法是从一个较大的资料总体中抽取的样本来推断结论的方法。它的目的是使人们能够用数量来表示可能的论述。对伤亡事故原因的专门研究以及事故判定技术等主要应用推理统计法。经常用到的几种事故统计方法如下。

1. 综合分析法

将大量的事故资料进行总结分类，将汇总整理的资料及有关数值，形成书面分析材料或填入统计表或绘制统计图，使大量的零星资料系统化、条理化、科学化，从各种变化的影响中找出事故发生的规律性。

2. 分组分析法

按伤亡事故的有关特征进行分类汇总，研究事故发生的有关情况。如按事故发生企业的经济类型、事故发生单位所在行业、事故发生原因、事故类别、事故发生所在地区、事故发生时间、伤害部位等进行分组汇总统计伤亡事故数据。

3. 统计图表法

事故常用的统计图有：

①趋势图，即折线图，直观地展示伤亡事故的发生趋势。

②柱状图，能够直观地反映不同分类项目所造成的伤亡事故指标大小比较。

③饼图，即比例图，可以形象地反映不同分类项目所占的百分比。

4. 排列图

排列图也称主次图，是直方图与折线图的结合，直方图用来表示属于某项目的各分类的频次，而折线点则表示各分类的累积相对频次。排列图可以直观地显示出属于各分类的频数的大小及其占累积总数的百分比。

5. 控制图

控制图又叫管理图，把质量管理控制图中的不良率控制图方法引入伤亡事故发生情况的测定中，可以及时察觉伤亡事故发生的异常情况，有助于及时消除不安定因素，起到预防事故重复发生的作用。

五、伤亡事故经济损失计算方法

伤亡事故经济损失计算方法和标准按照《企业职工伤亡事故经济损失统计标准》进行计算。伤亡事故经济损失是指企业职工在劳动生产过程中发生伤亡事故所引起的一切经济损失，包括直接经济损失和间接经济损失。

1. 直接经济损失

指因事故造成人身伤亡及善后处理支出的费用和毁坏财产的价值。

2. 间接经济损失

指因事故导致产值减少、资源破坏和受事故影响而造成其他损失的价值。

3. 直接经济损失的统计范围

(1) 人身伤亡后所支出的费用。

①医疗费用（含护理费用）。

②丧葬及抚恤费用。

③补助及救济费用。

④歇工工资。

（2）善后处理费用。

①处理事故的事务性费用。

②现场抢救费用。

③清理现场费用。

④事故罚款和赔偿费用。

（3）财产损失价值。

①固定资产损失价值。

②流动资产损失价值。

4. 间接经济损失的统计范围

（1）停产、减产损失价值。

（2）工作损失价值。

（3）资源损失价值。

（4）处理环境污染的费用。

（5）补充新职工的培训费用。

（6）其他损失费用。

5. 计算方法

（1）经济损失计算

$$E=E_d+E_i$$

式中 E——经济损失（万元）；E_d——直接经济损失（万元）；E_i——间接经济损失（万元）

（2）工作损失价值计算

$$V_w=D_LM/(SD)$$

式中V_w——工作损失价值（万元）；D_L——一起事故的总损失工作日数，死亡一名职工按6000个工作日计算，受伤职工视伤害情况按 GB 6441—86《企业职工伤亡事故分类标准》的附表确定（日）；M——企业上年税利（税金加利润）（万元）；S——企业上年平均职工人数；D——企业上年法定工作日数（日）。

（3）固定资产损失价值计算

①报废的固定资产，以同定资产净值减去残值计算。

②损坏的固定资产，以修复费用计算。

（4）流动资产损失价值计算

①原材料、燃料、辅助材料等均按账面值减去残值计算。

②成品、半成品、在制品等均以企业实际成本减去残值计算。

（5）事故已处理结案而未能结算的医疗费、歇工工资等，采用测算方法计算。

（6）对分期支付的抚恤、补助等费用，按审定支出的费用，从开始支付日期累计到停发日期。

（7）停产、减产损失，按事故发生之日起到恢复正常生产水平时止，计算其损失的价值。

第八章　典型事故案例分析

事故一

1. 事发经过

2010 年 7 月 14 日 16 时 42 分左右，中某隧道集团有限公司在北京地铁 15 号线 07 标段顺义站基坑施工过程中，基坑东北角钢围檩及钢支撑坠落，造成基坑底部施工作业人员 2 人死亡、8 人受伤，直接经济损失 145.94 万元。

经调查，从 7 月 11 日发现基坑北侧地面出现不规则凹陷到 7 月 14 日事故发生，参建各方组织了三次专题会议，但是施工、监理及监测等单位均违反有关规定，未能及时发布红色预警信息。7 月 14 日，仍然安排作业人员继续到基坑底部中间段北侧进行施工作业，当日 16 时 42 分，基坑中间段东北角上层两根钢支撑与下层四根钢支撑发生坠落，导致基坑底部作业的 2 名施工人员死亡，8 人受伤。

2. 事故原因分析

（1）直接原因

违章指挥冒险施工、基坑钢支撑的施工不符合设计要求，是造成事故的直接原因：①施工、监理、监测等单位均违反有关规定，未发布红色警示信息、停止施工并组织专家论证，在基坑存在明显事故隐患的情况下，施工单位仍指挥工人冒险作业。②事故部位基坑钢支撑支护体系施工质量存在严重缺陷，导致钢腰梁在支撑结构与基坑侧壁间的剪力增大时，不能有效承受斜撑轴力的切向分力，钢腰梁与基坑侧壁间产生摩擦滑动，支撑结构丧失承载能力，发生倾覆失稳后腰梁与钢支撑一同坠落。

（2）间接原因

基坑施工相关各方管理不到位，是导致事故发生的间接原因。

①施工管理存在严重缺陷。施工单位对基坑事故部位支护体系存在的质量缺陷监督检查不到位；聘请的监测单位与建设单位聘请的第三方监测单位为同一单位，导致监测数据监督机制缺失；对监测数据长期的缺失、断档，未采取有效措施；基坑北侧地表长期堆土和停放重型机械设备、基坑载荷过重的事故隐患未排查整改；基坑出现险情后，未按照相关要求及时停止施工作业。

②施工监理不到位。监理单位对未按照设计方案施工的基坑钢支撑结构体系没有实施有效监督和现场验收；对基坑北侧载荷长期超限以及部分监测点的监测数据长期缺失、断档等隐患未实施有效监理；在基坑地面出现凹陷、裂缝、渗水和监测数据超红色预警值等危险情况后，未按规定下达停工指令、组织专家论证。

③监测管理存在严重缺陷。监测单位未按照监测方案要求，对钢支撑初始安装时的轴力实施监测；未对基坑北侧桩体位移情况实施监测，在长达 50 天的时间内未监测基坑北侧地表沉降情况；在承接了第三方监测任务后，未及时终止与施工单位的施工监测合同，所派的施工监测组和第三方监测组人员职责不清；7 月 12 日，基坑地表沉降值和沉降速率均超过红色预警值的情况下，未发布红色预警信息；未能严格落实监测数据报告和审核制度，事发当日桩顶位移、地表沉降速率和钢支撑轴力等监测数据发生急剧变化后，未及时报告参建各方。

④建设单位在基坑地表沉降值和沉降速率均明显超过红色预警值，以及地面出现裂缝的危

险情况下，未落实《地铁工程监控量测技术规程》和本单位制定下发的《土建工程监控量测管理办法》要求，督促监理单位下达停工指令。

3. 事故性质

根据安全生产有关法律、法规的规定，调查组认定，该起事故是一起生产安全责任事故。

4. 事故责任单位和责任人员的处理情况

根据《中华人民共和国安全生产法》、《中华人民共和国刑法》、《生产安全事故报告和调查处理条例》等有关法律、法规规定，调查组依据调查核实的情况和事故原因分析，对事故涉及的工程施工单位、监理单位、监测单位、建设单位和设计单位等5家单位，以及相关责任人员给予了相应处理。具体处理情况如下：

(1) 对项目经理、项目副经理兼一工区（顺义站）主任、项目技术员，总监理工程师、驻地监理组组长、现场监理员，第三方监测组现场负责人、监测单位副总经理等8名直接责任人员，依法移送司法机关，追究刑事责任。

(2) 对项目经理、总监理工程师、驻地监理组组长等3名直接责任人员的执业资格，依法予以吊销。

(3) 依法给予施工单位中某隧道集团有限公司19万元罚款，暂停其在北京建筑市场招投标资格60天，并函告河南省建设行政主管部门，暂扣其安全生产许可证30天；同时，给予该单位主要负责人上一年度收入30%的罚款。

(4) 依法给予监理单位北京某群工程咨询有限公司15万元罚款，并暂停其在北京建筑市场招投标资格60天。

(5) 依法给予监测单位北京某业测绘科技有限公司15万元的罚款。

(6) 依法给予建设单位北京东某轨道有限公司48万元的罚款。

(7) 针对设计单位北京某计研究总院在参建各方参加的会议上，未能提出停止施工的行为，给予全市通报批评。

同时，事故调查组责成中某隧道集团有限公司给予该公司项目总工程师及项目部工程部长撤销职务处分；责成北京东某轨道有限公司分别给予该公司安全质量监察室主任及副总经理记大过和警告处分。

事故二

1. 事故发生经过

2010年11月12日17时35分左右，位于北京经济技术开发区科创6街（东区B3M3地块）北京某医药科技有限公司生产楼等3项工程施工现场，6名作业人员在实施塔式起重机安装作业过程中，塔式起重机发生倾覆，造成现场安装人员3人死亡，2人受伤。

2. 事故原因分析

(1) 直接原因

塔式起重机安装单位相关负责人未履行安全管理职责，在安装过程中未督促现场人员按照塔式起重机生产厂家《使用说明书》要求安装，未将顶升横梁两端的轴头准确地放入踏步槽内就位并扶正即实施顶升作业，致使顶升横梁轴头从踏步上滑落，产生侧向作用力，在侧向力的作用下，液压缸活塞杆端头发生脆性断裂，导致塔式起重机失稳倒塌，是本起事故发生的直接原因。

(2) 间接原因

①塔式起重机的租赁和安装单位任由挂靠个人使用其公司资质及安装人员资格承揽和实施

塔式起重机安装作业；在该塔式起重机安装过程中，未实施有效的安全管理。

②项目总包单位安全管理不到位，未按照《安装方案》及《施工现场起重机械拆装报审表》严格审查现场实际安装人员资格。在该塔式起重机安装过程中，未对顶升作业现场实施有效的监督和管理，未及时发现和消除安装现场存在的安全隐患。

③工程监理单位未严格履行安全监理职责，未对现场实际安装人员资格严格审查，致使无特种作业资格人员从事塔式起重机安装作业；未对安装单位执行建筑起重机械安装工程专项施工方案情况进行监督，及时发现和消除安装现场存在的安全隐患。

3. 事故性质

该起事故是一起较大生产安全责任事故。

4. 事故责任单位和责任人员的处理情况

(1) 鉴于塔式起重机安装现场负责人已在事故中死亡，不再追究其责任。

(2) 对塔式起重机安装项目实际负责人和塔式起重机安装单位法定代表人等 2 名直接责任人员，依法移送司法机关，追究刑事责任。

(3) 对该工程项目部经理，依法给予其吊销执业资格的行政处罚。

(4) 对该工程项目部生产经理，责成中国某技术集团有限公司，按照《劳动合同法》有关规定与其终止劳动关系。

(5) 对该工程总包单位主要负责人，依法给予 5 万元罚款的行政处罚。

(6) 对该工程监理单位工程总监理工程师代表，依法给予其停止执业资格 6 个月的行政处罚。

(7) 依法给予塔式起重机安装单位 23 万元罚款、吊销安全生产许可证的行政处罚。

(8) 依法给予该工程总包单位 21 万元罚款、暂扣安全生产许可证 90 日的行政处罚，并停止其扣证期间在北京建筑市场的投标资格。

(9) 依法给予该工程监理单位 20 万元罚款的行政处罚。同时，停止其在北京建筑市场投标资格 30 日。

事故三

1. 事故发生经过

2010 年 11 月 3 日 23 时 40 分左右，北京市某建设工程有限责任公司总包承建的怀柔新城中高路排水工程污水管线顶管作业工地，作业人员对已顶进的污水管线实施破管加装顶帽过程中，已破碎管体部位上方土体发生冒落，造成 3 名作业人员被困于管道内。事故发生后，该工程项目部立即组织人员救援，采取了向被困人员所在的管线区域内输入工业氧气等救援措施。4 日凌晨 3 时左右，被困人员所在的管线区域内发生富氧燃烧，导致 3 名被困作业人员缺氧窒息死亡。

2. 事故原因分析

(1) 直接原因

顶管作业施工未按照施工方案的要求加固土层，导致内径 1 000 mm 和 1 050 mm 管道连接处破碎部位上方土体塌冒，造成作业人员被困；塌冒事故发生后，救援现场指挥人员缺乏应急救援知识，盲目向被堵管道内输入工业氧气，施救不当，导致被堵管道内形成富氧环境，可燃物质发生燃烧是事故发生的直接原因。

①按照《人工掘进顶管及其竖井专项施工方案》的要求，当顶管开挖面及管顶部位遇有粉细砂及砂砾石土层时，应采用灌注水玻璃浆液的加固措施，防止顶进过程中产生坍塌。经调

查，顶管作业全线未采取任何防止坍塌、加固土层的措施。

②经北京市理化分析测试中心和北京气体协会专家检测分析，救援过程中输入的气体氧气含量为95.6%。经计算，被堵管道内的氧气浓度至少为49.5%，若考虑氧气不能很快均匀扩散的特性，输氧口附近的浓度应该达90%以上，形成富氧环境，导致被困人员头发、衣物等可燃物质在富氧环境中燃烧，造成被困人员缺氧窒息死亡。

（2）间接原因

①施工现场安全管理混乱。未对顶管作业人员实施必要的安全培训教育；未对直接作业人员实施技术交底，安全技术交底不到位；未按照规定配备有限空间作业必要的安全设备设施和劳动防护用品；未执行建设单位和监理单位的要求，在未制定破管作业专项方案和采取有效的防护措施的情况下，冒险组织破管作业。

②工程分包管理混乱。总承包单位确定的项目经理长期未能到岗履行管理职责，未对专业分包工程项目实施有效的监督管理，未明确总承包单位和专业承包单位对施工现场的安全管理职责；专业承包单位违反规定，将劳务工程发包给不具备相应资质的单位，且未设立项目管理机构管理所承包工程的施工活动；劳务工程承包单位又将劳务工程非法转包给不具备资质的个人。

③施工监理不到位。监理单位未有效督促专业承包单位按照有限空间作业和施工方案的要求组织施工；未监督发现劳务工程非法分包和转包行为；未能有效落实建设单位停止顶管施工的要求，及时下达停工指令。

3. 事故性质

根据安全生产有关法律、法规的规定，调查组认定，该起事故是一起未按照施工方案组织施工、抢险施救不当造成的较大生产安全责任事故。

4. 事故责任单位和责任人员的处理情况

根据《中华人民共和国安全生产法》、《中华人民共和国刑法》和《生产安全事故报告和调查处理条例》等有关法律、法规和标准规定，调查组依据事故调查核实的情况和事故原因分析，认定下列人员及单位应承担相应的责任，并提出如下处理建议：

（1）对排水专项工程现场工长和工程项目部副经理等2名直接责任人员，依法移送司法机关，追究刑事责任。

（2）对专业分包单位（该公司二公司八分公司）的主要负责人，依法给予10万元罚款的行政处罚，并责成该公司二公司给予其行政记大过处分。

（3）对该公司二公司总经理，依法给予5万元罚款的行政处罚，并责成该集团给予其行政记过处分。

（4）对工程项目部经理，由建设行政主管部门依法给予其吊销执业资格的行政处罚。

（5）对该公司二公司生产副经理，责成该公司二公司给予其行政记大过处分。

（6）对某镇南关村党总支部书记、村主任（圣某天城公司的股东和实际控制人），给予其党内严重警告处分。

（7）依法给予专业分包单位日月通达公司23万元罚款、暂扣安全生产许可证90日的行政处罚。

（8）依法给予专业分包单位圣某天城公司23万元罚款的行政处罚。

（9）依法给予总包单位该公司二公司21万元罚款、暂扣安全生产许可证90日的行政处罚。

(10) 依法给予监理单位中某监理公司 20 万元罚款的行政处罚。同时，停止其在北京建筑市场投标资格 30 日。

事故四

1. 事故发生经过

2011 年 5 月，钱桥社区决定对老办公楼进行重新装修。6 月初，钱桥社区将老办公楼内外墙装修工程发包给季某（钱桥社区人，无建筑施工资质），将水电安装发包给严某（钱桥社区人，社区电工，无建筑施工资质），均未签订书面施工合同，口头约定工程造价待工程结束后审计确定。主要施工内容为铲掉 1.8 米以下房屋内墙面和全部外墙面的原有粉刷层并重新粉刷，以及水电安装。

6 月 10 日季某、严某分别组织施工作业人员按通常工序，开始铲除内外墙粉刷层，至 16 日建筑外墙和 2～4 层内墙粉刷层已基本铲除，房屋门、窗除底楼一扇门未拆除外，其余已全部拆除。17 日至 18 日，因连续暴雨暂时停工。6 月 19 日晨雨停后，季某和严某分别于 7 时左右组织 16 名工人进场准备施工（其中 4 人在三楼、四楼准备粉补电路线槽，8 人在一楼、二楼搬活动室桌椅，4 人在楼外西南角安装卷扬机、准备吊灰）。8 时许，一名在楼房外作业的工人发现因雨水浸泡的墙体局部变形开裂，墙砖掉落、大梁下挫，在尚未来得及采取加固措施的情况下，该幢大楼突然整体坍塌。事故造成 11 人死亡、5 人受伤，直接经济损失 685 万元。

2. 事故原因

(1) 事故直接原因：

老办公楼在前一阶段装修施工过程中，尽管未改变房屋结构，但由于铲除了内外墙粉刷层，在连续暴雨冲刷浸泡下，承重墙体砌筑泥灰软化流失、强度严重降低，造成墙体承载能力严重不足，导致房屋瞬间突然坍塌。经综合分析认为：由于房屋结构体系存在严重缺陷，装饰施工组织不规范，缺乏安全检查和防范措施，加之灾害性天气的不利影响，是本次事故的直接和主要原因。

(2) 事故间接原因：

①老办公楼存在严重安全隐患。该房屋建造时未经设计，结构体系存在严重缺陷，结构安全存在严重隐患，在正常使用情况下，处于危险状态。

②装修工程组织不规范。该工程违规发包，施工单位无资质；施工前未对房屋进行安全性评估，对可能存在的安全隐患认识不足；施工中，现场施工和管理人员缺乏相关知识和经验，当墙体遭受暴雨后，未作检查和采取安全防范措施。

③装修工程发包违反相关规定。该工程实施前，工程装修决策未经社区“两委会”讨论通过，钱桥社区未按规定办理有关报批、审批手续，也未进行工程设计。该工程实施时，未组织招投标，钱桥社区于 2011 年 6 月初将老办公楼内外墙装修、水电安装工程分别发包给不具备施工资质的季某和严某。

④有关行政主管部门安全监管不到位。无锡职教园区（钱桥街道）规划建设局在实际工作中，未按有关建筑领域预防坍塌事故专项整治工作要求，认真开展事故防范工作。日常检查中，对辖区内未报批的村镇建设工程巡查不到位，未能及时发现并制止钱桥社区违规实施建设工程的行为。无锡市惠山区房管局没有正确履行工作职责，未能发现钱桥社区坍塌房屋存在的安全隐患，对辖区内房产安全检查存在监管不到位的问题。

3. 对事故责任单位和责任人的处理

季某、严某等 14 人分别被追究刑事责任、行政责任；该市人民政府向省人民政府作出深刻的书面检查。

事故五

1. 事故发生经过

山东某化工股份有限公司位于山东省新泰市楼德镇新泰市化工园区内，原为泰安市某化肥有限公司，始建于1966年，企业固定资产7 000余万元，员工600余人。主要产品的年生产能力为合成氨8万吨，尿素10万吨，三聚氰胺（商品名为密胺）3万吨，甲醇1.5万吨。2005年3月取得危险化学品生产企业安全生产许可证，2008年3月、2011年3月两次延期换证。

这次发生事故的3万吨/年三聚氰胺装置由山东省某工业设计院（系化工石化医药行业专业甲级资质）设计，于2011年7月投料生产，主要生产原料为尿素、二氧化碳，辅助材料为熔盐、道生油（含联苯26.5%、联苯醚73.5%，也称导生油）。生产工艺为气相淬冷法，即：由液体尿素在反应器内遇载气（二氧化碳，0.25 MPa，400 ℃），转化为三聚氰胺。该装置不属于危险化学品生产装置，其产品和主要原料均不属于危险化学品。

11月19日7时左右，操作人员发现作为装置换热载体的道生油储罐内压力偏高，怀疑位于四楼平台的道生油冷凝器泄漏。7时30分左右，三聚氰胺装置停车、道生油降温、在冷凝器气相入口和液相出口加装盲板后，由设备制造厂家对漏点进行焊接并经水压试验合格。为尽快完成维修任务，车间组织两个班的保全工和有关人员共19人（均为企业内部员工）在现场同时进行拆除冷凝器气相入口盲板和冷凝器封头复位作业。14时左右，维修人员在拆除盲板时发生爆燃，造成4人当场死亡、15人受伤，其后受伤人员中又有11人因抢救无效死亡。

2. 事故原因初步分析

经初步分析，此次事故直接原因是：该公司在对三聚氰胺装置冷凝系统的道生油冷凝器进行紧急维修时，因操作不当，导致冷凝器中壳层的打压用水进入热气冷却器内，造成器内道生油（含联苯26.5%、联苯醚73.5%，当时器内温度为246℃）突沸喷出后爆燃，事故详细原因正在进一步调查。

该事故暴露出以下主要问题：一是装置的主要设备道生油冷凝器设计制造存在固有缺陷，给生产运行留下安全隐患（该换热器自2011年7月开车以来已泄漏六次）。二是对检维修环节的安全管理不严格，没有完善的检维修作业安全规章制度和操作规程，事故现场维修人员多、交叉作业，现场安全管理混乱。三是未对装置开车后反复出现的设备异常及时采取有效措施进行彻底整治。

事故六

1. 事故概况及经过

某电力局检修队樊某，带领26名工人清扫10 kV输电线路。按规程要求，工作负责人应在接到许可开工的命令后，立即进行断电、验电并装设接地线，然后才能开始工作。而樊某在停电后尚未验电，也未判明线路是否断开电源和装好临时接地线的情况下，即命令工人在线路上登杆作业。由于该线路有开关未断开，导致徒工张某登杆后触电身亡。

2. 事故原因分析

这次事故的直接原因是现场指挥樊某严重违反安全操作规程制度，既不验电，也未挂接地线，盲目指挥工人登杆作业，造成徒工触电死亡。

3. 对事故责任者的处理

经人民检察院起诉，樊某玩忽职守，违反安全作业规程，造成死亡事故，已构成犯罪，查被告人曾因不验电、不挂接地线而造成 2 人触电事故，受过降级的处分，但其未从中吸取教训，未作出任何预防防措施止类似事故再发生。此触电事故发生后，被告对死者不积极抢救，表现不负责任，因而激起在场工人的义愤。判处其有期徒刑 3 年，缓刑 3 年。

事故七

1. 事故概况及经过

某建筑材料公司建筑工程队队长张某承包一综合楼施工，施工现场上空有 10 kV 高压供电线由南向北通过。当工程进行到二楼约 2.5 m 高时，公司副经理胡某带质量安全检查组一行 5 人对该工地进行检查，发现窗上平均距高压线 1.2 m，即通知该建筑队“高压线如果不拆除 6 号停工，损失由甲方负责”。事后张某虽同甲方进行交涉，但在高压线未拆除的情况下仍继续施工。供电所王某等人亦提醒建筑队说：“高压线危险，不敢再施工了，否则出了问题我们不负责任。”工程进行到二层窗以上时，副经理一行 6 人再次来到工地检查，在检查中发现上部高压线距钢管约 35 cm，立即让该队记工员朱某书面通知该建筑队队长张某全部停工，找建设单位拆除高压线。张某接到通知后，对公司的指令置若罔闻，未令停工，副队长王某继续组织编扎二楼大梁钢筋。下午上班时，王某说：“上班了，上午干啥，下午还干啥。”说后工人刘某即顺脚手架爬上二楼顶两搭处，准备扎大梁钢筋，当行走到高压线处时，遭到电击，从二楼顶摔到地面，头撞到地面一根钢管上，头被撞破死亡。

2. 事故原因分析

(1) 强令工人冒险作业。公司副经理胡某两次带安检人员到现场检查，均指出高压线危险，应立即停工拆除，张某对上级的指示置若罔闻，仍指挥工人冒险施工。

(2) 违章建筑。楼房建筑前，应首先拆除高压线，在无障碍和危险的情况下进行施工。而张某明知有高压线危险的状态下还是违章承建其工程，其根本原因是经济利益驱动违章、冒险作业，导致事故发生。

3. 对事故责任者的处理

人民检察院侦查终结后认为，工程队长张某的行为已触犯《刑法》第一百一十四条规定，构成重大责任事故罪，向法院提起诉讼，最终对其依法进行惩处。

4. 整改措施

(1) 严格按照规章制度办事，绝不能冒险指挥工人作业。

(2) 加强安全监督。安全监察部门发现问题，并指出其危害性，建筑队就必须执行，否则就要吊销其经营资格。

(3) 严肃处理。对于那些强令工人冒险作业，对上级的指示置若罔闻者，应从重处罚。

事故八

1. 事故概况及经过

某副所长陈某带领 4 名工人检修线路。陈某用一香烟纸盒写上“当班的同志，请停 105#”，叫一民工将其带到变电站，值班员黄某、李某见条后，于 9 时停了 105# 线路高压电。停电后，陈某未做短路保护，便和工人邱某上电杆作业，工人黎某上 105#、106# 共用电杆拆旧线，工人班某在杆下接新线，黎某拆完旧线就下杆了。

巡线工吴某问李某：“106# 事故停电，是什么原因”？李某询问黄某，得知 106# 是三相不平衡停电。在查阅操作表时，看到陈某写停 105# 线路电的字条，就动手检查 106 线路问题，发现 106# 是中相零克松动，就用零克棒将零克推紧，并在记录中写上“线路无事故，处理错误”。于 10 时 10 分令值班员黄某送 106# 的电。11 时 20 分，当班某和黎某再上 105#、106#

共用电杆作业时，造成班某触电死亡，黎某触电受伤。

2. 事故原因分析

（1）违背操作规程。陈某身为领导，带领工人改修线路，却违反操作规章，不做好短路保护，也不设置安全保护措施，造成人员伤亡的严重后果，其行为已构成重大责任事故罪。

（2）缺乏联系沟通。李某在排除故障过程中，已看到陈某写的字条，却不与陈某进行联系，就擅自决定送电，是造成作业工人触电伤亡的重要原因。

3. 对事故责任者的处理

鉴于该事故造成 1 死 1 伤，直接经济损失达 3 026.61 元的严重后果，人民法院依据《刑法》第一百一十四条规定，以重大责任事故罪判处该所副所长陈某有期徒刑 1 年，缓刑 2 年。

4. 整改措施

严格操作规程，及时加强信息沟通。改修线路，既要做好断电，设置安全保护等措施，也要与有关人员加强联系，及时沟通信息，以互相配合，统一行动，保证万无一失。

事故九

1. 事故概况及经过

某市一建公司孙某向电焊工崔某提出，晚上回楼抹地面，需安照明灯。当时担任工地电工任务的张某家中有事离开工地，并向崔某说，有了电工活，替他干一下，崔某表示同意。后来，崔某在安装线路灯具时，为了固定灯具，用钢筋支护灯具。安好后，崔某推闸灯亮即离开工地。民工杜某在作业时，不慎碰到灯具外壳（铁盒）触电身亡。崔某的行为触犯了《刑法》第一百一十四条之规定，构成重大责任事故罪。检察院依法提起公诉，法院判处崔某拘役 6 个月，缓刑 6 个月。

2. 事故原因分析

（1）违反规定，焊工代替电工操作。电工按照规定，经过考试合格以后取得电工资格才能上岗作业。崔某身为焊工，领导没有安排他代替电工工作，但当电工张某委托他时，他竟满口答应，代替电工工作。

（2）违反操作规程。电线不能用导电物体做支护和护罩，崔某竟违反安装技术规程，用钢筋支护灯具，用铁盒作灯具外壳，致使民工作业时触电身亡。

（3）领导负有一定的责任。按规定工地须配专职电工。当工地电工正式调离以后，领导只是委派没有电工资格的电焊工张某担任电工工作。张某因事离开工地时，又擅自委派电焊工崔某。崔某安装四楼照明灯时，副工长崔某知道此事，也没有制止。因此，领导对这起事故也负有一定的责任。

3. 整改措施

（1）严格按照规章制度办事。焊工只能担任焊工工作，不能代替电工工作。电工必须按照规定取得电工资格证书，才能从事电工工作，绝不能滥竽充数。

（2）领导必须认真负责，严格管理。规章制度、操作规程是总结以往的经验教训得出的，应该严格遵守。对于不按规章制度办事的行为应当制止，把事故消灭在萌芽状态。

事故十

1. 事故概况及经过

某村从主线路上接通的一条专供村礼堂演戏用的三相低压裸电线，农电整改时被废除，但电工程某未将此线拆除。该村请剧团在礼堂演戏，因系统电路停电，用柴油机发电。为解决住有剧团人员的村民家里的用电问题，程某与剧团电工一起将柴油机的输电线路与系统照明线路接通。剧团走后，程某不但不及时拆除，反而把柴油机线头和已被废除的线头捆在一起。系统线路供电后，使柴油机的三相线中一相带电，形成事故隐患。后因线路故障，配电室送不出电，程某不但不去检查线路，反而将配电室内的保安器退出，强行送电。县电力局人员去该村检查配电室运行情况时发现保安器被退出，当即对程某进行批评，并罚款，将保安器恢复了正常运行。后因线路故障又停了电，程某再次去配电室将保安器退出，强行送电。村民莫某等人在配电室附近干活时，因有一根已歪倒的原被废除的专用线杆上的裸电线，离地面只有60 cm，妨碍施工。莫某以为废线不带电，就用手去拿，当即触电倒地，经抢救无效死亡。

2. 事故原因分析

(1) 没有及时拆除作废线路。程某身为电工，明知原线路被整改废除，不仅不及时将此线拆除，反而将废除的线头与柴油机线头捆在一起，埋下了事故隐患。

(2) 违反规定，忽视安全送电。线路出现故障后，程某作为电工，不去检查原因，反而违反保安器的管理规定，擅自将保安器退出，强行送电。受到批评和罚款后，他不吸取教训，再次违反规定，退出保安器，强行送电，致使线头失去触电保护，最终酿成人员触电死亡的严重后果。

3. 对事故责任者的处理

电工程某违章强行送电，造成1人触电死亡的重大事故。其行为触犯《刑法》第一百一十四条规定，构成重大责任事故罪，依法判处程某有期徒刑1年6个月。

4. 整改措施

加强对电工的监督管理和安全送电教育。经常进行检查、考核，加强管理。发现违反规定、不遵守制度的行为，不但要批评教育，而且要坚决纠正和制止，直至解除或清退。

事故十一

1. 事故概况及经过

某电石厂炉面操作人员进行压料作业。但在刚压少数料还未摊开时，3号电极导电板以下的100 mm处突然软断，电极遇融化状态的电石面而发生爆燃，将在炉面上工作的9名工人全部灼伤，烧伤面积最小为70%，最大者达94%，烧伤深度均在Ⅱ至Ⅲ度，其中5人重伤，4人经医院抢救无效而死亡。

2. 事故原因分析

(1) 作业人员压放电极的长度违反“每次压放长度不超过100 mm”的要求，该班共放两次电极，每次实放都是150 mm，致使电极过长过重，电极烧结不成熟，插入炉料电极过长，从而造成电极软断。

(2) 操作人员违反“放电极前应先松开顶丝，放后再紧住”的规定，未松开顶丝便强行放电极。在放电极后又不紧顶丝，致使电极夹持不牢。

(3) 操作人员采用将木棒顶在屋梁和电极顶之间，然后用卷扬机拉电极筒，致使电极和电极筒产生相对位移的方法进行压放，由于拉电极筒的钢丝绳长度不等，木棒位置未位于电极顶木盖中心等原因，致使两根电极带受力不平衡。

(4) 电极带与电极筒之间的焊缝质量低劣，受力后发生断裂。操作人员检查不严格，将未成熟的电极压下。

(5) 操作人员违反化工部颁发的有关规定，在放电极时明弧作业。

(6) 有关领导违反化工部颁发的有关规定，让1名参加工作仅2个月、未受过三级安全教育的合同工担任配电员，导致其未从仪表变化中发现事故异常。

(7) 该班为 8 000 kW 炉和 16 500 kW 炉的替班，两台炉的操作参数不同。

3. 整改措施

严格执行安全技术规定和工艺规程，加强班组的技术、安全教育，确保安全生产。

事故十二

1. 事故概况及经过

某化工厂三甲苯胺车间配酸工段反应釜由于染料中间体生产过程中产生大量废硫酸难以处理。该厂拟从工艺路线上进行改造，使之不再产生废酸。在实验室实验成功后，直接对生产设备进行了改装，决定在生产装置上直接投料试验。8 时 15 分开始投料，8 时 35 分反应釜即发生强烈爆炸。锅体从二楼震落到底楼，锅盖飞出 11 m 远，搅拌器电动机飞出 20 多米远，厂房倒塌。2 人当场死亡，站在稍远处的 6 人被锅内喷出的物料严重灼伤，其中 1 名抢救无效死亡，另有 9 人被不同程度的灼伤或外伤。事故造成 3 人死亡、9 人重伤、5 人轻伤，经济损失达 200 多万元。

2. 事故原因分析

(1) 违反技术改造的基本程序，将未经小试鉴定，未经中试的不成熟技术，用于企业的工艺改造，将仅通过 60 g 试验的实验室“成果”，直接扩大到 1 100 kg，并且在 1 000 L 反应釜上投料试验。

(2) 对技术路线本身的危险性不认识。实验室人员所用的基本路线是用醋酐取代硫酸，与硝酸配酸进行硝化反应。这条路线本身有较大的危险性；醋酐与硝酸混合可产生硝酸乙酰和四硝基甲烷，这两种物质极不稳定，容易爆炸。因此反应温度应控制在 10℃以下，而此项反应要求控制的温度是 30℃，可见所制订的工艺条件是错误的，对其爆炸的危险性毫无认识。

(3) 对所用设备没有进行认真的验证。因釜大投料少，物料仅浸搅拌底部 7.5 cm，使搅拌的作用极大地降低。更严重的是液面距温度计底部还有 40 多厘米，温度计只能反映出气相温度，而不能反映出液相温度，因此操作者错将气相温度当成液相温度去控制。设备上的这些问题在试验前都没有考核，就盲目地投料试车，从而导致了事故的发生。

3. 整改措施

(1) 科研成果必须成熟可靠，并经技术鉴定，转让技术时必须对生产中的安全问题有全面系统的介绍；危险性大的生产过程，要有可靠的安全措施，要严格控制科研成果的来源，对于个人成果要得到有关部门的承认和鉴定才能转让。

(2) 参加技术鉴定的专家必须对新技术的安全可靠性严格把关审查，并在鉴定证书上真实地反映出问题，对安全可靠性负责。科研成果转化为工业生产要严格履行程序，小试未经鉴定的项目不能进行中试，中试未经鉴定的项目不能进行工业化生产试验。

(3) 企业新上项目必须在该项目上配有懂工艺、懂设备的工程技术及安全人员。技术力量未配够的项目不准开工。各种项目必须按“三同时”原则建设安全卫生设施。凡安全卫生设施不配套的项目不准开工。

事故十三

1. 事故概况及经过

北京某化工厂 1997 年 6 月 27 日 21 时 05 分左右，在罐区当班的职工闻到泄漏物料异味。21 时 10 分左右，操作室仪表盘有可燃气体报警信号显示。泄漏物料形成的可燃气体迅速扩散。21 时 15 分左右，油品罐区工段操作员和调度员去检查泄漏源。21 时 26 分左右，可燃物遇火源发生燃烧爆炸，其中泵房爆炸破坏最大。石脑油 A 罐区易燃液体发生燃烧。爆炸对周围环境产生冲击和震动破坏，造成新的可燃物泄漏并被引燃，火势迅速扩展，乙烯B罐因被烧烤出现塑性变形开裂，21时42分左右，罐中液相乙烯突沸爆炸。此次爆炸的破坏强度更大，被爆炸驱动的可燃物在空中形成火球和“火雨”向四周抛撒；乙烯B罐被炸成7块，向四外飞散，打坏管网引起新的火源，与乙烯B罐相邻的A罐被爆炸冲击波向西推倒，罐底部的管线断开，大量液态乙烯从管口喷出后遇火燃烧。爆炸冲击波还对其他管网、建筑物、铁道上油罐车等产生破坏作用，大大增加了可燃物的泄漏，火势严重扩展，大火至1997年6月30日4时55分熄灭。

事故中共死亡9人，其中现场死亡4人，受伤39人，直接经济损失1.17亿元。

2. 事故原因分析

经过调查取证、计算机模拟和鉴定分析，事故现场阀门开关状况勘察表明，事故的直接原因是：6月27日在从铁路罐车经油泵往储罐卸轻柴油时，由于操作工开错阀门，20点接班后卸轻柴油操作时阀门处于错开错关状态，造成错误卸油流程，使轻柴油进入了满载的石脑油A罐，导致石脑油从罐顶气窗大量溢出（约637 m^3），石脑油蒸气密度略高于空气，溢出的石脑油及其油气在沿地面扩散过程中遇到明火，产生第一次爆炸和燃烧，同时未气化的石脑油起火燃烧，继而引起罐区内乙烯罐等其他罐的爆炸和燃烧。

事故发生的间接原因是化工厂安全生产管理混乱，岗位责任制等规章制度不落实。此外，罐区自动控制水平低，罐区与锅炉之间距离较近且无隔离墙等问题也是事故发生的间接原因。

3. 事故预防措施

(1) 工厂的领导和职工，要切实树立“安全第一、预防为主”的思想，认真完善安全生产规章制度，认真落实安全生产责任制；严格操作规程，严守劳动纪律，改变那种纪律松弛、管理不严、有章不循的情况；要切实提高生产装置和储运设施的自动化和管理水平。有关部门要加强企业的监督管理，及时发现企业存在的事故隐患，并督促做好整改工作。

(2) 实事求是、科学地分析事故原因，是总结经验教训、举一反三的重要前提。要认真汲取事故教训，落实安全规章制度，强化安全防范措施，进一步加强安全生产管理工作，防止此类事故再次发生。

事故十四

1. 事故概况与经过

某打火机厂在未经批准的情况下，以“试生产”的名义承接了25万只一次性气体打火机的生产业务，开始在一个以前是装配电动剃须刀的厂房中进行生产。在返修漏气的打火机时，由于天气寒冷，车间门窗紧闭。当天至少修理了15 000余只，车间突然发生爆炸，房屋随之倒塌并起火，造成楼下14人及楼上3人死亡，3人受伤。

2. 事故原因分析

造成事故的直接原因是由于在修理打火机时，每只打火机都会有少量的丁烷气体泄出，而现场空气又不流通，造成丁烷气体聚集并在部分区域内达到爆炸极限，遇明火发生爆炸。间接原因如下：

(1) 该企业严重违反国家有关消防安全法规，在未经安全及消防部门批准、不具备生产条件、没有合理的安全制度和措施的情况下组织生产。

(2) 该厂在不了解返修打火机所造成的危险因素及需采取的防范措施的情况下盲目承接返修任务，在没有采取任何消防安全措施的情况下，在日常不带气操作的车间内进行带气返修，导致了事故的发生。

(3) 订货商将打火机返修任务交给不具备条件的打火机厂，并且在安全方面没有任何交代，给这次事故留下了隐患。

（4）主管部门在审查该项目时，既没有全面调查论证，也没有提出使用可燃气体在安全方面的要求，未能真正起到把关的作用。

事故十五

1. 事故概况及经过

某啤酒厂一台DZL4—I，27—A型锅炉（厂内编号2$^{\#}$）发生爆炸事故，死亡1人，重伤1人，轻伤4人。297 m^3的锅炉房全部摧毁，锅炉本体向左侧翻转180°，靠在1$^{\#}$锅炉本体上，1$^{\#}$锅炉也受到程度不同的损坏，直接经济损失近17万元。

事故发生前，该锅炉因故障停炉，正在检修。1月19日，正在运行的1$^{\#}$炉损坏，需停炉检修，要紧急启动2$^{\#}$炉投入运行。当时厂内停电，2$^{\#}$炉炉内无水。16时30分，车间主任明知炉内无水，却命令当班司炉点火烘炉。当班司炉工也知炉内无水，仍进行点火。17时30分，厂内送电，当班司炉又没有按规定将锅炉水位上升至最低允许水位就进行调整燃烧和升压操作。18时08分，锅炉发生爆炸。当班司炉在点火至爆炸的全过程中没有观察水位计、压力表。爆炸前，安全阀也没有动作。

2. 事故现场分析

（1）金相分析

为确定事故原因，对破口的塑性变形最大部位进行了金相分析，其组织为铁素体加片状珠光体。铁素体晶粒已拉长变形，珠光体中碳化物有球化现象，但没有发现重新相变的淬硬组织，硬度值也基本没有变化。

（2）现场分析

该锅炉自投入运行以来，连续运行了20个月，一直没有可靠的水处理措施，且长期不排污。事故发生前，锅炉结垢厚达20 mm，排污管完全被水垢堵死，锅壳底部因沉积水垢，水渣较多，有一处已有明显过热变形，直径约200 mm。水位计单只运行，另一只早已损坏。

2. 事故原因分析

（1）领导违章指挥，司炉违章误操作。工厂领导忽视安全生产，片面追求产量，锅炉房管理混乱，无水处理措施，特别是在锅炉无水的情况下，违章指挥工人升火，导致锅筒钢材严重过热，强度下降，引起爆炸。

（2）锅炉的安全附件不全也未进行维修。该锅炉的压力表和水位表一直都是单只运行，安全阀自从安装后一直没有进行校验。

3. 整改措施

（1）使用单位领导要提高安全意识，认真贯彻执行国家有关法规。

（2）司炉人员要进行培训考核，合格后才能独立操作。要提高人员素质。

（3）对安全附件要按规程要求进行校验和维护。

事故十六

1. 事故概况及经过

某年12月17日19时，司炉工邓某、姬某接班，锅炉正常运行，接班后邓某去洗衣服，姬某于23时脱岗睡觉，18日凌晨2时30分，一台SZY6—8燃油锅炉发生爆炸，姬某被爆炸声震醒，见满屋大火，忙从窗口逃出喊人，领导与消防人员奔赴现场，扑灭了大火，邓某死于距炉前1.5 m处，直接经济损失10万元。

2. 现场破坏情况及试验分析

现场调查发现，上锅筒纵向裂开，开口尺寸长 4.24 m，最宽为 1.23 m，裂口呈延性，明显减薄，破口壁厚最薄处为 1.4 m，在破口附近 200 mm 区域有塑性伸长。

水冷壁管外有氧化皮，其中有四根管过烧穿洞，呈流淌状，水冷壁管及靠近水冷壁的对流管均被爆炸的冲击波压扁，锅炉房门窗全部毁坏，锅炉前墙、预燃室与炉膛分开，飞出 2 m 远，炉墙、铁皮护板倒塌。

机械性能试验结果表明：裂口处试样的抗拉强度和屈服限均低于其他部位的试样，且根本无屈服颈缩现象。金相检查结果表明：高温区管材的珠光体全部球化。

3. 事故原因分析

(1) 经调查和理化金相分析，确定这是一起严重缺水干锅爆炸事故。

(2) 两名司炉工失职，严重脱岗，以致锅炉长时间严重缺水，是这次事故的直接原因。

(3) 制造质量不合格。该锅炉是快装锅炉，原设计上锅筒不受热，并焊有鱼鳞销钉，但实际上出厂时没有涂钒土水泥，使锅筒直接受火。此外，锅炉材料没有复验，无焊接与探伤资料。

(4) 领导责任。工厂领导失职，司炉工倒班工作时间 12 h，在锅炉房安放床位，提供司炉工脱岗睡觉的条件。

4. 对事故责任者的处理

辞退司炉（临时工）工人姬某；主管抓安全的经理向党委作书面检查，向全公司职工公开检讨；给予公司动力站副站长行政记过处分。

事故十七

1. 事故概况及经过

某化工厂电解车间液氯工段包装岗位，当班的 3 人负责在包装台灌液氯钢瓶，2 人负责推运钢瓶。当需要灌装时，这 2 人察看了 157# （容量半吨）钢瓶的合金堵和外观后，认为无问题，即推上了磅秤，操作者未认真抽空即充氯，充氯 1 min 后，157# 瓶发生猛烈爆炸。瓶体纵向开裂，并向相反方向弯曲，还有许多碎块向四处飞溅。3 人当场死亡，2 人轻伤。

2. 事故原因分析

(1) 据调查，爆炸的直接原因是钢瓶内存有环氧丙烷，这类有机物与液氯混合会发生剧烈的化学反应，引起爆炸。这一班的操作工在灌装前未认真检查，盲目充装，满足了爆炸发生的条件。

(2) 上一班包装工在灌瓶前检查钢瓶时发现有一只编号为 157# 的钢瓶，瓶嘴有白色泡沫冒出，并有芳香味，立即向厂有关管理部门汇报，管理部门和工人都没采取解体、分离的具体措施，仍与待装钢瓶放在一起，导致下一班又有用该瓶充装的可能。

(3) 这批钢瓶是以前使用过的，有的装过环氧丙烷类的有机物，购进厂后应认真整瓶，按规定进行内外检查、抽空、清洗、试压、干燥等，若这样此次事故是完全可以避免的。钢瓶未认真整瓶，就投入使用，是这次事故在管理上的根本原因。

(4) 购瓶、整瓶、使用三个环节都不严格，各环节之间也没有严格的交接手续。

(5) 管理的混乱：充装现场钢瓶横七竖八；合格的与不合格的钢瓶混放在一起；钢瓶安全附件不全；表面锈蚀严重，有的看不出“液氯”标记；大部分钢瓶没有定期检验，没有检验钢印；没有专设抽空验瓶台，没有专人验瓶；充装完的重瓶不进行复秤；充装记录不签字，没有出厂合格证；充装时不核对空瓶重量；液氯汽化器仍用蒸汽加热；换热器和汽化器没有排污装置，也不进行三氯化氮定期分析。

事故十八

1．事故概况及经过

某年3月18日9时左右，山西运城某化机厂三车间，在起吊不锈钢板过程中，发生了一起因钢板脱钩坠落，造成1人死亡的事故。3月18日早上8时，某化机厂三车间运来一车不锈钢板，因下货处距汽车20 m，需用行车起吊。当时，行车操作工王某操作行车，贺某站在汽车东边负责指挥，赵某在汽车东边挂钩，伊某在西边挂钩，抵某在闪蒸器南边打扫卫生。大约8时40分左右，第3次起吊钢板（每次起吊6块，前面已起吊过2次）。当钢板吊起离开汽车后，距地面大约2.5 m左右，横向西2 m左右，起吊钢板快接近切割转台时，王某发现不锈钢板南北上下出现晃动，此时吊车未停，向南点打。大约9时左右，贺某发现有人在闪蒸器北边站立（危险区），立即向王某打手势，并大声呼喊。王某看见贺某用手挥动，并大声喊“哎——”，按惯例，她意识到要紧急停车，于是王某立即紧急停车。此时钢板脱离吊钩，由南向下坠落，瞬时，车间尘土飞扬。在场的贺某、赵某等人已意识到出事了。当他们赶到出事地点时，发现抵某仰躺在闪蒸器南边，脚在闪蒸器下面。贺某、赵某等人赶紧找车将抵某送往医院，经医院抢救，因抵某脑部严重受损，抢救无效，于11时左右死亡。

2．事故原因分析

（1）行车操作工王某违章操作，在行车西行2 m后，当她已发现钢板南北上下晃动时，应立即停车弄清原因，消除晃动因素后，再往南行。但王某违反操作规程，点打吊车往南运行，导致钢板脱离吊钩，造成抵某死亡。这是事故发生的一个直接原因。

（2）贺某现场违章指挥。一是起吊前贺某未对现场进行检查；二是物体离地面高度较高，贺某未特别加强安全警戒；三是指挥失误，当行车西行发现晃动时，应立即出示停车手势，但贺某未做；四是贺某站的位置不符合指挥者要求，应站在吊车的西边，便于检查和阻止其他人员进入危险区，但贺某却站在汽车东边一直未离开。因而对吊车西边抵某的出现不能及时发现。贺某违章指挥是本次事故发生的主要原因。

（3）抵某本应在闪蒸器南边清扫卫生，但抵某违反劳动纪律，站到闪蒸器的北边（危险区），也是导致事故发生的直接原因。

（4）现场环境不良，安全通道不畅。如切割转台、闪蒸器、其他设备均在通道区域内；在用钢板、废料等摆放不定置，不规范，影响了操作人员的视线和行车的正常运行。

3．整改措施

（1）完善制度，健全规程，层层落实安全责任目标，强化现场监督检查力度，从严考核，严格落实责任。

（2）强化有效安全教育，严格执行持证上岗制度。特别是对特殊工种的教育、对干部就职前的教育、在职人员的日常安全教育要落到实处。必须坚持严格考试，持证上岗，不能走过场。

（3）推行定置化管理，优化现场管理。

（4）组织一次全厂性的反事故、反习惯性违章，查隐患、找漏洞的大整改活动，认真吸取血的教训，坚决杜绝“三违”行为。

事故十九

1．事故概况及经过

某年1月28日，四川省某磷矿化工厂磷铵车间磷酸工段化工一班操作工王某，在对磷酸工段盘式过滤机辅料情况检查时，发生盘式过滤机翻盘叉及翻盘滚轮、导轨立柱、导轨挤压、碾压伤害事故，致王某左腰部、后背部挤压伤，双腿大腿开放性、粉碎性骨折，经抢救无效死亡。

1月28日0时30分，磷铵车间化工一班值长陈某、班长秦某、尹某、王某等人值夜班，交接班后，各自到岗位上班。陈某、秦某俩人工作职责之一包括到磷酸工段巡查，尹某系盘式过滤机岗位操作工，王某系磷酸工段中控岗位操作工，其职责包括对过滤机进行巡查。5时30分，厂调度室通知工业用水紧张，磷酸工段因缺水停车。7时40分，陈某、尹某、王某3人在磷酸工段三楼（事发地楼层）疏通盘式过滤机冲盘水管，处理完毕后，7时45分左右系统正式开车，陈某离开三楼去其他岗位巡查，尹某在调冲水量及角度后到絮凝剂加料平台（距二楼楼面高3 m）观察絮凝剂流量大小，尹某当时看到王某在三楼过滤机热水桶位置处。

2. 事故原因分析

（1）死者王某自身违章作业是导致事故发生的主要直接原因。一是王某上班时间劳保穿戴不规范，纽扣未扣上，致使在观察过程中被翻盘滚轮辗住难以脱身，进入危险区域；二是王某在观察辅料情况时违反操作规程，未到操作平台上观察，而是图省事到导轨和导轨主柱侧危险区域，致使伤害事故发生。

（2）王某处理危险情况经验不足，精神紧张是导致事故发生的又一原因。当危险出现后，据平台运行速度和事后分析看，王某有充分的时间和办法脱险。但王某安全技能较差，自我防护能力不强。

（3）执行规章制度不严是事故发生的又一原因。通过王某劳保用品穿戴和进入危险区域作业可以看出，虽然现场挂有操作规程，但当班人员对王某的行为未及时纠正，说明职工在“别人的安全我有责”和安全执规、执法上还有死角，应当引以为戒。

3. 事故教训和防范措施

（1）加大安全工作的执规、执法力度，切实做到“我的安全我负责，别人的安全我有责”，相互监督，相互关心。

（2）对事发地点盘式过滤机周围增设一圈防护栏，并悬挂安全警示牌。

（3）认真落实安全工作严、实、细、快的工作作风，勤查隐患，狠抓整改，防患于未然。

事故二十

1. 事故概况及经过

某中药厂电工徐某违反维修安全操作规程，擅自按下启动按钮，导致一人重伤死亡。徐某、刘某、黄某、齐某四人一起检查搅拌罐控制装置，但未找到故障点。此时电工刘某正好路过，四人让刘某帮忙。经刘某检查，初步判定是中间继电器损坏，需要调换，查明原因后，黄某、齐某、刘某当即下班。徐某、刘某感到自己难以修理，便去找下班休息的熊某。7点10分，当徐某、齐某找熊某时，操作工刘某来到车间，按正常工作程序对罐进行检修，同时让发酵工郑某卸下罐的保险。郑某卸下保险，放在配电盘前的地上，因事离开。7点40分，徐某和刘某找到熊某，三人一齐来到配电盘前，见地上放着一对保险，未引起注意。熊某认为这是开始检修时徐某、刘某摘下的，即按顺序旋好，然后用电笔测试电路。刘某发现有电，即喊：“有电。”徐某立即说：“有电就好，试吧。”熊某未作出任何表示，徐某以为熊某已同意，立即按下“启动”按钮，搅拌机启动旋转，将在消毒的刘某打成重伤，经抢救无效死亡。

2. 事故原因分析

忽视安全，违章操作。徐某身为电工，却不顾安全，违反“在设备维修改进后，须向运行人员交底并与运行人员共同启动试运”的规定，擅自按下启动按钮，导致刘某重伤死亡，是事故发生的决定性原因。

3. 对事故责任者的处理

某人民法院依据《刑法》第一百一十四条规定，以重大责任事故罪判处徐某有期徒刑2年，缓刑2年。

4. 整改措施

必须严格执行维修安全操作规程。维修设备，要照章按序进行，设备维修好后，要同有关运行人员取得联系，共同启动试运。不联系好，绝不能擅自启动。

事故二十一

1. 事故概况及经过

1995年3月4日下午2时20分，某厂磺酸车间发生1#离心机在运行过程中解体，造成3人死亡的重大死亡事故。某厂磺酸车间产品为对甲苯磺酸，工艺上布设离心工段，共4台离心机，离心机的作用为磺酸脱酸（硫酸）用。1#离心机已使用两年并历经数次修理，该离心机其他部件都不同程度地进行过修理或更换部件。1995年3月3日上午8时，经快慢反复调试正常后试机，于上午10时左右开始投料生产，未发生异常现象，在第五次投料完毕后，即下午2时20分左右，离心机突然解体，外套和机座、机脚向西南方向飞出，离心机内衬向东北方向飞出，将当班正在操作的陈某、徐某二人均砸伤，并把距离离心机4 m的吸收工汪某砸伤。事故发生后，全厂全力救护伤者并及时送医院抢救。徐某于当日下午4时抢救经县人民医院紧急包扎后在送往南京的途中死亡。陈某于3月5日上午在南京第一人民医院全力抢救无效死亡。

2. 事故原因分析

根据对事故的调查分析和专家组的“技术鉴定报告”，调查组认为这起事故是由于设备老化，腐蚀严重且设备的完好性尤其是安全性（安全系数几乎没有）不能承受离心机工作时突然增大的离心力，因而最终解体造成3人伤亡的重大事故。

（1）事故的直接原因：1#离心机完好程度差，无法保证系统的安全运行。

（2）因调速电机及电气线路等原因，离心机经常处于较高的转速并有突然增速的条件。

（3）插座短路或断路打火使调速电机转速突然增速，使得离心机的离心力突然增大。

由于以上原因，导致高速旋转的转鼓和物料既产生很大的离心力，同时也产生一个向上方的分力，以至于造成转鼓与鼓底的分离，并击坏了离心机外罩及罩上方的限量周圆罩，因而向一侧飞去并击断了一侧的支承脚飞离了工作平台，飞出的部分虽是向一侧呈曲线状飞离，同时本身还进行着自转，因而增大了作用力和破坏力，导致三人被当场砸伤。

3. 整改措施

（1）全面开展、落实安全教育培训工作，努力提高全厂干部职工素质，尤其是安全素质，必须对干部职工安全教育工作制度化、经常化。重点设备，特种设备的操作人员应先教育培训后上岗作业。

（2）鉴于离心机具属于连续性生产设备，在强腐蚀的条件下工作，对这类设备要实行定期强制检修更新的制度，做到该降级限制使用的降级限制使用，该淘汰报废的坚决淘汰报废。

（3）根据国家有关安全标准、规定，对安全规章制度进行一次全面检查并加以修订、完善和补充，并制订离心机从选型、安装、使用、维修、改造等环节的管理制度，以防止类似事故发生。

事故二十二

1. 事故发生经过

2005年4月，某打火机厂宿舍楼二期工程工地，建筑公司工人在施工时，有一个小工陈某不慎坠落井字架井底，造成一人死亡。宿舍楼二期工程工地，泥水班组小工陈某在二楼从事搅拌室内墙面贴砖使用的砂浆等工作时，没有佩戴安全帽就到了二楼井字架卸料平台，二楼卸料平台安全门为自制简易安全门，陈某从二楼卸料平台（高度为4～5 m）坠落到井字架底，并伴有“砰”的一声坠地声，此时井字架吊篮已升到三层位置，目击工人急忙喊“出事了”，井架操作工急忙停机。项目经理闻讯后赶快拨打“120”，由于工地位置比较偏僻，项目经理派车把陈某送到医院，到医院经抢救无效死亡。

2. 事故原因分析

（1）直接原因：工人陈某本人安全意识不强，没有佩戴安全帽，致使其从二楼卸料平台安全门处摔至地面井架基础时，直接造成头部着地伤势过重死亡。井字架卸料平台安全门设置不符合要求，这是管理不到位造成坠落的直接原因。施工机械操作不规范，不能正确使用物料提升机的联络信号。

（2）间接原因：该建筑公司对宿舍楼二期工程项目部安全管理措施没有真正得到落实。工程项目经理及泥水班班组长没有对工人进行三级安全教育及必要的安全技术交底，现场工人包括井架操作工均存在违章作业现象，是造成事故发生的间接原因。施工单位现场安全员，对施工现场检查不够细致，对施工现场违反作业操作规程的行为没有及时制止。

3. 责任情况及处理建议

（1）陈某，安全意识差，自我保护意识不强，对该起事故负直接责任。

（2）泥水班班组长对施工现场明显违反作业规程的举动不能及时发现，从而导致事故发生，建议公司给予处分。

（3）工程项目部，安全生产管理比较薄弱，施工现场安全管理不到位，未能监督施工人员按操作规程作业，且事故发生后未以最快方式向当地建设行政主管部门或其他部门报告。建议建设行政主管部门给予该建筑公司暂停承揽业务半年，并交罚金2万元的行政处罚。

（4）施工单位现场安全员，对施工现场检查不够细致，没有及时发现工人的违章作业，建议建设行政主管部门给予暂停执业资格一年的行政处罚。

（5）公司项目经理对施工现场的管理不到位，没有及时制止未经安全教育及安全培训的工人进场作业，没有落实建设工程安全生产管理关于工人要进行三级教育的要求，建议建设行政主管部门给予暂停执业资格一年的行政处罚。

（6）工程监理有限公司对施工现场的安全监督没有落实到位，对龙门架井架物料提升机作业过程中存在安全隐患不能及时提出整改要求并监督落实，对事故发生负有一定的监理责任。建议建设主管部门给予通报批评的行政处罚。

事故二十三

1. 事故发生经过

1990年某建筑公司，因违章操作，利用提升料盘乘人，钢丝绳拉断，提升料盘坠落，导致3人死亡。该公司施工队队长张某、提升司机张某、瓦工张某准备上六层去，他们不从楼梯上，而违章乘提升料盘上。这时，提升机操作手王某正准备由4层往6层上运木料，司机张某走过去，将提升架由四层落下，让王某送他们上6层。王某不同意，说“提升架不能乘人”。张某见王某不给开，就强行让旁边的于某（非操作司机）给开。于某开机前，看见提升料盘上已站着张某等 3 人。于某将提升架升到 2 层停了一下，架上的人向上摆手，于某又将提升架升到三层停一下，架上的人又向上摆手，当升到六层时，提升架被一根施工架杠挡住，停机的同时，钢丝绳被拉断、提升架突然坠落，造成 3 人死亡。

2. 事故原因分析

施工现场管理不善，制度不落实，缺乏应有的维修保养，为事故埋下了隐患。职工安全素质差，非操作人员违反“非司机不准开机”“料盘上不准上下人”的规定，这是发生事故的直接原因。

3. 对事故责任者的处理

于某本人是看场员，不会操作提升机，在张某强逼下，违章操作提升机，是事故直接责任者，交司法部门处理。建筑公司宋经理，对职工安全教育不够，忽视安全生产，施工现场管理不善，负有直接领导责任。给予经济处罚，并通报批评。

事故二十四（新中国第一大火灾：克拉玛依特大火灾）

1994 年 12 月 7 日，新疆维吾尔自治区教委“义务教育与扫盲评估验收团”一行 25 人到克拉玛依市检查工作。12 月 8 日 16 时，克拉玛依教委组织 15 所中、小学 15 个规范班（每所学校组织最漂亮的 40 多名学生歌舞队），全市最漂亮的能歌善舞的中小学生及教师家长 796 人在友谊馆剧场为检查团举办“专场文艺演出”。

现场气氛热烈，欢歌笑语。18 时 20 分左右，舞台正中偏后北侧上方倒数第二道光柱灯（1 kW）烤燃纱幕起火，坐在前排的人们闻到了一股淡淡的焦煳味道。很多人当时并不以为然，认为仅仅是一个不和谐的小插曲而已，演出还在继续进行。由于电工被派出差，火情没有及时处理，迅速蔓延至剧厅，火势越来越猛，产生大量有毒、有害气体。而通往剧场的七个安全门，仅开一个。一分钟后火势迅速蔓延，电线短路，所有灯光瞬间完全熄灭，高高的幕布带着火苗向人们砸来。人们混乱了，生存的本能开始让人们疯狂逃窜。友谊馆内浓烟滚滚，到处都是火光，人们的衣服被烤焦了，头发被灼热了，没有办法呼吸。他们就着火光疯狂地冲向各个门口，前仆后继，前面的人倒下去，后面的人继续向前。然而大部分的人们失望了。断电后不久，原本开着的卷帘门突然掉落下来，而此时其他几个供人逃生的安全门全都死死关闭着，掌管钥匙的工作人员也不知道去向。此时的友谊馆变成了一个完全封闭的大火炉。仅仅过了二十几分钟，一切都结束了。

323 人死亡，132 人烧伤致残（注，另有一说：死 325 人，伤 136 人；此处采用法院判决书的数字）；死者中有 288 人是天真美丽可爱的中小学生。直接经济损失 3 800 余万元。

1994 年 12 月 10 日克拉玛依市人民检察院对 14 名被告人分别以重大责任事故罪、玩忽职守罪立案侦查。1995 年 5 月 30 日向克拉玛依市中级人民法院提起公诉。立案侦查证实这起特大火灾的发生是由于上述被告严重违反规章制度，工作严重不负责任，玩忽职守造成，分别以重大责任事故罪和玩忽职守罪判处 14 人 4～7 年的有期徒刑。

事故二十五（河南洛阳东都商厦特大火灾）

2000 年 12 月 25 日，河南省洛阳东都商厦发生特大火灾事故，造成 309 人死亡，7 人受伤，直接经济损失 275 万元。12 月 25 日 20 时许，为封闭楼梯两侧扶手穿过钢板处留有两个小方孔，东都分店负责人王某（台商）指使该店员工王某和宋某、丁某将一小型电焊机从东都商厦四层抬到地下一层大厅，并安排王某（无焊工资质证）进行电焊作业，未作任何安全防护方面的交代。王某施焊中也没有采取任何防护措施，电焊火花从方孔溅入地下二层可燃物上，引燃地下二层的绒布、海绵床垫、沙发和木制家具等可燃物品。

王某等人发现后，用室内消火栓的水枪从方孔向地下二层射水灭火，在不能扑灭的情况下，既未报警也没有通知楼上人员便逃离现场，并订立攻守同盟。正在商厦办公的东都商厦总经理李某以及为开业准备商品的东都分店员工见势迅速撤离，也未及时报警和通知四层娱乐城人员逃生。

随后，火势迅速蔓延，产生的大量一氧化碳、二氧化碳、含氰化合物等有毒烟雾，顺着东北、西北角楼梯间向上蔓延（地下二层大厅东南角楼梯间的门关闭，西南、东北、西北角楼梯间为铁栅栏门，着火后，西南角的铁栅栏门进风，东北、西北角的铁栅栏门过烟不过人）。由于地下一层至三层东北、西北角楼梯与商场采用防火门、防火墙分隔，楼梯间形成烟囱效应，大量有毒高温烟雾通过楼梯间迅速扩散到四层娱乐城。由于东北角的楼梯被烟雾封堵，其余的3部楼梯被上锁的铁栅栏堵住，人员无法通行，仅有少数人员逃到靠外墙的窗户处获救，其余309人中毒窒息死亡，其中男135人，女174人。

“12·25”特大火灾是由于东都分店违法筹建及施工，施焊人员违章作业，东都商厦长期存在重大火灾隐患拒不整改，东都娱乐城无照经营、超员纳客，政府有关部门监督管理不力而导致的一起重大责任事故。

司法机关对3人以涉嫌放火罪，对12人以涉嫌包庇罪，对7人以涉嫌玩忽职守罪，对2人以涉嫌滥用职权罪予以逮捕并追究刑事责任。对东都商厦副总经理、东都商厦党委书记、洛阳市相关党政领导给予了党纪政纪处分，建议给予河南省主管消防安全工作的副省长行政警告处分。

事故二十六（吉林市中百商厦特大火灾）

2004年2月15日，吉林省吉林市中百商厦发生一起特大为灾事故，造成54人死亡，70人受伤，直接财产损失426万多元。中百商厦伟业电器行员工于某在事发当日向3号库房送纸板时，将正在抽的香烟掉落在库房中，未予熄灭就离去，香烟引燃地面上的纸屑、纸板等可燃物，致使库房起火燃烧，并蔓延到商厦，造成特大火灾事故。

中百商厦没有严格执行《消防法》关于法人单位逐级落实消防安全责任制和岗位消防安全责任制的有关规定；违章将商厦北墙外的自行车棚改建成简易仓库后，没有落实消防部门下达的对商厦北墙相邻简易仓库的窗户进行封堵的限期整改通知要求；超范围租赁经营舞厅项目，且忽视对该舞厅的消防安全管理；发生火灾后，安全保卫人员没有组织商厦三、四层的人员疏散，有关人员没有及时报警。

经调查认定，吉林市中百商厦“2·15”特大火灾事故是一起责任事故。

事故二十七（新中国医疗卫生系统第一大火灾：辽源市中心医院特大火灾）

2005年12月15日16时58分，吉林省辽源市最大的医院——中心医院发生火灾，住院楼发生火灾，经过消防官兵的奋力扑救，及时救出150余名被困人员，大火于21时20分被扑灭，死亡40人。在这场火灾中，过火面积达5 000多平方米。这是新中国成立以来，全国医疗卫生系统发生的最大的火灾事故。

事发当日16时30分左右，辽源市中心医院突然停电，按照医院的电路设计，如果停电，变电箱电闸会自动跳到副闸，继续维持医院正常供电，但当时电闸并没有自动跳闸，而电工班班长张殿坤在未查明停电原因的情况下强行送电导致火灾发生。

当时冒烟的地下电缆线，十几根电缆杂乱无章地缠在一起，而像这样的电缆应该非常整齐地平铺放置，并要设置防火层。

因此，辽源市纺织公司电气安装队队长、辽源电业局退休干部（高级工程师）孙某、辽源市中心医院退休职工后返聘人员金某 3 人也因涉嫌重大责任事故罪被起诉，追究刑事责任。

事故二十八（新中国第一大起重事故：“7·17”龙门起重机吊装主梁过程倒塌事故）

2001 年 7 月 17 日上午 8 时许，在沪东中华造船（集团）有限公司船坞工地，由上海电力建筑工程公司等单位承担安装的 600 t×170 m 龙门起重机在吊装主梁过程中发生倒塌事故。事故造成 36 人死亡，2 人重伤，1 人轻伤。死亡人员中，电建公司 4 人，机器人中心 9 人（其中有副教授 1 人，博士后 2 人，在职博士 1 人），沪东厂 23 人。事故造成经济损失约 1 亿元，其中直接经济损失 8 000 多万元。

造成事故的直接原因：在吊装主梁过程中，由于违规指挥、操作，在未采取任何安全保障措施情况下，放松了内侧缆风绳，致使刚性腿向外侧倾倒，并依次拉动主梁、塔架向同一侧倾坠、垮塌。电建公司第三分公司施工现场指挥张海平在发生主梁上小车碰到缆风绳需要更改施工方案时，违反吊装工程方案中关于“在施工过程中，任何人不得随意改变施工方案的作业要求，如有特殊情况进行调整必须通过一定的程序以保证整个施工过程安全”的规定，未按程序编制修改书面作业指令和逐级报批，在未采取任何安全保障措施的情况下，下令放松刚性腿内侧的两根缆风绳，导致事故发生。

事故教训是工程施工必须坚持科学的态度，严格按照规章制度办事，坚决杜绝有章不循、违章指挥、凭经验办事和侥幸心理。此次事故的主要原因是现场施工违规指挥所致，而施工单位在制订、审批吊装方案和实施过程中都未对沪东厂 600 t 龙门起重机刚性腿的设计特点给予充分的重视，只凭以往在大吨位门吊施工中曾采用过的放松缆风绳的“经验”处理这次缆风绳的干涉问题。对未采取任何安全保障措施就完全放松刚性腿内侧缆风绳的做法，现场有关人员均未提出异议，致使电建公司现场指挥人员的违规指挥得不到及时纠正。此次事故的教训证明，安全规章制度是长期实践经验的总结，是用鲜血和生命换来的，在实际工作中，必须进一步完善安全生产的规章制度，并坚决贯彻执行，以改变那种纪律松弛、管理不严、有章不循的情况。不按科学态度和规定的程序办事，有法不依、有章不循，想当然、凭经验、靠侥幸是安全生产的大敌。

今后在进行起重吊装等危险性较大的工程施工时，应当明确禁止其他与吊装工程无关的交叉作业，无关人员不得进入现场，以确保施工安全。

事故二十九（重庆涪陵“6·19”特大水上交通事故）

2003 年 6 月 19 日 7 时 57 分，重庆三峡轮船股份有限公司所属的涪州 10# 客货轮与涪陵江龙船务有限公司（私营企业）所属的江龙 806# 货轮在重庆市涪陵区长江上游搬针沱水域（长江上游里程 557.8 km）发生碰撞，涪州 10# 轮当即沉没，船上人员全部落水，造成 27 人死亡，25 人失踪，直接经济损失 296.6 万元。

经调查认定，事故双方在突遇浓雾的情况下，冒险航行，未保持正规瞭望，违章操作，临危措施不当，是造成事故的直接原因。这是一起违章操作造成的责任事故。根据事故双方的过失程度及违规行为，涪州 10# 轮应负主要责任，江龙 806# 轮应负次要责任。

重庆三峡轮船股份有限公司对安全生产工作重视不够，公司的有关安全职能部门未能有效地履行职责，安全生产责任制落实不到位；未有效组织开展安全教育培训工作，船员安全意识不强；对船舶安全生产工作监督检查不力；未按照“四不放过”原则调查处理曾发生的生产安全事故，没有制订有效的防范措施，未能防止同类事故重复发生。

涪陵江龙船务有限公司安全管理水平低，安全管理制度不落实，未严格按安全管理体系的要求运行，对船员缺乏针对雾航情况的安全教育和培训，对新上岗的船员未能进行严格的岗前培训，船员的安全生产意识不强，缺乏有关水上安全生产的法律法规知识。

这次事故共查处相关责任人10人。其中：在事故中失踪免予追究责任的1人，移送司法机关依法追究刑事责任的1人，建议撤销党内外职务的1人，行政记大过1人，记过2人，行政警告1人，建议给予个人20万元罚款的3人。

事故三十（中国石油天然气集团公司“12·23”井喷特大事故）

2003年12月23日21时57分，中国石油天然气集团公司四川石油管理局川东钻探公司钻井二公司川钻12队承钻的中国石油天然气股份有限公司西南油气田分公司川东气矿罗家16H井发生井喷事故，死亡243人，直接经济损失9 262.71万元。

经调查认定，由于严重违章操作，起钻前循环浆时间不够，起钻过程中灌浆不及时，灌入量不够，且在起钻过程中修理顶驱后没有下钻到底进行循环泥浆，从而导致井内液注压力降低，造成溢流。加之岗位无人观察，未能及时发现溢流而造成井喷。在本次钻井过程中，钻柱又未加装回压力阀，造成井喷失控。井内含有大量浓度较高的硫化氢有毒气体随空气迅速扩散，导致在短时间内造成大面积人员伤害。

钻井队在起钻前循环泥浆不够，起钻过程中灌泥浆不及时灌入量欠缺，修理顶驱后没有下钻到底循环，无人在泥浆罐上观察泥浆注入量和出口变化情况是引发这起特大井喷事故的直接原因。在气层中钻进时，违反了“从钻开油气层前到完钻作业结束必须始终在钻具上安装防喷工具”的要求，致使井喷时钻杆无法控制，使井喷演变成为井喷失控。

井喷失控后，钻井队处置工作混乱，组织人员撤离后，没有派专人监视井口喷势，检测井场有毒气体浓度，致使无法及时收集井口准确资料和确定最佳点火时机，没能及时点火，导致高含硫天然气扩散。同时，由于该井处于地势低洼地带，当地大气逆温层稳定，混合层低，无风、浓雾的气候，使空气中的硫化氢气体不易散发；井喷时处于夜晚，周边居民较多，又散居在山区，交通通讯极为不便。诸多不利条件，增加了逃生、疏散、搜救、抢险工作的难度，使井喷失控事故进一步扩大和恶化。

经过现场勘察、调查取证和技术分析，认定中石油川东钻探公司“12·23”井喷特大事故是一起责任事故。

事故三十一（中石油吉林石化公司双苯厂“11·13”爆炸污染事故）

2005年11月13日下午1点左右，中石油吉林石化公司双苯厂新苯胺装置发生数次爆炸，造成当班的6名工人中5人死亡、1人失踪，事故还造成60多人不同程度受伤。事故的有毒泄漏物苯流入工厂附近的松花江，造成该江大规模污染。因为污染严重，松花江沿岸，从吉林省到黑龙江省都发生大面积停止供水事件，哈尔滨市更是因此全城停水4天。污染物还对邻国俄罗斯的用水安全造成了威胁。

依据现场勘察、证人笔录、岗位操作记录等相关资料，事故调查组专家组经分析一致认为，中石油吉林石化公司双苯厂连环爆炸的直接原因是由于当班操作工停车时，疏忽大意，未将应关闭的阀门及时关闭，误操作导致进料系统温度超高，长时间后引起爆裂，随之空气被抽入负压操作的T101塔，引起T101塔、T102塔发生爆炸，随后致使与T101、T102塔相连的两台硝基苯储罐及附属设备相继爆炸，随着爆炸现场火势增强，引发装置区内的两台硝酸储罐爆炸，并导致与该车间相邻的55#灌区内的一台硝基苯储罐、两台苯储罐发生燃烧。

附录1　国务院关于坚持科学发展安全发展促进安全生产形势持续稳定好转的意见

国发〔2011〕40号

各省、自治区、直辖市人民政府，国务院各部委、各直属机构：

安全生产事关人民群众生命财产安全，事关改革开放、经济发展和社会稳定大局，事关党和政府形象和声誉。为深入贯彻落实科学发展观，实现安全发展，促进全国安全生产形势持续稳定好转，提出以下意见：

一、充分认识坚持科学发展安全发展的重大意义

（一）坚持科学发展安全发展是对安全生产实践经验的科学总结。多年来，各地区、各部门、各单位深入贯彻落实科学发展观，按照党中央、国务院的决策部署，大力推进安全发展，全国安全生产工作取得了积极进展和明显成效。“十一五”期间，事故总量和重特大事故大幅度下降，全国各类事故死亡人数年均减少约1万人，反映安全生产状况的各项指标显著改善，安全生产形势持续稳定好转。实践表明，坚持科学发展安全发展，是对新时期安全生产客观规律的科学认识和准确把握，是保障人民群众生命财产安全的必然选择。

（二）坚持科学发展安全发展是解决安全生产问题的根本途径。我国正处于工业化、城镇化快速发展进程中，处于生产安全事故易发多发的高峰期，安全基础仍然比较薄弱，重特大事故尚未得到有效遏制，非法违法生产经营建设行为屡禁不止，安全责任不落实、防范和监督管理不到位等问题在一些地方和企业还比较突出。安全生产工作既要解决长期积累的深层次、结构性和区域性问题，又要应对不断出现的新情况、新问题，根本出路在于坚持科学发展安全发展。要把这一重要思想和理念落实到生产经营建设的每一个环节，使之成为衡量各行业领域、各生产经营单位安全生产工作的基本标准，自觉做到不安全不生产，实现安全与发展的有机统一。

（三）坚持科学发展安全发展是经济发展社会进步的必然要求。随着经济发展和社会进步，全社会对安全生产的期待不断提高，广大从业人员“体面劳动”意识不断增强，对加强安全监管监察、改善作业环境、保障职业安全健康权益等方面的要求越来越高。这就要求各地区、各部门、各单位必须始终把安全生产摆在经济社会发展重中之重的位置，自觉坚持科学发展安全发展，把安全真正作为发展的前提和基础，使经济社会发展切实建立在安全保障能力不断增强、劳动者生命安全和身体健康得到切实保障的基础之上，确保人民群众平安幸福地享有经济发展和社会进步的成果。

二、指导思想和基本原则

（四）指导思想。坚持以邓小平理论和“三个代表”重要思想为指导，深入贯彻落实科学发展观，牢固树立以人为本、安全发展的理念，始终把保障人民群众生命财产安全放在首位，大力实施安全发展战略，紧紧围绕科学发展主题和加快转变经济发展方式主线，自觉坚持“安全第一、预防为主、综合治理”方针，坚持速度、质量、效益与安全的有机统一，以强化和落实企业主体责任为重点，以事故预防为主攻方向，以规范生产为保障，以科技进步为支撑，认真落实安全生产各项措施，标本兼治、综合治理，有效防范和坚决遏制重特大事故，促进安全生产与经济社会同步协调发展。

（五）基本原则。——统筹兼顾，协调发展。正确处理安全生产与经济社会发展、与速度质量效益的关系，坚持把安全生产放在首要位置，促进区域、行业领域的科学、安全、可持续发展。——依法治安，综合治理。健全完善安全生产法律法规、制度标准体系，严格安全生产执法，严厉打击非法违法行为，综合运用法律、行政、经济等手段，推动安全生产工作规范、有序、高效开展。——突出预防，落实责任。加大安全投入，严格安全准入，深化隐患排查治理，筑牢安全生产基础，全面落实企业安全生产主体责任、政府及部门监管责任和属地管理责任。——依靠科技，创新管理。加快安全科技研发应用，加强专业技术人才队伍和

高素质的职工队伍培养，创新安全管理体制机制和方式方法，不断提升安全保障能力和安全管理水平。

三、进一步加强安全生产法制建设

（六）健全完善安全生产法律制度体系。加快推进安全生产法等相关法律法规的修订制定工作。适应经济社会快速发展的新要求，制定高速铁路、高速公路、大型桥梁隧道、超高层建筑、城市轨道交通和地下管网等建设、运行、管理方面的安全法规规章。根据技术进步和产业升级需要，抓紧修订完善国家和行业安全技术标准，尽快健全覆盖各行业领域的安全生产标准体系。进一步建立完善安全生产激励约束、督促检查、行政问责、区域联动等制度，形成规范有力的制度保障体系。

（七）加大安全生产普法执法力度。加强安全生产法制教育，普及安全生产法律知识，提高全民安全法制意识，增强依法生产经营建设的自觉性。加强安全生产日常执法、重点执法和跟踪执法，强化相关部门及与司法机关的联合执法，确保执法实效。继续依法严厉打击各类非法违法生产经营建设行为，切实落实停产整顿、关闭取缔、严格问责的惩治措施。强化地方人民政府特别是县乡级人民政府责任，对打击非法生产不力的，要严肃追究责任。

（八）依法严肃查处各类事故。严格按照“科学严谨、依法依规、实事求是、注重实效”的原则，认真调查处理每一起事故，查明原因，依法严肃追究事故单位和有关责任人的责任，严厉查处事故背后的腐败行为，及时向社会公布调查进展和处理结果。认真落实事故查处分级挂牌督办、跟踪督办、警示通报、诫勉约谈和现场分析制度，深刻吸取事故教训，查找安全漏洞，完善相关管理措施，切实改进安全生产工作。

四、全面落实安全生产责任

（九）认真落实企业安全生产主体责任。企业必须严格遵守和执行安全生产法律法规、规章制度与技术标准，依法依规加强安全生产，加大安全投入，健全安全管理机构，加强班组安全建设，保持安全设备设施完好有效。企业主要负责人、实际控制人要切实承担安全生产第一责任人的责任，带头执行现场带班制度，加强现场安全管理。强化企业技术负责人技术决策和指挥权，注重发挥注册安全工程师对企业安全状况诊断、评估、整改方面的作用。企业主要负责人、安全管理人员、特种作业人员一律经严格考核、持证上岗。企业用工要严格依照劳动合同法与职工签订劳动合同，职工必须全部经培训合格后上岗。

（十）强化地方人民政府安全监管责任。地方各级人民政府要健全完善安全生产责任制，把安全生产作为衡量地方经济发展、社会管理、文明建设成效的重要指标，切实履行属地管理职责，对辖区内各类企业包括中央、省属企业实施严格的安全生产监督检查和管理。严格落实地方行政首长安全生产第一责任人的责任，建立健全政府领导班子成员安全生产“一岗双责”制度。省、市、县级政府主要负责人要定期研究部署安全生产工作，组织解决安全生产重点难点问题。

（十一）切实履行部门安全生产管理和监督职责。健全完善安全生产综合监管与行业监管相结合的工作机制，强化安全生产监管部门对安全生产的综合监管，全面落实行业主管部门的专业监管、行业管理和指导职责。相关部门、境内投资主体和派出企业要切实加强对境外中资企业安全生产工作的指导和管理。要不断探索创新与经济运行、社会管理相适应的安全监管模式，建立健全与企业信誉、项目核准、用地审批、证券融资、银行贷款等方面相挂钩的安全生产约束机制。

五、着力强化安全生产基础

（十二）严格安全生产准入条件。要认真执行安全生产许可制度和产业政策，严格技术和安全质量标准，严把行业安全准入关。强化建设项目安全核准，把安全生产条件作为高危行业建设项目审批的前置条件，未通过安全评估的不准立项；未经批准擅自开工建设的，要依法取缔。严格执行建设项目安全设施“三同时”（同时设计、同时施工、同时投产和使用）制度。制定和实施高危行业从业人员资格标准。加强对安全生产专业服务机构管理，实行严格的资格认证制度，确保其评价、检测结果的专业性和客观性。

（十三）加强安全生产风险监控管理。充分运用科技和信息手段，建立健全安全生产隐患排查治理体系，强化监测监控、预报预警，及时发现和消除安全隐患。企业要定期进行安全风险评估分析，重大隐患要及时报安全监管监察和行业主管部门备案。各级政府要对重大隐患实行挂牌督办，确保监控、整改、防范等措施落实到位。各地区要建立重大危险源管理档案，实施动态全程监控。

（十四）推进安全生产标准化建设。在工矿商贸和交通运输行业领域普遍开展岗位达标、专业达标和企业达标建设，对在规定期限内未实现达标的企业，要依据有关规定暂扣其生产许可证、安全生产许可证，责令停产整顿；对整改逾期仍未达标的，要依法予以关闭。加强安全标准化分级考核评价，将评价结果向银行、证券、保险、担保等主管部门通报，作为企业信用评级的重要参考依据。

（十五）加强职业病危害防治工作。要严格执行职业病防治法，认真实施国家职业病防治规划，深入落实职业危害防护设施“三同时”制度，切实抓好煤（矽）尘、热害、高毒物质等职业危害防范治理。对可能产生职业病危害的建设项目，必须进行严格的职业病危害预评价，未提交预评价报告或预评价报告未经审核同意的，一律不得批准建设；对职业病危害防控措施不到位的企业，要依法责令其整改，情节严重的要依法予以关闭。切实做好职业病诊断、鉴定和治疗，保障职工安全健康权益。

六、深化重点行业领域安全专项整治

（十六）深入推进煤矿瓦斯防治和整合技改。加快建设“通风可靠、抽采达标、监控有效、管理到位”的瓦斯综合治理工作体系，完善落实瓦斯抽采利用扶持政策，推进瓦斯防治技术创新。严格控制高瓦斯和煤与瓦斯突出矿井建设项目审批。建立完善煤矿瓦斯防治能力评估制度，对不具备防治能力的高瓦斯和煤与瓦斯突出矿井，要严格按规定停产整改、重组或依法关闭。继续运用中央预算内投资扶持煤矿安全技术改造，支持煤矿整顿关闭和兼并重组。加强对整合技改煤矿的安全管理，加快推进煤矿井下安全避险系统建设和小煤矿机械化改造。

（十七）加大交通运输安全综合治理力度。加强道路长途客运安全管理，修订完善长途客运车辆安全技术标准，逐步淘汰安全性能差的运营车型。强化交通运输企业安全主体责任，禁止客运车辆挂靠运营，禁止非法改装车辆从事旅客运输。严格长途客运、危险品车辆驾驶人资格准入，研究建立长途客车驾驶人强制休息制度，持续严厉整治超载、超限、超速、酒后驾驶、高速公路违规停车等违法行为。加强道路运输车辆动态监管，严格按规定强制安装具有行驶记录功能的卫星定位装置并实行联网联控。提高道路建设质量，完善安全防护设施，加强桥梁、隧道、码头安全隐患排查治理。加强高速铁路和城市轨道交通建设运营安全管理。继续强化民航、农村和山区交通、水上交通的安全监管，特别要抓紧完善校车安全法规和标准，依法强化校车安全监管。

（十八）严格危险化学品安全管理。全面开展危险化学品安全管理现状普查评估，建立危险化学品安全管理信息系统。科学规划化工园区，优化化工企业布局，严格控制城镇涉及危险化学品的建设项目。各地区要积极研究制定鼓励支持政策，加快城区高风险危险化学品生产、储存企业搬迁。地方各级人民政府要组织开展地下危险化学品输送管道设施安全整治，加强和规范城镇地面开挖作业管理。继续推进化工装置自动控制系统改造。切实加强烟花爆竹和民用爆炸物品的安全监管，深入开展“三超一改”（超范围、超定员、超药量和擅自改变工房用途）和礼花弹等高危产品专项治理。

（十九）深化非煤矿山安全整治。进一步完善矿产资源开发整合常态化管理机制，制定实施非煤矿山主要矿种最小开采规模和最低服务年限标准。研究制定充填开采标准和规定。积极推行尾矿库一次性筑坝、在线监测技术，搞好尾矿综合利用。全面加强矿井安全避险系统建设，组织实施非煤矿山采空区监测监控等科技示范工程。加强陆地和海洋石油天然气勘探开采的安全管理，重点防范井喷失控、硫化氢中毒、海上溢油等事故。

（二十）加强建筑施工安全生产管理。按照“谁发证、谁审批、谁负责”的原则，进一步落实建筑工程招投标、资质审批、施工许可、现场作业等各环节安全监管责任。强化建筑工程参建各方企业安全生产主体责任。严密排查治理起重机、吊罐、脚手架等设施设备安全隐患。建立建筑工程安全生产信息系统，健全施工企业和从业人员安全信用体系，完善失信惩戒制度。建立完善铁路、公路、水利、核电等重点工程项目安全风险评估制度。严厉打击超越资质范围承揽工程、违法分包转包工程等不法行为。

（二十一）加强消防、冶金等其他行业领域的安全监管。地方各级人民政府要把消防规划纳入当地城乡规划，切实加强公共消防设施建设。大力实施社会消防安全“防火墙”工程，落实建设项目消防安全设计审核、验收和备案抽查制度，严禁使用不符合消防安全要求的装修装饰材料和建筑外保温材料。严格落实人员密集场所、大型集会活动等安全责任制，严防拥挤踩踏事故。加强冶金、有色等其他工贸行业企业安全专项治理，严格执行压力容器、电梯、游乐设施等特种设备安全管理制度，加强电力、农机和渔船安全管理。

七、大力加强安全保障能力建设

（二十二）持续加大安全生产投入。探索建立中央、地方、企业和社会共同承担的安全生产长效投入机制，加大对贫困地区和高危行业领域倾斜。完善有利于安全生产的财政、税收、信贷政策，强化政府投资对安全生产投入的引导和带动作用。企业在年度财务预算中必须确定必要的安全投入，提足用好安全生产费用。完善落实工伤保险制度，积极稳妥推行安全生产责任保险制度，发挥保险机制的预防和促进作用。

（二十三）充分发挥科技支撑作用。整合安全科技优势资源，建立完善以企业为主体、以市场为导向、产学研用相结合的安全技术创新体系。加快推进安全生产关键技术及装备的研发，在事故预防预警、防治控制、抢险处置等方面尽快推出一批具有自主知识产权的科技成果。积极推广应用安全性能可靠、先进适用的新技术、新工艺、新设备和新材料。企业必须加快国家规定的各项安全系统和装备建设，提高生产安全防护水平。加强安全生产信息化建设，建立健全信息科技支撑服务体系。

（二十四）加强产业政策引导。加大高危行业企业重组力度，进一步整合浪费资源、安全保障低的落后产能，加快淘汰不符合安全标准、职业危害严重、危及安全生产的落后技术、工艺和装备。地方各级人民政府要制定相关政策，遏制安全水平低、保障能力差的项目的建设和延续。对存在落后技术设备、构成重大安全隐患的企业，要予以公布，责令其限期整改，逾期未整改的依法予以关闭。把安全产业纳入国家重点支持的战略产业，积极发展安全装备融资租赁业务，促进企业加快提升安全装备水平。

（二十五）加强安全人才和监管监察队伍建设。加强安全科学与工程学科建设，办好安全工程类高等教育和职业教育，重点培养中高级安全工程与管理人才。鼓励高等院校、职业学校进一步落实完善校企合作办学、对口单招、订单式培养等政策，加快培养高危行业专业人才和生产一线急需技能型人才。加快建设专业化的安全监管监察队伍，建立以岗位职责为基础的能力评价体系，加强在岗人员业务培训。进一步充实基层监管力量，改善监管监察装备和条件，创新安全监管监察机制，切实做到严格、公正、廉洁、文明执法。

八、建设更加高效的应急救援体系

（二十六）加强应急救援队伍和基地建设。抓紧 7 个国家级、14 个区域性矿山应急救援基地建设，加快推进重点行业领域的专业应急救援队伍建设。县级以上地方人民政府要结合实际，整合应急资源，依托大型企业、公安消防等救援力量，加强本地区应急救援队伍建设。建立紧急医学救援体系，提升事故医疗救治能力。建立救援队伍社会化服务补偿机制，鼓励和引导社会力量参与应急救援。

（二十七）完善应急救援机制和基础条件。健全省、市、县及中央企业安全生产应急管理体系，加快建设应急平台，完善应急救援协调联动机制。建立健全自然灾害预报预警联合处置机制，加强安监、气象、地震、海洋等部门的协调配合，严防自然灾害引发事故灾难。建立完善企业安全生产动态监控及预警预报体系。加强应急救援装备建设，强化应急物资和紧急运输能力储备，提高应急处置效率。

（二十八）加强预案管理和应急演练。建立健全安全生产应急预案体系，加强动态修订完善。落实省、市、县三级安全生产预案报备制度，加强企业预案与政府相关应急预案的衔接。定期开展应急预案演练，切实提高事故救援实战能力。企业生产现场带班人员、班组长和调度人员在遇到险情时，要按照预案规定，立即组织停产撤人。

九、积极推进安全文化建设

（二十九）加强安全知识普及和技能培训。加强安全教育基地建设，充分利用电视、互联网、报纸、广播等多种形式和手段普及安全常识，增强全社会科学发展、安全发展的思想意识。在中小学广泛普及安全基础教育，加强防灾避险演练。全面开展安全生产、应急避险和职业健康知识进企业、进学校、进乡村、进社区、进家庭活动，努力提升全民安全素质。大力开展企业全员安全培训，重点强化高危行业和中小企业一线员工安全培训。完善农民工向产业工人转化过程中的安全教育培训机制。建立完善安全技术人员继续教育制度。大型企业要建立健全职业教育和培训机构。加强地方政府安全生产分管领导干部的安全培训，提高安全管理水平。

（三十）推动安全文化发展繁荣。充分利用社会资源和市场机制，培育发展安全文化产业，打造安全文化精品，促进安全文化市场繁荣。加强安全公益宣传，大力倡导“关注安全、关爱生命”的安全文化。建设安全文化主题公园、主题街道和安全社区，创建若干安全文化示范企业和安全发展示范城市。推进安全文化理论和建设手段创新，构建自我约束、持续改进的长效机制，不断提高安全文化建设水平，切实发挥其对安全生产工作的引领和推动作用。

十、切实加强组织领导和监督

（三十一）健全完善安全生产工作格局。各地区要进一步健全完善政府统一领导、部门依法监管、企业全面负责、群众参与监督、全社会广泛支持的安全生产工作格局，形成各方面齐抓共管的合力。要切实加强安全生产工作的组织领导，充分发挥各级政府安全生产委员会及其办公室的指导协调作用，落实各成员单位工作责任。县级以上人民政府要依法健全完善安全生产、职业健康监管体系，安全生产任务较重的乡镇要加强安全监管力量建设，确保事有人做、责有人负。

（三十二）加强安全生产绩效考核。把安全生产考核控制指标纳入经济社会发展考核评价指标体系，加大各级领导干部政绩业绩考核中安全生产的权重和考核力度。把安全生产工作纳入社会主义精神文明和党风廉政建设、社会管理综合治理体系之中。制定完善安全生产奖惩制度，对成效显著的单位和个人要以适当形式予以表扬和奖励，对违法违规、失职渎职的，依法严格追究责任。

（三十三）发挥社会公众的参与监督作用。推进安全生产政务公开，健全行政许可网上申请、受理、审批制度。落实安全生产新闻发布制度和救援工作报道机制，完善隐患、事故举报奖励制度，加强社会监督、舆论监督和群众监督。支持各级工会、共青团、妇联等群众组织动员广大职工开展群众性安全生产监督和隐患排查，落实职工岗位安全责任，推进群防群治。

国务院

二〇一一年十一月二十六日

附录2　国务院办公厅关于印发安全生产“十二五”规划的通知

国办发〔2011〕47号

各省、自治区、直辖市人民政府，国务院各部委、各直属机构：

《安全生产“十二五”规划》（以下简称《规划》）已经国务院同意，现印发给你们，请认真贯彻执行。

各地区、各部门要把安全生产目标、任务、措施和重点工程等纳入本地区、本行业和领域“十二五”发展规划，抓紧制定具体实施方案和行动计划，做到责任到位、措施到位、投资到位、监管到位。负有安全生产监管监察职责的各有关部门要按照职责分工，加强《规划》实施工作的组织指导和协调。要高度重视投资质量和效益，保证《规划》执行的严肃性和合理性。要加强《规划》实施的管理、评估和考核，强化督促检查，确保安全生产“十二五”规划目标的实现。

国务院办公厅

二〇一一年十月一日

安全生产“十二五”规划

安全生产事关人民群众生命财产安全，事关改革发展稳定大局，事关党和政府形象和声誉。为贯彻落实党中央、国务院关于加强安全生产工作的决策部署，根据《中华人民共和国国民经济和社会发展第十二个五年规划纲要》和《国务院关于进一步加强企业安全生产工作的通知》（国发〔2010〕23号）精神，制定本规划。

一、现状与形势

（一）“十一五”期间安全生产工作取得积极进展和明显成效。

党中央、国务院高度重视安全生产，确立了安全发展理念和“安全第一、预防为主、综合治理”的方针，采取一系列重大举措加强安全生产工作。各地区、各部门把安全生产与经济社会发展各项工作同步规划、同步部署、同步推进，深入落实安全生产责任和措施，持续强化安全管理和监督，严厉打击非法违法生产经营和建设行为，积极推动重点行业领域安全专项整治，集中开展“隐患治理年”、“安全生产年”活动，大力推进安全生产执法、治理和宣传教育行动（以下称“三项行动”），切实加强安全生产法制体制机制、安全保障能力和安全监管监察队伍建设（以下称“三项建设”），全国安全生产工作取得积极进展，以提高安全保障能力为核心的基础建设不断加强，以强化监督管理为关键的协作联动机制进一步健全，以安全生产法为基础的安全生产法律法规体系不断完善，以“关爱生命、关注安全”为主旨的安全文化建设不断深入。五年来，全国煤矿瓦斯治理和整顿关闭攻坚战取得明显成效，瓦斯抽采量、利用量分别增长3倍和5倍，小煤矿由18 145处降至9 042处，实现了小煤矿数量压减至1万处以内的目标；安全执法行动深入开展，共关闭取缔不具备安全生产条件的金属非金属矿山2.1万处、烟花爆竹厂点1.6万处，以及非法建设项目1.1万处，有效规范了安全生产秩序；稳步推进事故隐患排查治理，各级安全监管监察部门查处生产经营单位一般隐患1 277.4万项、重大隐患11.6万项，对27.6万处重大危险源采取了安全监控措施；非煤矿山、交通运输、消防（火灾）、建筑施工、危险化学品、烟花爆竹、特种设备、民用爆炸物品、冶金等重点行业领域安全状况明显改善，全国安全生产形势保持了总体稳定、持续好转的发展态势。与“十五”末期的2005年相比，2010年全国各类事故起数、死亡人数分别下降49.4%和37.4%，重特大事故起数、死亡人数分别下降36.6%和52.8%。全国事故死亡人数由2005年的12.7万人，降至2008年的10万人以下、2009年的9万人以下，2010年又进一步降至8万人以下。“十一五”规划任务全面完成，目标如期实现。

（二）“十二五”时期安全生产进入关键时期和攻坚阶段。

“十二五”时期，是全面建设小康社会的重要战略机遇期，是深化改革、扩大开放、加快转变经济发展方式的攻坚阶段，也是实现安全生产状况根本好转的关键时期。安全生产工作既要解决长期积累的深层次、结构性和区域性问题，又要积极应对新情况、新挑战，任务十分艰巨。

一是安全生产形势依然严峻。我国仍处于生产安全事故易发多发的特殊时期，事故总量仍然较大，2010年发生各类事故36.3万起、死亡7.9万人。重特大事故尚未得到有效遏制，“十一五”期间年均发生重特大事故86起，且呈波动起伏态势。非法违法生产经营建设行为仍然屡禁不止。尘肺病等职业病、职业中毒事件仍时有发生。

二是安全生产基础依然薄弱。部分高危行业产业布局和结构不尽合理，经济增长方式相对粗放。经济社会发展对交通、能源、原材料等需求居高不下，安全保障面临严峻考验。轨道交通、隧道、超高层建筑、城市地下管网施工、运行、管理等方面的安全问题凸显。一些地方、部门和单位安全责任和措施落实不到位，安全投入不足，制度和管理还存在不少漏洞。部分企业工艺技术落后，设备老化陈旧，安全管理水平低下。

三是安全生产监管监察及应急救援能力亟待提升。各级安全生产监管部门和煤矿安全监察机构基础设施建设滞后，技术支撑能力不足，部分执法人员专业化水平不高，传统监管监察方式和手段难以适应工作需要。现有应急救援基地布局不尽合理，救援力量仍较薄弱，应对重特大事故灾难的大型及特种装备较为缺乏。部分重大事故致灾机理和安全生产共性、关键性技术研究有待进一步突破。

四是保障广大人民群众安全健康权益面临繁重任务。一方面，部分社会公众安全素质不够高，自觉遵守安全生产法律法规意识和自我安全防护能力还有待进一步强化。另一方面，随着经济发展和社会进步，全社会对安全生产的期望不断提高，广大从业人员“体面劳动”观念不断增强，对加强安全监管、改善作业环境、保障职业安全健康权益等方面的要求越来越高。

二、指导思想、基本原则和规划目标

（一）指导思想。

以邓小平理论和“三个代表”重要思想为指导，深入贯彻落实科学发展观，围绕科学发展的主题和加快转变经济发展方式的主线，牢固树立以人为本、安全发展的理念，坚持“安全第一、预防为主、综合治理”的方针，深化安全生产“三项行动”、“三项建设”，以强化企业安全生产主体责任为重点，以事故预防为主攻方向，以规范生产为重要保障，以科技进步为重要支撑，加强基础建设，加强责任落实，加强依法监管，全面推进安全生产各项工作，继续降低事故总量和伤亡人数，减少职业危害，有效防范和遏制重特大事故，促进安全生产状况持续稳定好转，为经济社会全面、协调、可持续发展提供重要保障。

（二）基本原则。

统筹兼顾，协调发展。正确处理安全生产与经济发展、安全生产与速度质量效益的关系，坚持把安全生产放在首要位置，纳入社会管理创新的重要内容，实现区域、行业（领域）的科学、安全、可持续发展。

强化法治，综合治理。完善安全生产法律法规和标准规范体系，严格安全生产执法，强化制度约束，把安全生产工作纳入依法、规范、有序、高效开展的轨道，真正做到依法准入、依法生产、依法监管。

突出预防，落实责任。坚持关口前移、重心下移，夯实筑牢安全生产基层基础防线，从源头上防范和遏制事故。全面落实企业主体责任，强化政府及部门监管责任和属地管理责任，加强全员、全方位、全过程的精细化管理，坚决守住安全生产这条红线。

依靠科技，创新机制。坚持科技兴安，充分发挥科技支撑和引领作用，加快安全科技研发与成果应用，建立企业、政府、社会多元投入机制，加强安全监管监察能力建设，创新监管监察方式，提升安全保障能力。

（三）规划目标。

到2015年，企业安全保障能力和政府安全监管能力明显提升，各行业（领域）安全生产状况全面改善，安全监管监察体系更加完善，各类事故死亡总人数下降10%以上，工矿商贸企业事故死亡人数下降12.5%以上，较大和重大事故起数下降15%以上，特别重大事故起数下降50%以上，职业危害申报率达80%以上，《国家职业病防治规划（2009—2015年）》设定的职业安全健康目标全面实现，全国安全生产保持持续稳定好转态势，为到2020年实现安全生产状况根本好转奠定坚实基础。

专栏1 部分安全生产规划指标

1. 亿元国内生产总值生产安全事故死亡率下降36%以上。
2. 工矿商贸就业人员十万人生产安全事故死亡率下降26%以上。
3. 煤矿百万吨死亡率下降28%以上。
4. 道路交通万车死亡率下降32%以上。
5. 特种设备万台死亡率下降35%以上。
6. 火灾十万人口死亡率控制在0.17以内。
7. 水上交通百万吨吞吐量死亡率下降23%以上。
8. 铁路交通10亿吨公里死亡率下降25%以上。
9. 民航运输亿客公里死亡率控制在0.009以内。

三、主要任务

（一）完善安全保障体系，提高企业本质安全水平和事故防范能力。

煤矿：开展全面、系统、彻底的安全隐患排查治理，防范瓦斯、水害、火灾等重特大事故。完善煤矿安全生产责任体系，强化生产过程管理领导责任。深化煤矿瓦斯综合治理，推进先抽后采、抽采达标，严格落实综合防突措施，完善瓦斯综合治理工作体系。健全灾害监控、预测预警与防治技术体系，狠抓矿井水害、火灾、冲击地压等事故防控技术措施落实。对资源整合矿区实施水文、工程地质补充勘探。治理煤矿火灾隐患。提高矿用产品、设备安全性能。

将煤矿技术人员配备列入安全准入基本条件，严格煤炭建设、生产领域的企业准入标准。推进煤矿企业安全质量标准化和本质安全型矿井建设，推广应用煤矿井下监测监控系统、人员定位系统、紧急避险系统、压风自救系统、供水施救系统和通信联络系统（以下称安全避险“六大系统”），强化安全班组建设等安全基础管理。推动煤矿企业兼并重组和小煤矿整顿关闭，构建安全、高效的煤炭产业体系。完善煤矿采气权与采矿权协调、小煤矿严格准入与有序退出等机制。小型煤矿采煤、掘进装载机械化程度到2015年底分别达到55%和80%以上。加强煤矿地质勘探报告审查。严格控制新（改、扩）建煤与瓦斯突出矿井建设，“十二五”期间停止核准新建30万吨/年以下的高瓦斯矿井、45万吨/年以下的煤与瓦斯突出矿井项目。

专栏2 防范煤矿事故重点地区

瓦斯治理重点地区：山西、河南、贵州、黑龙江、重庆、四川、湖南。

水害治理重点地区：河北、河南、山西、山东、四川、湖南。

新建技改整合重组监管重点地区：河南、新疆、内蒙古、陕西、甘肃、山西。

道路交通：制定道路交通安全战略规划。深入推进客运车辆特别是长途客运车辆安全隐患专项整治，从严整治超载、超限、超速、非法载客和酒后、疲劳驾驶等违法违规行为。严格客运线路安全审批和监管，完善道路运输从业人员资格培训和管理制度。开展运输企业交通安全评估。完善客货运输车辆安全配置标准。建立完善车辆生产管理信用体系，加强车辆产品准入、生产一致性管理和监督，提高车辆产品质量和安全性能。改善道路交通通行条件，加强事故多发路段和公路危险路段综合治理。推进高速公路全程监控系统等智能交通管理系统建设。建立农村客运服务和安全管理体系。在公路省际交界处、市际主要交界处建立固定式交通安全服务站。

专栏3 防范道路交通事故重点地区

重特大事故控制重点地区：云南、贵州、四川、湖南、广西、西藏、新疆。

事故总量控制重点地区：广东、浙江、江苏、山东、四川。

非煤矿山：制定非煤矿山主要矿种最小开采规模和最低服务年限标准。合理布局非煤矿山采矿权，严格落实非煤矿山建设项目安全核准制度。落实矿产资源开发整合常态化管理措施，到2015年，非煤矿山数量比2010年下降10%以上。实施地下矿山、露天矿山、高陡边坡、尾矿库、排土场等专项整治，重点防范透水、中毒窒息、坍塌和尾矿库溃坝等事故。建设金属非金属矿山井下安全避险“六大系统”。完善石油天然气开采防井喷、防硫化氢中毒、防爆炸着火及海洋石油生产设施防台风、防风暴潮等防范措施。推动露天矿山采用机械铲装、机械二次破碎等技术装备，“三高”（高压、高含硫、高危）油气田采用硫化氢气体防护监测技术装备，三等及以上尾矿库和部分位于敏感地区尾矿库安装在线监测系统。

专栏4 防范非煤矿山事故重点地区和领域

事故控制与资源整合重点地区：云南、河南、湖南、贵州、广西、辽宁。

重点监管矿种：铁矿、有色金属矿、煤系矿山、“三高”油气田。

危险化学品：推动制定与实施化工行业安全发展规划。开展城市化工产业布局调查，加强城市危险化学品生产、储存企业和化学品输运管线等易燃易爆设施隐患排查治理。推动新建危险化学品生产企业进入化工园区，规范化工园区安全监管，实行化工园区区域定量风险评价制度。推动城区内安全防护距离不达标的危险化学品生产及储存企业搬迁。强化危险化学品生产过程安全管理，对涉及危险化工工艺的生产装置建立自动控制系统及独立的紧急停车系统。强化重点监管的危险工艺、危险产品和重大危险源的监管和监控，严格危险化学品安全使用许可。健全区域危险化学品道路运输安全联控机制。加快建设集仓储、配送、物流、销售和商品展示为一体的危险化学品交易市场，推动大中型城市内的危险化学品经营企业进场交易。

专栏5 防范危险化学品事故重点地区和领域

事故控制重点地区：江苏、浙江、山东、广东、天津、上海、辽宁。

事故控制重点领域：城区内化学品输送管线、油气站等易燃易爆设施；大型化学品储存设施；大型石化生产装置；国家重要油、气储运设施。

烟花爆竹：推进烟花爆竹生产工厂化、标准化、机械化、科技化和集约化建设。严格安全生产准入条件，到2015年，烟花爆竹生产企业数量比2010年减少20%以上。加强烟花爆竹生产、经营、运输、燃放等各环节安全管理和监督，深化“三超一改”（超范围、超定员、超药量和擅自改变工房用途）等违规生产经营行为专项治理，推进礼花弹等高危产品专项整治，建立烟花爆竹流向管理信息系统。

建筑施工：加强工程招投标、资质审批、施工许可、现场作业等环节安全监管，淘汰不符合安全生产条件的建筑企业和施工工艺、技术及装备。落实建设工程参建各方安全生产主体责任。重点排查治理起重机、吊罐、脚手架和桥梁等设施设备存在的安全隐患。建立建筑工程安全生产信息动态数据库，健全建筑施工企业和从业人员安全生产信用体系，完善失信惩戒制度。以铁路、公路、水利、核电等重点工程及桥梁、隧道等危险性较大项目为重点，建立完善设计、施工阶段安全风险评估制度。

民用爆炸物品：优化民用爆炸物品产品结构和生产布局，规范生产和流通领域爆炸危险源的管理，合理控制企业及生产点数量，减少危险作业场所操作人员。推广应用先进适用工艺技术，淘汰落后生产设备和工艺，主要产品的主要工序实现连续化、自动化和信息化。

特种设备：严格市场准入，落实使用单位安全责任，保证安全投入和安全管理制度、机构、人员到位。实施起重机械、危险化学品承压设备等特种设备事故隐患整治，建立重大隐患治理与重点设备动态监控机制。推动应用物联网技术，实现对电梯、起重机械、客运索道、大型游乐设施故障的实时监测，推广应用大型起重机械安全监控系统。

工贸行业：实施冶金、有色、建材、机械、轻工、纺织、烟草和商贸等工贸行业事故隐患专项治理，重点开展工业煤气系统使用、高温液态金属生产和工贸行业交叉作业、检修作业、受限空间作业等隐患排查整治。实施自动报警与安全联锁专项改造，提高自动化程度。加强对企业煤气输送、储存、使用等危险区域连续监测监控。

电力：完善处置电网大面积停电应急体系，提高电力系统应对突发事件能力。加强电力调度监督与管理，加强厂网之间协调配合。扎实开展电力安全生产风险管理和标准化建设，加强新能源发电监督管理，确保电力系统安全稳定运行和电力可靠供应。加强核电运营安全监管，落实安全防范措施。对已投入运行20年以上的水电站全面开展隐患排查，加强水电站大坝补强加固和设备更新改造。

消防（火灾）：推进构筑社会消防安全“防火墙”工程。推动消防规划纳入当地城乡规划，加强消防站、消防供水、消防通信、消防车通道等公共消防设施建设。落实新（改、扩）建工程消防安全设计审核、消防验收或备案抽查制度。实施消防安全专项治理行动，整治易燃易爆单位、人员密集和“三合一”场所（企业员工宿舍与生产作业、物资存放的场所相通连）、高层建筑、地下空间火灾隐患。完善相关消防技术标准，严禁违规使用易燃、可燃建筑外墙保温材料。根据国家标准配备应急救援车辆、器材和消防员个人防护装备。

铁路交通：加强高速铁路运营安全监管和设备质量控制，强化高速铁路安全防护设施和防灾监测系统建设。深入开展高速铁路运输安全隐患治理，重点对线路、车辆、信号、供电设备以及制度和管理等进行全方位排查。强化高新技术条件下铁路运输安全风险管控。严厉打击危害高速铁路运输安全的非法违法行为。到2015年，危险性较大的铁路与公路平交道口全部得到改造。开展路外安全宣传教育入户活动。严格铁路施工安全管理，整治铁路行车设备事故隐患，强化现场作业控制，深化铁路货运安全专项整治。

水上交通：加强水路交通安全监管基础设施和港口保安设施建设。开展重点水域、船舶和时段以及重要基础设施安全综合治理。推进现有港口、码头的安全现状评价。强化运输船舶和码头、桥梁建设及通航水域采砂等水上水下施工作业的安全监管。推进内河主要干线航道、重要航运枢纽、主要港口及地区性重要港口监测系统建设。完善船舶自动识别、船舶远程跟踪与识别、长江干线水上110指挥联动等系统，加快内河船岸通信、监控系统建设。实施渡改桥工程。加强内河海事与搜救一体化建设。严厉查处农用船、自用船、渔船非法载客等行为。

民航运输：实施民航航空安全方案，推进航空安全绩效管理。建立空勤人员、空中交通管制员体检鉴定体系和健康风险管理体系。建立航空安保威胁评估机制。研究实行航空货运管制代理人制度。整体规划适航审定能力建设方案。建立航空安保岗位资格认证机制与培训体系。加强飞行、机务、空管、签派等人员的专业技能教育培训。建设航空安全实验基地，提高航空运行、适航维修、航空保安和事故调查分析等实验验证能力。

农业机械：完善农业机械安全监督管理体系，加强安全监理设施和装备建设，加大安全投入，保障安全监理工作需要。强化拖拉机、联合收割机注册登记、牌证核发和年度检验。推广应用移动式农机安全技术检测和农机驾驶人考试装备。加快建立农机市场准入、强制淘汰报废和回收管理制度，推进对危及人身财产安全的农业机械进行免费实地安全检验。创建500个以上“平安农机示范县”。探索开展农机政策性保险，鼓励支持农机安全互助组织有序发展。

渔业船舶：推进重点水域渔船和渔港监控系统建设。强化渔船、渔港安全基础设施管理，加强渔业航标、渔港监控设备等建设。推进渔船自动识别系统建设，加强渔船通信终端设备配备。推进渔船标准化建设，鼓励渔民更新改造老旧渔船，实行渔业船舶、船用产品、专用设备报废制度。加强渔业船员培训基地建设。实施渔船安全救生设备补助项目，推广应用气胀式救生筏等装备，实现沿海中型以上渔船救生设备应配尽配。

职业健康：开展作业场所职业危害普查。加强职业危害因素监测检测。建立完善职业健康特殊工种准入、许可、培训等制度。建立重点行业（领域）职业健康检测基础数据库。开展粉尘、高毒物质危害严重行业（领域）专项治理。到2015年，新（改、扩）建项目职业卫生“三同时”（同时设计、同时施工、同时投产和使用）审查率达到65%以上，用人单位职业危害申报率达到80%以上，工作场所职业危害因素监测率达到70%以上，粉尘、高毒物品等主要危害因素监测合格率达到80%以上，工作场所职业危害告知率和警示标识设置率达到90%以上，重大急性职业危害事件基本得到控制，接触职业危害作业人员职业健康体检率达到60%以上。强化职业危害防护用品监管和劳动者职业健康监护，严肃查处职业危害案件。

同时，全面加强旅游、水利工程等各行业（领域）安全生产工作，及时排查整治安全隐患，全面加强人员密集场所、大型群众性活动的安全管理，严防各类事故发生。

（二）完善政府安全监管和社会监督体系，提高监察执法和群防群治能力。

健全安全生产监管监察体制。完善安全生产综合监管与行业管理部门专业监管相结合的工作机制。健全国家监察、地方监管、企业负责的煤矿安全工作体系。完善煤矿安全监察机构布局。落实地方各级人民政府安全生产行政首长负责制和领导班子成员安全生产“一岗双责”制度。强化基层安全监管机构建设，建立健全基层安全监管体系。积极推动经济技术开发区、工业园区、大型矿产资源基地建立完善安全监管体系。研究建立与道路里程、机动车增长同步的警力配备增加机制。

建设专业化安全监管监察队伍。完善安全监管监察执法人员培训、执法资格、考核等制度，建立以岗位职责为基础的能力评价体系。严格新增执法人员专业背景和选拔条件。建立完善安全监管监察实训体系，开展安全监管监察执法人员全员培训。到2015年，各级安全监管监察执法人员执法资格培训及持证上岗率达到100%，专题业务培训覆盖率达到100%。

改善安全监管监察执法工作条件。推进安全监管部门和煤矿安全监察机构工作条件标准化建设。到2015年，东部省、市、县三级安全监管部门工作条件建设100%达到标准配置，中西部100%达到基本配置，省级和区域煤矿安全监察机构达标率达到100%。改善一线交通警察执勤条件，将高速公路交通安全管理设施及执勤配套设施建设纳入高速公路建设体系。加强农机安全管理机构基础设施及装备建设。

推进安全生产监管监察信息化建设。建成覆盖各级安全监管、煤矿安全监察和安全生产应急管理机构的信息网络与基础数据库。加强特种设备安全监管信息网络和交通运输安全生产信息系统建设。加快建设航空安全信息分析中心，建立民航安全信息综合分析系统。完善农机安全生产监管信息系统。推进海洋渔业安全通信网、渔船自动识别与安全监控系统建设。

创新安全监管监察方式。健全完善重大隐患治理逐级挂牌督办、公告、整改评估制度。推进高危行业企业重大危险源安全监控系统建设，完善重大危险源动态监管及监控预警机制。实施中小企业安全生产技术援助与服务示范工程。强化安全生产属地监管，建立分类分级监管监察机制。把符合安全生产标准作为高危行业企业准入的前置条件，实行严格的安全标准核准制度。推进建立非矿用产品安全标志管理制度。完善高危行业从业人员职业资格制度。健全工伤保险浮动费率确定机制。完善安全生产非法违法企业“黑名单”制度。建立与企业信誉、项目核准、用地审批、证券融资、银行贷款等方面挂钩的安全生产约束机制。

依法加强社会舆论监督。发挥工会、共青团、妇联等人民团体的监督作用，依法维护和落实企业职工安全生产知情权、参与权与监督权。拓宽和畅通安全生产社会监督渠道，设立举报信箱，统一和规范“12350”安全生产举报投诉电话，实行安全生产信息公开。发挥新闻媒体舆论监督作用，强化舆论反映热点问题跟踪调查。鼓励单位和个人举报安全隐患和各种非法违法生产经营建设行为，完善有效举报奖励制度。

（三）完善安全科技支撑体系，提高技术装备的安全保障能力。

加强安全生产科学技术研究。实施科技兴安、促安、保安工程。健全安全科技政策和投入机制。整合安全科技优势资源，建立完善以企业为主体、以市场为导向、政产学研用相结合的安全技术创新体系。开展重大事故风险防控和应急救援科技攻关，实施科技示范工程，力争在重大事故致灾机理和关键技术与装备研究方面取得突破。

专栏6 安全科技产学研重点领域

安全基础理论研究：典型工业事故灾难、交通事故防治基础理论；安全生产应急管理基础理论；危险化学品安全生产理论；安全生产经济政策。

技术及装备研发：煤矿重大事故预测预警与防治；非煤矿山典型灾害预测与控制；化工园区定量风险评价与管控一体化；烟花爆竹自动化制装药生产线；特种设备无损检测与监测；高危职业危害预防；安全生产物联网；事故快速抢险及应急处置；个体防护及事故调查与分析；新型交通管理设施与交通安全设施。

安全管理科学研究：安全生产法规政策体系运行反馈系统；安全生产监管监察、企业安全生产管理模式与决策运行系统等。

强化安全专业人才队伍建设。加强职业安全健康专业人才和专家队伍建设。实施卓越安全工程师教育培养计划。完善注册安全工程师职业资格制度，建立完善注册安全工程师使用管理配套政策。发展安全生产职业技术教育，进一步落实校企合作办学、对口单招、订单式培养等政策，加快培养高危行业专业人才和生产一线技能型人才。

完善安全生产技术支撑体系。完善国家级安全生产监管监察技术支撑机构，搭建科技研发、安全评价、检测检验、职业危害检测与评价、安全培训、安全标志申办与咨询服务等的技术支撑平台。推进省级安全监管部门和煤矿安全监察机构安全技术研究、应急救援指挥、调度统计信息、考试考核、危险化学品登记、宣传教育、执法检测等监管监察技术支撑与业务保障机构工作条件标准化建设。到2015年，东部省级安全监管技术支撑和业务保障机构工作条件建设100%达到标准配置，中西部100%达到基本配置；省级煤矿安全监察机构达标率达到100%；安全生产新产品、新技术、新材料、新工艺和关键技术准入测试分析能力达到90%以上。

推广应用先进适用工艺技术与装备。完善安全生产科技成果评估、鉴定、筛选和推广机制，发布先进适用的安全生产工艺、技术和装备推广目录。完善安全生产共性、公益性技术转化平台，建立完善国家、地方和企业等多层次安全科技基础条件共享与科研成果转化推广机制。定期将不符合安全标准、安全性能低下、职业危害严重、危及安全生产的工艺、技术和装备列入国家产业结构调整指导目录。

促进安全产业发展。制定实施安全产业发展规划。重点发展检测监控、安全避险、安全防护、灾害监控及应急救援等技术研发和装备制造，将其纳入国家鼓励发展政策支持范围，促进安全生产、防灾减灾、应急救援等专用技术、产品和服务水平提升，推进同类装备通用化、标准化、系列化。合理发展工程项目风险管理、安全评估认证等咨询服务业。到2015年，建成若干国家安全产业示范园区。

推动安全生产专业服务机构规范发展。完善安全生产专业服务机构管理办法，建立分类监管与技术服务质量综合评估制度。规范和整顿技术服务市场秩序，健全专业服务机构诚信体系。发展注册安全工程师事务所，规范专业服务机构从业行为，推动安全评价、检测检验、培训咨询、安全标志管理等专业机构规范发展。

（四）完善法律法规和政策标准体系，提高依法依规安全生产能力。

健全安全生产法律制度。加快推动《中华人民共和国安全生产法》等相关法律法规的制定和修订。建立法规、规章运行评估机制和定期清理制度。制定安全设施“三同时”、淘汰落后工艺设备、从业人员资格准入、重大危险源安全管理、危险化学品安全管理、职业危害防控、应急管理等方面以及与法律、法规相配套的规章制度。推动地方加强安全生产立法，根据本地区安全生产形势和特点，研究制定亟需的地方性法规和规章。

完善安全生产技术标准。制定实施安全生产标准中长期规划。提高和完善行业准入条件中的安全生产要求。完善公众参与、专家论证和政府审定发布相结合的标准制定机制。建立健全标准适时修订、定期清理和跟踪评价制度。鼓励工业相对集中的地区先行制定地方性安全技术标准。鼓励大型企业和高新技术集成度大的行业，根据科技进步和经济发展，率先制定企业新产品、新材料、新工艺安全技术标准。

规范企业生产经营行为。全面推动企业安全生产标准化工作，实现岗位达标、专业达标和企业达标。加强企业班组安全建设。强化对境外中资企业的安全生产工作指导与管理，严格落实境内投资主体和派出企业安全生产监督责任。建立完善企业安全生产累进奖励制度。严格执行企业主要负责人和领导班子成员轮流现场带班制度。

提高安全生产执法效力。建立严格执法与指导服务、现场执法与网络监控、全面检查与重点监管相结合的安全生产专项执法和联合执法机制。推行安全监管监察执法政务公开。完善行政执法评议考核和群众投诉举报制度。健全安全生产“一票否决”和事故查处分级挂牌督办制度。强化事故技术原因调查分析，及时向社会公布事故调查处理结果。落实安全生产属地管理责任，建立完善“覆盖全面、监管到位、监督有力”的政府监管和社会监督体系。

（五）完善应急救援体系，提高事故救援和应急处置能力。

推进应急管理体制机制建设。健全省、市、重点县及中央企业安全生产应急管理体系。完善生产安全事故应急救援协调联动工作机制。建立健全自然灾害预报预警联合处置机制，严防自然灾害引发事故灾难。建立各地区安全生产应急预警机制，及时发布地区安全生产预警信息。

加快应急救援队伍建设。加快矿山、公路交通、铁路运输、水上搜救、紧急医学救援、船舶溢油及油气田、危险化学品、特种设备等行业（领域）国家、区域救援基地和队伍建设。鼓励支持化工企业和矿产资源聚集区开展安全生产应急救援队伍一体化示范建设。依托公安消防队伍建立县级政府综合性应急救援队伍。加强紧急运输能力储备。建立救援队伍社会化服务补偿机制，鼓励和引导各类社会力量参与应急救援。

完善应急救援基础条件。强化应急救援实训演练。建立完善企业安全生产动态监控及预警预报体系。完善企业与政府应急预案衔接机制，建立省、市、县三级安全生产预案报备制度。推进安全生产应急平台体系建设，到2015年，国家、省、市及高危行业中央企业应急平台建设完成率达到100%，重点县达到80%以上。

（六）完善宣传教育培训体系，提高从业人员安全素质和社会公众自救互救能力。

提高从业人员安全素质。建立国家安全生产教育培训考试中心，以及中央企业安全教育培训考试站。推行安全生产“教考分离”和安全技术人员继续教育制度。强化高危行业和中小企业一线操作人员安全培训。完善农民工向产业工人转化过程的安全教育培训机制。高危行业企业主要负责人、安全生产管理人员和特种作业人员持证上岗率达到100%。将安全生产纳入领导干部素质教育范畴。实施地方政府安全生产分管领导干部安全培训工程。

提升全民安全防范意识。将安全防范知识纳入国民教育范畴。创建安全文化示范企业。开展安全生产、应急避险和职业健康知识进企业、进学校、进乡村、进家庭活动，实施“安全生产月”、“安全生产万里行”、“文明交通行动计划”、“消防119”、“安康杯”知识竞赛等安全生产宣传教育活动。培育发展安全文化产业，打造安全文艺精品工程，促进安全文化市场繁荣。

构建安全发展社会环境。开展安全促进活动，建设安全文化主题公园和主题街道。加强安全社区建设，提升社区安全保障能力和服务水平。推进“平安畅通县市”、“平安农机示范县”、“平安渔业示范县”、“文明渔港”、“平安村镇”、“平安校园”等建设，创建若干安全发展示范城市，倡导以人为本、关注安全、关爱生命的安全文化。

四、重点工程

（一）企业安全生产标准化达标工程。

开展企业安全生产标准化创建工作。到2011年，煤矿企业全部达到安全标准化三级以上；到2013年，非煤矿山、危险化学品、烟花爆竹以及冶金、有色、建材、机械、轻工、纺织、烟草和商贸8个工贸行业规模以上企业全部达到安全标准化三级以上；到2015年，交通运输、建筑施工等行业（领域）及冶金等8个工贸行业规模以下企业全部实现安全标准化达标。

（二）煤矿安全生产水平提升工程。

开展煤矿瓦斯综合治理示范工程和煤层气地面开发利用示范工程建设，在瓦斯灾害严重矿区建成一批理念先进、技术领先、治理达标、管理到位的煤矿瓦斯治理示范矿井，开展矿井通风和瓦斯抽采利用系统更新改造。实施煤矿开采、供电、井下运输、排水、提升等系统安全技术及防灭火工程技术改造。开展煤矿水文地质和老空区普查，实施矿井水害治理工程。推进煤矿机械化和兼并重组小煤矿安全改造工程建设。完成煤矿井下安全避险“六大系统”工程建设。

（三）道路交通安全生命保障工程。

实施客货运输车辆运行安全保障工程，强制推动重点客货运输车辆全面安装具有卫星定位功能的行驶记录仪，推广使用货运车辆限载、限速等装置。实施公路安全保障工程，完善道路标志标线，增设道路安全防护设施。实施农村交通安全管理与服务体系建设工程，建立健全农村地区交通安全管理网络。实施国家主干高速公路网交通安全管控工程，建立完善全程联网监控、交通违法行为监测查处和机动车查缉布控等系统。建设国家、省两级高速公路联网监控平台及气象预警系统、交通事故自动检测系统和交通引导系统。

（四）非煤矿山及危险化学品等隐患治理与监控工程。

推进高危行业企业建设完善重大危险源安全监控系统。实施非煤矿山尾矿库、大型采空区、露天采场边坡、排土场、水害及高含硫油气田、报废油气生产设施等事故隐患综合治理。建设金属非金属矿山井下安全避险“六大系统”。加快实施城区内安全距离不达标的危险化学品生产、储存企业搬迁工程。开展城市燃气与化学品输送管网隐患治理。建设化工园区安全监管和危险化学品交易市场示范工程。建设重点危险化学品道路运输全程监控系统。开展建设工程起重机械事故隐患专项整治。

（五）职业危害防治工程。

开展全国性职业危害状况普查。建立全国职业危害数据库和国家职业危害因素检测分析实验室与技术支撑平台。以防治矿工尘肺、矽肺、石棉肺为重点，实施粉尘危害综合治理工程。以防治高毒物质与重金属职业危害为重点，实施苯、甲醛等高毒物质和铅、镉等重金属重大职业危害隐患防范治理工程。建立健全职业危害防治技术支撑体系，建设一批尘肺病治疗康复中心。

（六）监管监察能力建设工程。

完善省、市、县三级安全监管部门基础设施，补充配备现场监管执法装备。完善现有煤矿安全监察机构工作条件，改造煤矿安全监察机构基础设施，更新补充煤矿执法监察装备。加强水上交通安全监管和港口保安设施建设。实施安全生产监管监察信息化工程。建设若干国家安全生产监管监察执法人员综合实训基地。实施航空安全体系建设工程。建立民爆行业、特种设备、航空安全监管和农业机械等安全生产信息系统。

完善国家监管监察技术支撑体系，建设矿用新装备、新材料安全性分析和煤矿职业危害防治实验室。完善事故鉴定分析技术支撑平台；建设非煤矿山、职业危害、危险化学品、热防护和公共安全等国家安全科技研发与实验基地。实施重大危险源普查和安全监控。完善省级安全监管部门和煤矿安全监察机构直属技术支撑与业务保障单位工作条件。

（七）安全科技研发与技术推广工程。

实施安全生产典型关键技术和安全产业园区示范工程。开发深部矿井热害和瓦斯防治、顶板维护、水灾预防、通信传感等关键设备。研究开发非煤矿山动力性灾害监测及预防控制、尾矿库在线监测、高含硫气田井喷事故监测预警、深海石油开采远程监控、化工园区安全规划布局优化等技术装备以及大型起重机械安全监控管理系统。60马力以上机动渔船全部安装防碰撞设备。到2012年，运输危险化学品、烟花爆竹、民用爆炸物品道路专用车辆，旅游包车和三类以上班线客车全部安装使用具有行驶记录功能的卫星定位装置。

（八）应急救援体系建设工程。

建设7个国家矿山应急救援队、14个区域矿山应急救援队和1个实训演练基地。建设公路交通、铁路运输、水上搜救、紧急医学救援、船舶溢油等行业（领域）国家救援基地和队伍。依托大型企业和专业救援力量，建设服务周边的区域性应急救援队伍。建设一批国家危险化学品应急救援队和区域危险化学品、油气田应急救援队。建设矿山、矿山医学救护、危险化学品等救援骨干队伍和国家矿山医学救护基地。建设一批区域性国家公路应急保障中心。实施中央企业安全生产保障及应急救援能力工程。

（九）安全教育培训及安全社区和安全文化建设工程。

建设完善一批煤矿安全警示教育基地。建设一批安全综合教育培训、特种设备实训、交通安全宣传教育、职业健康教育和安全文化示范基地。实施企业工程技术人员和班组安全培训工程。推进安全社区建设，实施安全促进项目示范工程，建设地区安全社区支持中心和一批国家安全示范社区。建设完善若干安全发展示范城市。

五、规划实施与评估

（一）加强规划实施与考核。

各地区、各有关部门要按照职责分工，制定具体实施方案，逐级分解落实规划主要任务、政策措施和目标指标，加快启动规划重点工程，积极推动本规划实施，并推动和引导生产经营单位全面落实安全生产主体责任，确保规划主要任务和目标如期完成。要健全完善有利于加强安全生产、推动安全发展的控制考核指标体系、绩效评价体系，实施严格细致的监督检查。本规划确定的各项约束性指标，要纳入各地区、各有关部门经济社会发展综合评价和绩效考核范畴。

（二）加强政策支持保障。

完善有利于安全生产的财政、税收、信贷政策，健全安全生产投入保障机制，强化政府投资对安全生产投入的引导和带动作用。加大国家安全生产监管监察技术支撑体系和中西部安全生产监管监察能力建设投入。

各级人民政府要继续加强对尾矿库治理、煤矿安全技改、小煤矿机械化改造、瓦斯防治和小煤矿整顿关闭等的支持，引导企业加大安全投入。鼓励银行对安全生产基础设施和技术改造项目给予贷款支持。健全完善企业安全生产费用提取和使用监督机制，适当扩大安全生产费用使用范围，提高安全生产费用提取下限标准。推动高危行业企业风险抵押金与安全生产责任保险制度相衔接。推进安全生产监管监察经济处罚收入管理制度以及煤矿重大隐患和违法行为举报奖励制度建设。落实煤层气开发利用税收优惠政策，适时调整和完善安全生产专用设备企业所得税优惠目录，支持引导矿山安全避险“六大系统”建设。建立健全涉及公众安全的特种设备第三者强制责任险制度。建立非煤矿山闭坑和尾矿库闭库安全保证金制度。规范和统一道路交通安全管理经费投入渠道，实行道路交通社会救助基金制度。实行农机定期免费检验制度，将农机安全检验、牌证发放等属于公共财政保障范围的工作经费纳入财政预算，鼓励有条件的地方对农机安全保险和渔业保险进行保费补贴。

（三）加强规划实施评估。

国务院有关部门要加强对规划实施情况的动态监测，定期形成规划实施进展情况分析报告。在规划实施中期阶段开展全面评估，经中期评估确定需要对规划进行调整时，由规划编制部门提出调整方案，报规划发布部门批准。规划编制部门要对规划最终实施总体情况进行评估并向社会公布。

（四）加强相关规划衔接。

国务院有关部门要按照本规划的要求，组织编制安全生产专项规划，分解细化和扩充完善规划任务。规划实施的责任主体要对本规划确定的重点工程编制工程专项规划，提出建设目标、建设内容、进度安排，以及国家、地方和企业分别承担的资金筹措方案。加强国家、地区经济和社会发展年度计划及部门年度工作计划与本规划的衔接。各地区要做好区域安全生产规划与国家安全生产规划目标指标和重点工程的衔接，并针对本地区安全生产实际，确定规划主要任务和保障措施。

附录3 国务院关于进一步加强企业安全生产工作的通知

国发〔2010〕23号

各省、自治区、直辖市人民政府，国务院各部委、各直属机构：

近年来，全国生产安全事故逐年下降，安全生产状况总体稳定、趋于好转，但形势依然十分严峻，事故总量仍然很大，非法违法生产现象严重，重特大事故多发频发，给人民群众生命财产安全造成重大损失，暴露出一些企业重生产轻安全、安全管理薄弱、主体责任不落实，一些地方和部门安全监管不到位等突出问题。为进一步加强安全生产工作，全面提高企业安全生产水平，现就有关事项通知如下：

一、总体要求

1. 工作要求。深入贯彻落实科学发展观，坚持以人为本，牢固树立安全发展的理念，切实转变经济发展方式，调整产业结构，提高经济发展的质量和效益，把经济发展建立在安全生产有可靠保障的基础上；坚持“安全第一、预防为主、综合治理”的方针，全面加强企业安全管理，健全规章制度，完善安全标准，提高企业技术水平，夯实安全生产基础；坚持依法依规生产经营，切实加强安全监管，强化企业安全生产主体责任落实和责任追究，促进我国安全生产形势实现根本好转。

2. 主要任务。以煤矿、非煤矿山、交通运输、建筑施工、危险化学品、烟花爆竹、民用爆炸物品、冶金等行业（领域）为重点，全面加强企业安全生产工作。要通过更加严格的目标考核和责任追究，采取更加有效的管理手段和政策措施，集中整治非法违法生产行为，坚决遏制重特大事故发生；要尽快建成完善的国家安全生产应急救援体系，在高危行业强制推行一批安全适用的技术装备和防护设施，最大程度减少事故造成的损失；要建立更加完善的技术标准体系，促进企业安全生产技术装备全面达到国家和行业标准，实现我国安全生产技术水平的提高；要进一步调整产业结构，积极推进重点行业的企业重组和矿产资源开发整合，彻底淘汰安全性能低下、危及安全生产的落后产能；以更加有力的政策引导，形成安全生产长效机制。

二、严格企业安全管理

3. 进一步规范企业生产经营行为。企业要健全完善严格的安全生产规章制度，坚持不安全不生产。加强对生产现场监督检查，严格查处违章指挥、违规作业、违反劳动纪律的“三违”行为。凡超能力、超强度、超定员组织生产的，要责令停产停工整顿，并对企业和企业主要负责人依法给予规定上限的经济处罚。对以整合、技改名义违规组织生产，以及规定期限内未实施改造或故意拖延工期的矿井，由地方政府依法予以关闭。要加强对境外中资企业安全生产工作的指导和管理，严格落实境内投资主体和派出企业的安全生产监督责任。

4. 及时排查治理安全隐患。企业要经常性开展安全隐患排查，并切实做到整改措施、责任、资金、时限和预案“五到位”。建立以安全生产专业人员为主导的隐患整改效果评价制度，确保整改到位。对隐患整改不力造成事故的，要依法追究企业和企业相关负责人的责任。对停产整改逾期未完成的不得复产。

5. 强化生产过程管理的领导责任。企业主要负责人和领导班子成员要轮流现场带班。煤矿、非煤矿山要有矿领导带班并与工人同时下井、同时升井，对无企业负责人带班下井或该带班而未带班的，对有关责任人按擅离职守处理，同时给予规定上限的经济处罚。发生事故而没有领导现场带班的，对企业给予规定上限的经济处罚，并依法从重追究企业主要负责人的责任。

6. 强化职工安全培训。企业主要负责人和安全生产管理人员、特殊工种人员一律严格考核，按国家有关规定持职业资格证书上岗；职工必须全部经过培训合格后上岗。企业用工要严格依照劳动合同法与职工签订劳动合同。凡存在不经培训上岗、无证上岗的企业，依法停产整顿。没有对井下作业人员进行安全培训教育，或存在特种作业人员无证上岗的企业，情节严重的要依法予以关闭。

7. 全面开展安全达标。深入开展以岗位达标、专业达标和企业达标为内容的安全生产标准化建设，凡在规定时间内未实现达标的企业要依法暂扣其生产许可证、安全生产许可证，责令停产整顿；对整改逾期未达标的，地方政府要依法予以关闭。

三、建设坚实的技术保障体系

8. 加强企业生产技术管理。强化企业技术管理机构的安全职能，按规定配备安全技术人员，切实落实企业负责人安全生产技术管理负责制，强化企业主要技术负责人技术决策和指挥权。因安全生产技术问题不解决产生重大隐患的，要对企业主要负责人、主要技术负责人和有关人员给予处罚；发生事故的，依法追究责任。

9. 强制推行先进适用的技术装备。煤矿、非煤矿山要制定和实施生产技术装备标准，安装监测监控系统、井下人员定位系统、紧急避险系统、压风自救系统、供水施救系统和通信联络系统等技术装备，并于3年之内完成。逾期未安装的，依法暂扣安全生产许可证、生产许可证。运输危险化学品、烟花爆竹、民用爆炸物品的道路专用车辆，旅游包车和三类以上的班线客车要安装使用具有行驶记录功能的卫星定位装置，于2年之内全部完成；鼓励有条件的渔船安装防撞自动识别系统，在大型尾矿库安装全过程在线监控系统，大型起重机械要安装安全监控管理系统；积极推进信息化建设，努力提高企业安全防护水平。

10. 加快安全生产技术研发。企业在年度财务预算中必须确定必要的安全投入。国家鼓励企业开展安全科技研发，加快安全生产关键技术装备的换代升级。进一步落实《国家中长期科学和技术发展规划纲要(2006—2020年)》等，加大对高危行业安全技术、装备、工艺和产品研发的支持力度，引导高危行业提高机械化、自动化生产水平，合理确定生产一线用工。“十二五”期间要继续组织研发一批提升我国重点行业领域安全生产保障能力的关键技术和装备项目。

四、实施更加有力的监督管理

11. 进一步加大安全监管力度。强化安全生产监管部门对安全生产的综合监管，全面落实公安、交通、国土资源、建设、工商、质检等部门的安全生产监督管理及工业主管部门的安全生产指导职责，形成安全生产综合监管与行业监管指导相结合的工作机制，加强协作，形成合力。在各级政府统一领导下，严厉打击非法违法生产、经营、建设等影响安全生产的行为，安全生产综合监管和行业管理部门要会同司法机关联合执法，以强有力措施查处、取缔非法企业。对重大安全隐患治理实行逐级挂牌督办、公告制度，重大隐患治理由省级安全生产监管部门或行业主管部门挂牌督办，国家相关部门加强督促检查。对拒不执行监管监察指令的企业，要依法依规从重处罚。进一步加强监管力量建设，提高监管人员专业素质和技术装备水平，强化基层站点监管能力，加强对企业安全生产的现场监管和技术指导。

12. 强化企业安全生产属地管理。安全生产监管监察部门、负有安全生产监管职责的有关部门和行业管理部门要按职责分工，对当地企业包括中央、省属企业实行严格的安全生产监督检查和管理，组织对企业安全生产状况进行安全标准化分级考核评价，评价结果向社会公开，并向银行业、证券业、保险业、担保业等主管部门通报，作为企业信用评级的重要参考依据。

13. 加强建设项目安全管理。强化项目安全设施核准审批，加强建设项目的日常安全监管，严格落实审批、监管的责任。企业新建、改建、扩建工程项目的安全设施，要包括安全监控设施和防瓦斯等有害气体、防尘、排水、防火、防爆等设施，并与主体工程同时设计、同时施工、同时投入生产和使用。安全设施与建设项目主体工程未做到同时设计的一律不予审批，未做到同时施工的责令立即停止施工，未同时投入使用的不得颁发安全生产许可证，并视情节追究有关单位负责人的责任。严格落实建设、设计、施工、监理、监管等各方安全责任。对项目建设生产经营单位存在违法分包、转包等行为的，立即依法停工停产整顿，并追究项目业主、承包方等各方责任。

14. 加强社会监督和舆论监督。要充分发挥工会、共青团、妇联组织的作用，依法维护和落实企业职工对安全生产的参与权与监督权，鼓励职工监督举报各类安全隐患，对举报者予以奖励。有关部门和地方要进一步畅通安全生产的社会监督渠道，设立举报箱，公布举报电话，接受人民群众的公开监督。要发挥新闻媒体的舆论监督，对舆论反映的客观问题要深查原因，切实整改。

五、建设更加高效的应急救援体系

15. 加快国家安全生产应急救援基地建设。按行业类型和区域分布，依托大型企业，在中央预算内基建投资支持下，先期抓紧建设7个国家矿山应急救援队，配备性能可靠、机动性强的装备和设备，保障必要的运行维护费用。推进公路交通、铁路运输、水上搜救、船舶溢油、油气田、危险化学品等行业（领域）国家救援基地和队伍建设。鼓励和支持各地区、各部门、各行业依托大型企业和专业救援力量，加强服务周边的区域性应急救援能力建设。

16. 建立完善企业安全生产预警机制。企业要建立完善安全生产动态监控及预警预报体系，每月进行一次安全生产风险分析。发现事故征兆要立即发布预警信息，落实防范和应急处置措施。对重大危险源和重大隐患要报当地安全生产监管监察部门、负有安全生产监管职责的有关部门和行业管理部门备案。涉及国家秘密的，按有关规定执行。

17. 完善企业应急预案。企业应急预案要与当地政府应急预案保持衔接，并定期进行演练。赋予企业生产现场带班人员、班组长和调度人员在遇到险情时第一时间下达停产撤人命令的直接决策权和指挥权。因撤离不及时导致人身伤亡事故的，要从重追究相关人员的法律责任。

六、严格行业安全准入

18. 加快完善安全生产技术标准。各行业管理部门和负有安全生产监管职责的有关部门要根据行业技术进步和产业升级的要求，加快制定修订生产、安全技术标准，制定和实施高危行业从业人员资格标准。对实施许可证管理制度的危险性作业要制定落实专项安全技术作业规程和岗位安全操作规程。

19. 严格安全生产准入前置条件。把符合安全生产标准作为高危行业企业准入的前置条件，实行严格的安全标准核准制度。矿山建设项目和用于生产、储存危险物品的建设项目，应当分别按照国家有关规定进行安全条件论证和安全评价，严把安全生产准入关。凡不符合安全生产条件违规建设的，要立即停止建设，情节严重的由本级人民政府或主管部门实施关闭取缔。降低标准造成隐患的，要追究相关人员和负责人的责任。

20. 发挥安全生产专业服务机构的作用。依托科研院所，结合事业单位改制，推动安全生产评价、技术支持、安全培训、技术改造等服务性机构的规范发展。制定完善安全生产专业服务机构管理办法，保证专业服务机构从业行为的专业性、独立性和客观性。专业服务机构对相关评价、鉴定结论承担法律责任，对违法违规、弄虚作假的，要依法依规从严追究相关人员和机构的法律责任，并降低或取消相关资质。

七、加强政策引导

21. 制定促进安全技术装备发展的产业政策。要鼓励和引导企业研发、采用先进适用的安全技术和产品，鼓励安全生产适用技术和新装备、新工艺、新标准的推广应用。把安全检测监控、安全避险、安全保护、个人防护、灾害监控、特种安全设施及应急救援等安全生产专用设备的研发制造，作为安全产业加以培育，纳入国家振兴装备制造业的政策支持范畴。大力发展安全装备融资租赁业务，促进高危行业企业加快提升安全装备水平。

22. 加大安全专项投入。切实做好尾矿库治理、扶持煤矿安全技改建设、瓦斯防治和小煤矿整顿关闭等各类中央资金的安排使用，落实地方和企业配套资金。加强对高危行业企业安全生产费用提取和使用管理的监督检查，进一步完善高危行业企业安全生产费用财务管理制度，研究提高安全生产费用提取下限标准，适当扩大适用范围。依法加强道路交通事故社会救助基金制度建设，加快建立完善水上搜救奖励与补偿机制。高危行业企业探索实行全员安全风险抵押金制度。完善落实工伤保险制度，积极稳妥推行安全生产责任保险制度。

23. 提高工伤事故死亡职工一次性赔偿标准。从2011年1月1日起，依照《工伤保险条例》的规定，对因生产安全事故造成的职工死亡，其一次性工亡补助金标准调整为按全国上一年度城镇居民人均可支配收入的20倍计算，发放给工亡职工近亲属。同时，依法确保工亡职工一次性丧葬补助金、供养亲属抚恤金的发放。

24. 鼓励扩大专业技术和技能人才培养。进一步落实完善校企合作办学、对口单招、订单式培养等政策，鼓励高等院校、职业学校逐年扩大采矿、机电、地质、通风、安全等相关专业人才的招生培养规模，加快培养高危行业专业人才和生产一线急需技能型人才。

八、更加注重经济发展方式转变

25. 制定落实安全生产规划。各地区、各有关部门要把安全生产纳入经济社会发展的总体布局，在制定国家、地区发展规划时，要同步明确安全生产目标和专项规划。企业要把安全生产工作的各项要求落实在企业发展和日常工作之中，在制定企业发展规划和年度生产经营计划中要突出安全生产，确保安全投入和各项安全措施到位。

26. 强制淘汰落后技术产品。不符合有关安全标准、安全性能低下、职业危害严重、危及安全生产的落后技术、工艺和装备要列入国家产业结构调整指导目录，予以强制性淘汰。各省级人民政府也要制订本地区相应的目录和措施，支持有效消除重大安全隐患的技术改造和搬迁项目，遏制安全水平低、保障能力差的项目建设和延续。对存在落后技术装备、构成重大安全隐患的企业，要予以公布，责令限期整改，逾期未整改的依法予以关闭。

27. 加快产业重组步伐。要充分发挥产业政策导向和市场机制的作用，加大对相关高危行业企业重组力度，进一步整合或淘汰浪费资源、安全保障低的落后产能，提高安全基础保障能力。

九、实行更加严格的考核和责任追究

28. 严格落实安全目标考核。对各地区、各有关部门和企业完成年度生产安全事故控制指标情况进行严格考核，并建立激励约束机制。加大重特大事故的考核权重，发生特别重大生产安全事故的，要根据情节轻重，追究地市级分管领导或主要领导的责任；后果特别严重、影响特别恶劣的，要按规定追究省部级相关领导的责任。加强安全生产基础工作考核，加快推进安全生产长效机制建设，坚决遏制重特大事故的发生。

29. 加大对事故企业负责人的责任追究力度。企业发生重大生产安全责任事故，追究事故企业主要负责人责任；触犯法律的，依法追究事故企业主要负责人或企业实际控制人的法律责任。发生特别重大事故，除追究企业主要负责人和实际控制人责任外，还要追究上级企业主要负责人的责任；触犯法律的，依法追究企业主要负责人、企业实际控制人和上级企业负责人的法律责任。对重大、特别重大生产安全责任事故负有主要责任的企业，其主要负责人终身不得担任本行业企业的矿长（厂长、经理）。对非法违法生产造成人员伤亡的，以及瞒报事故、事故后逃逸等情节特别恶劣的，要依法从重处罚。

30. 加大对事故企业的处罚力度。对于发生重大、特别重大生产安全责任事故或一年内发生2次以上较大生产安全责任事故并负主要责任的企业，以及存在重大隐患整改不力的企业，由省级及以上安全监管监察部门会同有关行业主管部门向社会公告，并向投资、国土资源、建设、银行、证券等主管部门通报，一年内严格限制新增的项目核准、用地审批、证券融资等，并作为银行贷款等的重要参考依据。

31. 对打击非法生产不力的地方实行严格的责任追究。在所辖区域对群众举报、上级督办、日常检查发现的非法生产企业（单位）没有采取有效措施予以查处，致使非法生产企业（单位）存在的，对县（市、区）、乡（镇）人民政府主要领导以及相关责任人，根据情节轻重，给予降级、撤职或者开除的行政处分，涉嫌犯罪的，依法追究刑事责任。国家另有规定的，从其规定。

32. 建立事故查处督办制度。依法严格事故查处，对事故查处实行地方各级安全生产委员会层层挂牌督办，重大事故查处实行国务院安全生产委员会挂牌督办。事故查处结案后，要及时予以公告，接受社会监督。

各地区、各部门和各有关单位要做好对加强企业安全生产工作的组织实施，制订部署本地区本行业贯彻落实本通知要求的具体措施，加强监督检查和指导，及时研究、协调解决贯彻实施中出现的突出问题。国务院安全生产委员会办公室和国务院有关部门要加强工作督查，及时掌握各地区、各部门和本行业（领域）工作进展情况，确保各项规定、措施执行落实到位。省级人民政府和国务院有关部门要将加强企业安全生产工作情况及时报送国务院安全生产委员会办公室。

国务院

二〇一〇年七月十九日

参考文献

1. 卞耀武，等 . 2002.《中华人民共和国安全生产法》读本 . 北京：煤炭工业出版社 .

2. 国家安全生产监督管理总局 . 2006. 生产经营单位安全生产事故应急预案编制导则（AQ/T 9002—2006）. 北京：煤炭工业出版社 .

3. 国家安全生产监督管理总局 . 2009. 企业安全文化建设导则（AQ/T 9004－2009）. 北京：煤炭工业出版社 .

4. 国家安全生产监督管理总局 . 2009. 企业安全文化建设评价准则（AQ/T 9005－2009）. 北京：煤炭工业出版社 .

5. 国家安全生产监督管理总局 . 2011. 企业安全生产标准化基本规范（AQ/T 9006－2010）. 北京：煤炭工业出版社 .

6. 国家安全生产应急救援指挥中心 . 2008. 安全生产应急管理 . 北京：煤炭工业出版社 .

7. 刘衍胜 . 2011. 生产经营单位安全管理人员安全培训教材（第二版）. 北京：气象出版社 .

8. 刘衍胜 . 2011. 生产经营单位主要负责人安全培训教材（第二版）. 北京：气象出版社 .

9. 中国安全生产科学研究院 . 2011. 企业安全生产标准化建设实施指南 . 江苏：中国矿业大学出版社 .

10. 中国安全生产协会注册安全工程师工作委员会 . 2011. 安全生产法及相关法律法规（2011 版）. 北京：中国大百科全书出版社 .

11. 中国安全生产协会注册安全工程师工作委员会 . 2011. 安全生产管理知识（2011 版）. 北京：中国大百科全书出版社 .